洋葱现代生产教程

主 编 单成海

西南交通大学出版社
·成都·

图书在版编目（CIP）数据

洋葱现代生产教程 / 单成海主编. -- 成都：西南交通大学出版社，2024.8. -- ISBN 978-7-5643-9868-2

Ⅰ．S633.2

中国国家版本馆 CIP 数据核字第 2024SW5979 号

Yangcong Xiandai Shengchan Jiaocheng
洋葱现代生产教程

主　编／单成海

责任编辑／牛　君
助理编辑／姜远平
封面设计／墨创文化

西南交通大学出版社出版发行
（四川省成都市金牛区二环路北一段 111 号西南交通大学创新大厦 21 楼　610031）
营销部电话：028-87600564　　028-87600533
网址：http://www.xnjdcbs.com
印刷：成都中永印务有限责任公司

成品尺寸　185 mm×260 mm
印张　15.25　　字数　381 千
版次　2024 年 8 月第 1 版　　印次　2024 年 8 月第 1 次

书号　ISBN 978-7-5643-9868-2
定价　45.00 元

图书如有印装质量问题　本社负责退换
版权所有　盗版必究　举报电话：028-87600562

PERFACE 前言

　　作物生产综合实习是高等院校农学、烟草、园艺专业实践、实训课程,是其教学体系中的核心课程。编写实训教材尤其是植物生产类专业的作物生产实训教材,是一项难度较大的工作,主要是各地生产条件差别大,作物生产的季节性和作物的多样性等因素,很难有一个固定模式和制定一套规范的标准,学生很难进行各种作物的生产过程,达不到实训教学的良好效果。以当地一种作物生产的全过程为实训,培养启发学生学会举一反三进行作物的生产并内化为学生自己的生产技术和生产体系,本教材做了一些尝试和创新。本书作为作物生产学实践、实训教材,较全面、系统地讲述了洋葱栽培技术、洋葱病虫害防治、育种、洋葱栽培与贮藏生理和洋葱贮藏与加工利用的要点知识,本书的很多内容是西昌学院洋葱研究课题组长期的研究成果和经验,有较大的创新性和适用性。本书可作为本科高等院校、大专院校农学、烟草、园艺专业师生、农业职业学校师生的教材,也可作为农业科技人员、农村干部和广大洋葱种植户进行洋葱生产与培训的参考书。

　　洋葱（*Allium cepa* L.）有 4 700 余年的栽培史,是百合科（*Liliaceae*）、葱属（*Allium*）中以肉质鳞片和鳞芽构成鳞茎的二年生蔬菜作物,是一种鳞茎可食用的单子叶二年生蔬菜作物。洋葱在世界广泛种植,是中国主要栽培和出口蔬菜品种。西昌学院洋葱研究课题组自上世纪 90 年代以来,先后承担国家民委、四川省科技厅、四川省教育厅、凉山州科技局、西昌市科技局的洋葱研究课题,长期从品种资源收集整理、新品种选育、高产栽培技术、激光诱变育种理论实践等方面的研究,发表了 68 篇洋葱相关科研论文;选育的洋葱新品种 50 余个,其中 11 个被四川省非主要农作物品种委员会审（认）定通过,并在生产上推广。2002 年选育的洋葱"昌激'99-3'的激光诱变选育与高产栽培技术研究"获凉山州人民政府科技进步二等奖,2006 年选育的"洋葱新品种'西葱 1 号'和'西葱 2 号'的选育与激光诱变育种方法研究"获四川省人民政府科技进步三等奖,2015 年选育的洋葱"西葱 3 号的选育及配套技术研究"获凉山州人民政府科技进步三等奖。课题组对 30 年来洋葱栽培、育种、生理、贮藏研究等进行了总结,书中大量资料是西昌学院洋葱研究课题组的试验研究成果,同时参考了国内外相关教材和资料,根据洋葱新品种的激光诱变选育和标准化、品控关键技术,撰写成了《洋葱现代生产教程》。

　　本书共分为六章,全书由单成海副教授执笔编写、统稿。潘天春研究员参与了第一章的编写,杨林讲师参与了第三章第一节的编写,董旋讲师参与了第三章第二节的编写,李瑶参与了第六章第一节的编写，罗成焕参与了第六章第二节的编写，吴德萍副研究馆员参与了第六章第三节的编写。

  本书的编著是国家民委高等教育教学改革研究项目：乡村振兴战略背景下民族地区高校农学专业《作物生产综合实习》课程改革与实践（编号：23168）、攀西特色作物研究与利用四川省重点实验室资助课题（编号：XNFZ2207、XNFZ04）的成果，并得到了西昌学院洋葱研究课题组的支持和帮助；李成佐教授审阅书稿，并提出了宝贵的修改意见。在此一并致以诚挚的谢意。

  限于我们理论水平、研究手段和认识的局限性，书中难免有不足之处，恳请各位同行、专家和读者斧正。

编 者

2024 年 1 月

CONTENTSE 目录

第一章 洋葱种质资源和分类

第一节 洋葱种质资源 001
一、洋葱种质资源 001
二、洋葱在我国的地理分布和主要产区 002

第二节 洋葱种质类型分类和主要品种 004
一、种质类型分类 004
二、主要品种 006
三、种质创新与保存 013

思考题 015
实训题 015

第二章 洋葱栽培技术

第一节 栽培方式 016
一、不同播期的栽培方式 016
二、不同播种栽培方式 018

第二节 播种育苗 019
一、播　种 019
二、育　苗 022

第三节 定　植 025
一、定植前的准备 025
二、定植技术 028

  三、生长和发根 031

 第四节　定植后管理 033

  一、追　肥 033

  二、防止生产田缺苗 034

 第五节　越冬保苗和预防早期抽薹 036

  一、越冬保苗的措施 036

  二、防止早期抽薹 037

  三、洋葱薹葱抑制剂的生物学效应探讨研究 039

 第六节　适时收获和处理 041

  一、适时收获 041

  二、药剂处理和低温贮藏 042

  三、高效栽培新技术 043

思考题 051

实训题 052

第三章　洋葱病虫害防治

 第一节　洋葱病害 053

  一、侵染性病害 053

  二、生理性病害 058

 第二节　洋葱虫害 059

  一、葱蓟马 059

  二、葱潜叶蝇 060

  三、葱地种蝇 060

  四、小地老虎、蝼蛄、蚜虫和红蜘蛛 060

 第三节　洋葱病虫害调查与防治技术研究 061

  一、西昌市洋葱病害的调查与防治技术研究 061

二、西昌市洋葱虫害的调查与防治技术研究 063

　思考题 067

　实训题 067

第四章　洋葱栽培和贮藏生理

　第一节　洋葱栽培生理 068

　　一、生物学特性 068

　　二、种子萌发生理 073

　　三、育苗生理 077

　　四、生长与发育生理 078

　　五、鳞茎形成生理 082

　　六、高产栽培生理 091

　第二节　洋葱贮藏生理 094

　　一、洋葱鳞茎贮藏生理 094

　　二、洋葱鳞茎贮藏生理指标的变化 095

　　三、洋葱鳞茎的贮藏 098

　思考题 098

　实训题 098

第五章　洋葱育种

　第一节　洋葱常规育种 099

　　一、常规制种技术 099

　　二、引　种 109

　　三、品种选育 116

　第二节　洋葱激光诱变育种 145

　　一、激光的基础知识 145

二、激光与洋葱的生物效应 152
　　三、洋葱激光诱变育种 170
思考题 199
实训题 199

第六章　洋葱贮藏与加工利用

第一节　洋葱鳞茎贮藏 200
　　一、辫藏 201
　　二、垛藏 201
　　三、堆藏 202
　　四、挂藏 203
　　五、冷库贮藏 203
　　六、气调贮藏 205
　　七、剥皮贮藏 206
　　八、泥沙贮藏 206
　　九、辐射贮藏 206
第二节　洋葱种子贮藏 206
第三节　洋葱加工利用 207
　　一、保鲜洋葱 207
　　二、脱水洋葱片 208
　　三、调味蔬菜罐头 209
　　四、油炒洋葱 210
　　五、洋葱酸葱头 211
　　六、洋葱的保健食疗功效及常用食疗验方、菜谱 211
　　七、洋葱的外贸出口 213
思考题 214

实训题 214

附 录

　　附录1 西葱1号地方标准 215

　　附录2 西葱2号地方标准 217

　　附录3 科威红10号地方标准 219

　　附录4 科威黄14地方标准 221

参考文献 223

后 记

　　一、新品种选育 227

　　二、高产栽培技术研究 228

　　三、洋葱研究成果推广 229

　　四、洋葱基础理论研究 229

第一章 洋葱种质资源和分类

第一节 洋葱种质资源

洋葱（*Allium cepa* L.）有 4 700 余年的栽培史，是栽培历史最悠久的蔬菜作物之一。洋葱是百合科（Liliaceae）葱属（*Allium*）中以肉质鳞片和鳞芽构成鳞茎的二年生蔬菜作物，主要以肥大的肉质鳞茎作为食用的一种蔬菜，亦称葱头或圆葱。洋葱是世界上主要蔬菜品种之一，也是我国主要的栽培和出口蔬菜品种。

洋葱鳞茎富含蛋白质、硫化物、类黄酮、苯丙素酚类、甾体皂苷类、含硫化合物、前列腺素类和多糖等多种化学成分，具有消炎抑菌、增进骨骼生长、利尿止泻，以及降血糖、降血脂、降胆固醇、降血压、抗血小板凝聚、预防心脑血管病、抗氧化等多种药理作用，可广泛应用于食品、医药和保健领域。

一、洋葱种质资源

洋葱是主要以肥大的肉质鳞片和鳞芽构成鳞茎的二年生草本植物，起源于中亚，伊朗、阿富汗北部、苏联的中亚地区，近东和地中海沿岸为第二原产地，在这些地区至今仍然能找到洋葱的野生类型。

洋葱在植物分类学上属植物界（Plantae）被子植物门（Magnoliophyta）单子叶植物纲（Liliopsida）百合目（Liliales）百合科（Liliaceae）葱属（*Allium*）洋葱（*Allium cepa* L.）。洋葱是以肉质鳞片和鳞芽构成鳞茎的二年生草本植物，染色体数 $2n=2X=16$。按《中国植物志》的分类，我国葱属植物分为 9 组，用随机扩增多态性 DNA 标记（RAPD）技术对 10 个品种的基因组 DNA 进行了遗传关系分析，洋葱和葱分属不同的组，洋葱和胡葱（*A. ascalonicum* L.）亲缘关系较近，并推测胡葱可能是大葱和洋葱的杂交后代逐渐进化而来的。用限制性片段长度多态性（RFLP）技术对我国葱属全部 9 个组的代表种的两个 cpDNA 片段（*RPl16* 和 *TRNK* 基因）进行 PCR 扩增分析，认为现有的 9 个组物种分为 6 个亚属。

种质资源是经过长期自然演化和人工创造而形成的一种重要的自然资源，在漫长的生物进化过程中积累了各种各样、极其丰富的遗传变异，蕴藏着控制各种性状的基因，形成了各种优良的遗传性状和生物类型。洋葱种质资源是选育洋葱新品种的物质基础，洋葱生产上每一次产量或品质的提高都离不开新品种的作用,而突破性品种的培育成功均与新种质资源的发现有关。洋葱种质资源是洋葱育种工作的物质基础,现代洋葱育种工作之所以取得显著的成就,除了育种途径的发展和采用新技术,如激光诱变洋葱育种外,关键还在于对洋葱种质资源的广泛收集、深入研究和利用。

二、洋葱在我国的地理分布和主要产区

洋葱由于原产于大陆性气候区,当地气候变化剧烈,空气干燥,而且土壤湿度有明显的季节性变化,所以在系统发育过程中,洋葱由于长期适应这一特殊环境,不仅在形态上发生相应的变化——短缩的茎盘、喜湿的根系、耐旱的叶型、具有贮藏功能的鳞茎,在生理上也产生了一定的适应性,其中温度是最敏感的一个因素。洋葱对温度有一定的要求,主要体现为温度的三基点:最低温度、最适温度与最高温度。超出了最高或最低的温度,生理活动就会停止,甚至全株死亡。洋葱的最适温度即同化作用最旺盛的温度为 15~20 ℃。在不同的发育时期,洋葱对温度有不同的要求。洋葱在传播过程中产生了对日照长短、温度高低和适应性差异。洋葱目前在世界各地普遍栽培,中国大部分地区均有种植。

中国洋葱主要产区介绍:

1. 四川产区

四川省洋葱产地主要是西昌。西昌有"中国洋葱之乡"美誉,所产洋葱因品质好、产量高而闻名,西昌洋葱年均种植面积约 3 000 公顷,国家质检总局曾发布 2010 年第 134 号公告,批准对西昌洋葱实施地理产品标志保护。西昌位于东经 101°46′~102°25′,北纬 27°32′~28°10′,南北长 70 km,东西宽 63 km,土地面积 2 655 km²。海拔高,纬度低,晴天多,日照时数多,其日照是同纬度地带的高值中心,根据 1951—1990 年的观测,年平均日照为 2 432.1 h。每年的 12 月至次年的 3 月为干季,6 月到 9 月为雨季。西昌降雨集中,全年 93% 的降雨集中在雨季。根据长年气象观测资料,平均气温为 17.2 ℃。

2. 云南产区

云南省洋葱产地主要集中在元谋和建水。

元谋的洋葱是中国最早上市的洋葱,基本上在 2 月底到 3 月上旬即可以采收完毕。元谋位于云南中北部,东经 101°35′~102°06′,北纬 25°23′~26°06′。元谋的洋葱年均种植面积约 3 000 公顷,县城驻地元马镇,海拔 1 087 m,具有较好的区位优势。海拔 1 350 m 以下的河谷、平坝地带属南亚热带燥热季风气候,炎热少雨,全年基本无冬,干湿季分明,光热充足,年均日照 2 670 h,霜期 2 d,年均气温 21.9 ℃,年降雨 643 mm,蒸发量为降雨量的 6.4 倍,农作物可一年三熟。山区冷凉,年降雨量 800 mm 以上,年平均气温 13.4~16 ℃,农作物可一年两熟。半山区温暖,年平均气温 15~18 ℃,农作物一般一年二熟。元谋由于地处低纬高原,具有立体气候特征。

建水的洋葱主要集中在羊街及建水县城附近。洋葱主要是散户种植,每户种植面积较小,但总的种植面积较大,洋葱年均种植面积约 2 000 公顷。

3. 山东产区

山东产区包括山东的潍坊、青岛以及邻近山东的江苏丰县、沛县等地。山东位于中国东部沿海，陆地总面积 15.7×10^4 km²，近海域面积 17×10^4 km²。纬度在北纬 36°~38°，年平均气温 11~14 ℃，全省气温地区差异东西大于南北。全省年平均降水量一般在 550~950 mm，由东南向西北递减。全省光照资源充足，平均光照时数为 2 300~2 890 h，热量条件可满足农作物一年两作的需要。由于降水量 60% 以上集中于夏季，故易形成涝灾，冬春又常发生旱灾，对农业生产影响最大。该种植产区在每年的 9 月 10 日前后育苗，11 月上旬结束定植，每亩（1亩=666.7 m²）种植 22 000 株左右，比较适合中等日照洋葱的生长，品种主要以日本品种和当地洋葱种植户的留种为主。由于山东有很好的储藏和加工基础，所以总体的出口量很大。但近几年由于山东外出打工的人增多，加上洋葱的收购、储存、加工方面的竞争加剧，使得洋葱的出口量和品质有所降低，而与之同时，中国的北方其他地区的洋葱规模在逐步扩大。

4. 福建产区

福建省的洋葱产地主要集中在厦门市附近，厦门市位于东经 118°04′04″，北纬 24°26′46″，地处我国东南沿海——福建省东南部。厦门属亚热带气候，温和多雨，年平均气温在 21 ℃左右，夏无酷暑，冬无严寒。产区年平均降雨量在 1200 mm 左右，每年 5—8 月份雨量最多，风力一般 3~4 级，主导风力为东北风。由于太平洋温差气流的关系，每年平均受 4~5 次台风的影响，且多集中在 7—9 月份。

5. 吉林产区

吉林省的洋葱产地主要在延吉市。延吉市位于吉林省东部，和图们紧邻，属延边朝鲜族自治州，是吉林省重要的洋葱种植区，有四十余年的种植历史。这和当地的气候条件是密切相关的，延吉市地处北纬 42°50′~43°23′，东经 129°01′~129°48′，平均海拔 150 m，年均降雨量 500~600 mm，属海洋性气候，每年的 7~8 月的降雨量相对比较集中，根据长年的观测得出，这两个月的降雨量在 100~150 mm。进入 9 月份后，降雨量急剧减少，迅速降低到 80 mm 以下。延吉市日照时间 3~5 月最多，平均 7~8h，平均气温 1 月最低，根据 1961 年~1990 年的观测数据，1 月份平均最低和最高气温分别是 −14.0 ℃和 −7.1 ℃。8 月份气温最高，平均最低和最高气温分别是 21.2 ℃和 26.9 ℃。该地区一般是每年的 2 月中下旬开始育种，4 月下旬定植，每亩 22 000~23 000 株。该地洋葱的个头普遍较小，但品质优良，耐储存性好，主要是通过边贸的方式出口俄罗斯市场，也有部分出口韩国、日本、东南亚市场。

6. 黑龙江产区

黑龙江省的洋葱产地主要是在齐齐哈尔。齐齐哈尔位于中国东北松嫩平原，地处北纬 45°~48°、东经 122°~126°，东临大庆市和绥化地区，南接吉林省白城地区，西靠内蒙古呼伦贝尔市，北与黑河、大兴安岭接壤，土地总面积为 42 469 km²，海拔高度一般在 200~500 m，以平原为主，平原占到全部面积的 83.7%。

7. 内蒙古自治区产区

内蒙古自治区的洋葱产地主要集中在乌兰察布、商都、赤峰、阿拉善盟和通辽地区。内蒙古种植的品种属于长日照作物品种。每年的 2 月底 3 月初育种，4 月底 5 月初定植，亩定植株数 22 000~25 000 株，8 月下旬到 9 月初采收。内蒙古乌兰察布察右中旗、后旗、商都等地纬度在北纬 41°~42°，海拔 1 300~1 600 m，全年降雨量在 300~500 mm 之间，全年的降雨主要分布在 6 月、7 月、8 月和 9 月这四个月，气温 7~8 月最高，此时白天最高气温可达到 22~23 ℃，晚上可降低到 10 ℃。初霜期及秋季寒潮流在每年的 10 月初，地面最低气温可降到 0 ℃，枯霜期在 4 月，经霜期在 5 月，春季倒春寒几乎年年都有发生，一般发生在每年的 5 月中下旬。

8. 甘肃产区

甘肃省的洋葱产地主要集中在酒嘉地区、玉门地区和武威。甘肃气候资源的总体特点是太阳辐射强，光照充足，风能资源丰富，冬冷夏凉，昼夜温差大，无霜期短，降水少，气候干燥，气候垂直差异显著，因此农作物品质高，质量好。洋葱年均种植面积约 20 000 公顷，酒嘉地区的洋葱种植主要以酒泉地区为主，酒泉地处北纬 38~43°，东经 93~103°。位于甘肃省西北部河西走廊西端的阿尔金山、祁连山与马鬃山之间，东接张掖地区和内蒙古自治区，南接青海省，西接新疆维吾尔自治区，北接蒙古人民共和国。海拔 1 340~2 200 m。区内热量丰富，日照充足，年日照时数为 3 033~3 317 h，温差大，光质好，光能资源丰富。年平均气温 5~8 ℃，无霜期 140~160 d，年降水量 50~200 mm。近年来随着洋葱品种的改良，栽培技术的提高，洋葱产业获得了快速发展，酒泉也逐步成为了中国洋葱的主产区之一。该地生产的洋葱品质佳，干物质含量高，远销俄罗斯、日本，韩国及东南亚市场。

玉门洋葱，由于玉门是河西地区海拔最高的种植区，夏季干旱少雨，光照充足，冬冷夏凉，昼夜温差大，无霜期短，降水少，气候干燥，气候垂直差异显著，因此，玉门洋葱较之其他产地产品甚至美国洋葱，具有品质好、储存时间长等优点，受到国内外客商的青睐。其产品出口日本、韩国、俄罗斯、欧洲、北美、中亚等地区。

第二节 洋葱种质类型分类和主要品种

一、种质类型分类

种质资源（germplasm resources）是指具有特定种质或基因，可供育种和相关研究利用的各种生物类型，包括栽培种、近缘种和野生种的种子、植株、无性繁殖器官、花粉、单个细胞、单个基因等。在遗传学上，由于遗传物质是基因，因此种质资源也常被称为遗传资源（Genetic resources）或基因资源（Gene resources）或基因库（Gene pool or Gene bank），是现代育种的重要物质基础。

洋葱种质资源是新品种选育、生物技术研究和生产可持续发展的重要物质基础。只有掌握了类型丰富、性状优良的洋葱种质资源，才能选育出丰产、优质、抗病及适应性强的新品种，适时进行生产上的品种更新和换代，实现洋葱产业可持续发展。

(一)根据洋葱种质类型分类

1. 洋葱亚种 A. cepa ssp. vulgare

(1)普通洋葱变种 A. cepa var. hortulorum,鳞茎通常不分蘖,单头性,主要用种子繁殖。

(2)多头洋葱变种 A. cepa var. solaninum Alef,鳞茎膨大要求日照最长,大多在16 h左右,多头性,花茎5~7个,花茎最短而几乎无膨大部,休眠期最长,辣味强。当地栽培常用无性繁殖法,主要分布在北欧、俄罗斯的中北部和远东地区,以及加拿大等高纬度地区。主要是黄皮品种。

(3)单头(多头)鳞茎洋葱变种 A. cepa var. viviparum Mets,地下鳞茎单头或多头,花茎顶部生气生小鳞茎,有时小鳞茎与花混生于花球内,有时小鳞茎呈重薹性。繁殖常用气生小鳞茎,各地都有零星分布,栽培面积不大。

2. 分鳞茎洋葱亚种 A. cepa ssp. ascalonicum

植株较矮小,叶较普通洋葱细,每株有多数长卵形或纺锤形较小的鳞茎,仅基部相连,很少抽薹开花。栽培较少,零星分布于各地,多作腌渍或绿葱用。四川、湖南等地称为火葱、分葱、四季葱,有些地方称为洋蒜。

(二)根据洋葱鳞茎皮色分类

1. 红皮洋葱

鳞茎圆球或扁圆形,紫红至粉红色,辛辣味强,丰产、耐藏性稍差,多为中、晚熟品种。如西昌红皮、云南通海红皮、北京紫皮葱头、上海红皮、西安红皮洋葱等。

2. 黄皮洋葱

鳞茎扁圆、圆球或椭圆形,铜黄色或淡黄色,味甜而辛辣,品质佳,耐贮藏,产量高,分为早、中、晚熟品种。如科威黄14、日本203、美国504、天津荸荠扁、东北黄玉葱、南京黄皮、熊岳洋葱等。

3. 白皮洋葱

鳞茎较小,多扁圆形,白绿至微绿色。肉质柔嫩,品质佳,宜作脱水蔬菜。多为早熟品种,产量低,抗病力弱。如新疆的哈密白皮、早玉、白雪王等。近年新育成一些肉质柔嫩,品质佳,宜作脱水加工的洋葱,早熟,产量较高,抗病力较强,如科威白3号。

(三)按鳞茎形成对日照长度的要求分类

1. 短日生态型(低纬度生态型)

鳞茎膨大的最低日照长度在每日12 h左右(11.5~13 h),花茎3~5个,花茎高而膨大部显著,休眠期短,耐藏性差,大多味甜或半辣。主要分布在我国长江流域及以南地区、日本南部、美国南部、智利中北部、巴西、澳洲、地中海沿岸等地。现在分布在东南亚、东非、墨西哥等亚热带至热带地区的品种也属这一系统,或起源于这一系统。红色及白色品种较多。早熟品种多属短日型。

2. 长日生态型（中纬度生态型）

鳞茎膨大的最低日照长度在 14 h 以上，花茎矮而膨大部较不显著，休眠期较长，耐藏性较强，味半辣或辣。主要分布在欧洲中部、俄罗斯南部、中国北方、日本北方和美国北部等地。黄色和白色品种较多。晚熟品种多属长日型。

3. 中日生态型

中日型品种每天需 12~14 h 光照才能形成鳞茎，对光照时间不敏感。

（四）按鳞茎形成特性分类

1. 普通洋葱（*A. cepa* L.）

这种洋葱又称圆葱或葱头，在植物分类学中称为普通洋葱，栽培广泛，每株形成 1 个肥大的鳞茎，品质好，产量高，耐寒性较强，多以种子繁殖。鳞茎颜色有紫红、粉红、铜黄、淡黄色或白色。

2. 分蘖洋葱（*A. cepa* L. var. *mutiplcans* Bailey syn. var. *Agrogatum Don*）

分蘖洋葱是普通洋葱的 1 个变种，又名果子洋葱，每株发生多个至 10 余个鳞茎，大小不规则，鳞茎铜黄色，品质较差，产量低。很少开花结实，用分蘖小鳞茎繁殖。它的特点是抗寒力强且鳞茎耐贮藏。

3. 顶球洋葱（*A. cepa* L. var. *viviparum* Metz.）

顶球洋葱是洋葱的另外 1 个变种，又名楼子葱或红葱。通常不开花，仅在花茎上形成 7~18 个气生鳞茎，以此进行繁殖，植株鳞茎不膨大。抗寒性极强，适于高寒地区栽培。在内蒙古、甘肃、陕西北部和西藏等地均有栽培。

二、主要品种

（一）洋葱主要品种

我国现在栽培的绝大多数是普通洋葱，但在北方寒冷地区，也有栽培分蘖洋葱和顶球洋葱的。现将我国各地洋葱主要品种介绍如下：

1. 红皮品种

（1）红皮洋葱"西葱 1 号"

西昌学院洋葱研究课题组长期进行洋葱新品种选育，用激光诱变技术选育出的红皮洋葱品种"西葱 1 号"，该品种株高为 85~95 cm，全株叶片 8~11 片，叶片深绿色，叶面有蜡粉。鳞茎厚圆形，外皮紫红色，颈粗 2~3.5 cm，横径 10~12 cm，纵径 6~7 cm，鳞茎鲜重 300~550 g。生育期 235 d 左右，中晚熟，辛辣味强，耐贮性好，株形紧凑，早期抽薹率低。产量高，耐寒、耐热，品质好，每公顷产量约 105 000 kg。蛋白质含量为 1.61%，总糖含量为 6.93%，脂肪含量为 0.16%，干物质含量为 9.75%，粗纤维含量为 0.49%。

（2）红皮洋葱"西葱2号"

西昌学院洋葱研究课题组采用激光诱变技术培育出的红皮洋葱品种"西葱2号"，该品种株高为80~91 cm，全株叶片8~11片，叶片深绿色，叶面有蜡粉。鳞茎略似锥形，外皮紫红色，颈粗2~3.1 cm，横径8~11 cm，纵径5~8 cm，鳞茎鲜重200~400 g。生育期215 d左右，早熟，辛辣味强，耐贮性好，株形紧凑，早期抽薹率低。耐寒、耐热，品质好，每公顷产量约825 00 kg。蛋白质含量为1.16%，总糖含量为7.57%，脂肪含量为0.10%，干物质含量为9.54%，粗纤维含量为0.32%。

（3）科威红7号

西昌学院洋葱研究课题组用激光诱变技术选育出的红皮洋葱品种"科威红 7 号（代号昌激 09-2）"，该品种株高为85~90 cm、全株叶片8~10片、叶片深绿色、叶面有蜡粉、极早熟，鳞茎略似锥形、外皮紫红色、颈粗 3~3.05 cm、横径 9~10.8 cm、纵径 6~7.8 cm、鳞茎鲜重200~340 g、从播种到收获鳞茎 202 d左右，株形紧凑、早期抽薹率低、辛辣味强、耐贮性好、耐寒，品质好，产量较高，每667m²产量5 500 kg左右。

（4）科威红12

西昌学院洋葱研究课题组用激光诱变技术选育出的红皮洋葱品种"科威红 12"，该品种株高67~80 cm，全株叶片9~12片，茎粗1.3~1.6 cm，叶面有蜡粉，叶色深绿，鳞茎圆球形，横径8.5~11.0 cm，纵径8.0~10.5 cm，紫色，鳞片肉质脆嫩，单球鳞茎重350~550 g；不易分球，早期抽薹率较低；定植至收获需215 d左右，晚熟，株型紧凑，生长势较强，田间表现整齐，每667 m²产量8 000 kg以上，耐贮性好，中日照类型，辛辣味浓。适宜在河南、山东、江苏和四川的中日照和短日照区秋播种植。

（5）科威红10号

西昌学院洋葱研究课题组用激光诱变技术选育出的红皮洋葱品种"科威红10号"，其鳞茎外皮紫红色，颈粗2.2~2.9 cm、横径8~10 cm、纵径7~9 cm，鳞茎鲜重260~370 g，从定植到收获鳞茎175 d左右，早熟，辛辣味强，耐贮性好，株形紧凑，早期抽薹率低，产量较高，耐寒、耐热，亩产量5 500 kg左右。

（6）甘肃紫皮

甘肃紫皮洋葱株高70 cm以上，成株有功能叶10枚左右，叶色深绿，有蜡粉，叶鞘较粗。鳞茎扁圆形，纵径4~5 cm，横径9~10 cm，鳞茎皮半革质、紫红色。肉质鳞片7~9层，呈淡紫色。单个鳞茎重250~300 g。辣味浓，水分多，品质中等。抗寒、耐旱，但休眠期短，萌芽早，易腐烂。一般每公顷可产鳞茎52 500 kg以上。

（7）南京红皮

南京红皮洋葱株高约70 cm，管状叶绿色，有蜡粉，叶鞘上部绿色，下部黄白色，鳞茎扁圆形，外表的鳞茎皮紫红色，肉质鳞片白色带紫红色晕斑，内有鳞芽2~3个。鳞茎单个重100~150 g。抗寒性强，休眠期短，耐贮性较差。每公顷可产鳞茎25 500~30 000 kg。

（8）江西红皮

江西红皮洋葱株高50~70 cm，叶展45 cm。管状叶深绿色，蜡粉少。鳞茎扁圆形，纵径5 cm，横向径约7 cm。成熟鳞茎外被半革质紫红色鳞皮，肉质鳞片浅紫红色。单个鳞茎平均重200 g以上。辣味较浓，质地松脆，易失水，耐贮性较差。每公顷可产鳞茎26 250~30 000 kg。

（9）广州红皮

广州红皮洋葱为广州地方品种。植株直立性强，株高 50 cm，叶展 25 cm。管状叶中部较一般红皮品种粗，横径可达 2 cm，深绿色，叶面有蜡粉。鳞茎扁圆形，纵径 4~5 cm，横径约 7 cm，外皮半革质、紫红色。单个鳞茎重 100~150 g。耐寒性、抗病性强，但不耐高温，属于短日型品种。

（10）福建紫皮

福建紫皮洋葱是福州、永泰、长乐等地区主栽品种。植株较直立，株高约 50 cm。管状叶深绿色，叶面蜡粉多。鳞茎扁圆形，纵径约 5 cm，横径约 8 cm。成熟的鳞茎鳞皮半革质、紫红色。肉质鳞片淡紫色而偏白，单个鳞茎重 120 g 左右。风味甜辣适中，葱香浓郁，可鲜食。休眠期短，不耐贮藏。每公顷可产鳞茎 15 000 kg，属于短日型品种。

（11）北京紫皮

北京紫皮洋葱为地方品种。植株高 60 cm 以上，叶展约 45 cm。成株有功能叶 9~10 枚，深绿色，有蜡粉。叶鞘较粗，绿色。鳞茎扁圆形，纵茎 5~6 cm，横径 9 cm 以上。鳞茎外皮红色，肉质鳞片浅紫红色。单个鳞茎重 250~300 g，鳞片肥厚，但不紧实，含水分较多，品质中等，中晚熟。每公顷产鳞茎 37 500 kg，高产田可达 40 000 kg。生理休眠期短，易发芽，耐贮性差。

（12）高桩红皮

高桩红皮洋葱系陕西省农业科学院蔬菜研究所从西安红皮洋葱中选育而成。该品种植株生长健壮，管状叶深绿色，有蜡粉。鳞茎纵径 7~8 cm，横径 9~10 cm。成熟的鳞茎外皮半革质、紫红，肉质鳞片白色带紫晕。单个鳞茎重 150~200 g。中晚熟，耐肥水，分蘖少，抗寒性强，但耐贮性较差。一般每公顷可产鳞茎 52 500~60 000 kg。

2. 黄皮品种

（1）科威黄 14

西昌学院洋葱研究课题组用激光诱变技术选育出的黄皮洋葱品种"科威黄 14"，其株高为 80~90 cm，全株叶片 9~11 片，叶片深绿色，叶面有蜡粉，鳞茎圆球形、外皮黄色，颈粗 3.2~3.72 cm，横径 10.5~11.9 cm、纵径 10.5~11.7 cm，鳞茎鲜重 462~566 g，生育期从定植到收获鳞茎 180 d 左右，早熟，耐贮性好，株形紧凑，早期抽薹率低，产量高，每 667 m² 产量 9 600 kg 左右。

（2）北京黄皮

北京黄皮洋葱是北京地方品种。该品种成株的功能叶有 9~10 枚，叶为管状，叶面有腊粉，深绿色。鳞茎外皮浅棕黄色，肥厚的鳞片为黄白色，鳞茎盘较小。鳞茎形态不一，扁圆形者纵、横径比为 1：（1.5~1.6），颈部较细，约 2 cm，单球重约 100 g，圆球形者其纵、横比 1：1.2，颈部较粗，约 3 cm，单球重 150~200 g。鳞茎细嫩，纤维少，辣味较轻而略甜。鳞茎含水量较少，耐贮藏。每公顷产鳞茎 22 500~30 000 kg。

（3）大水桃

大水桃洋葱是天津优良品种。株高约 60 cm，管状叶的横断面为大半圆形，叶面微着蜡粉，深绿色，叶鞘部分浅绿色。鳞茎呈高桩圆球形，纵、横径比约为 1：1，中等大小的鳞茎横径为 5 cm，大型鳞茎可超过 7 cm，单球重约 200 g 。鳞茎外皮橙黄色，肥厚的鳞片为黄白

色。鳞茎辣味较浓，纤维少，品质好。但水分含量比荸荠扁品种高，故不如荸荠扁耐贮藏。每公顷产鳞茎 37 500 kg 左右。

（4）荸荠扁

荸荠扁洋葱是天津优良品种。管状叶长 40 cm，成株的功能叶有 9~10 枚，绿色，蜡粉多。鳞茎扁圆形，纵径 4.5 cm，横径 7 cm，单球重 100 g 以上。鳞茎外皮土黄色，肉质鳞片淡黄色、水分少、辣味重、耐贮藏，品质好。产量略低于大水桃。

（5）黄玉葱

黄玉葱洋葱是河北省承德市地方品种，东北地区已有引种栽培。株高 50 cm，植株开展度约 40 cm。管状叶深绿色，叶面有蜡粉。单株有叶 9~11 枚，叶片长约 30 cm，直径小于 1 cm。鳞茎扁圆形，纵径 5~6 cm，横径 7 cm 以上。鳞茎表皮黄褐色，鳞片淡黄色，单个鳞茎重 150~200 g。肉质细嫩，甜辣适中，品质好。抗寒，耐热，较耐贮运。每公顷可产鳞茎 18 750~26 250 kg。

（6）熊岳洋葱

熊岳洋葱是由辽宁省熊岳农业专科学校于 1966~1982 年育成、辽宁省农作物品种委员会审定通过的洋葱品种。该品种植株生长旺盛，株高 70~80 cm，成株有功能叶 8~9 枚。管状叶深绿色，叶面有蜡粉。成熟鳞茎扁圆形，纵径 4~6 cm，横径 6~8 cm，外被橙黄色有光泽的半革质鳞皮。肉质鳞片 5~6 层，外层淡黄色，内层乳白色。单个鳞茎重 130~160 g。适应性、抗逆性和抗病性均强，且具有耐盐碱和不易早期抽薹的特点。每公顷产量为 52 500 kg 左右。

（7）福建黄皮洋葱

福建黄皮洋葱在福建省漳州市已有 20 多年的栽培历史。其株高近 60 cm，管状叶斜生，深绿色，叶面有蜡粉。叶片长约 50 cm，横断面 1.5 cm，叶鞘长约 10 cm。上部浅绿色、下部白色。鳞茎外皮半革质，棕黄色，肉质鳞片白色。横径 8~8.5 cm，纵径 8~9.5 cm，单个重 300 g 以上。鳞茎扁圆形或圆球形，耐寒、耐旱，抗病性也强。耐热、耐涝性中等。该品种系中晚熟、短日型品种，每公顷可产鳞茎 51 000~67 500 kg。除供食用外，还可脱水干制。

（8）台农选 3 号

台农选 3 号洋葱是中国台湾农业试验所凤山热带园艺试验分所于 1985 年选育的新品种。其植株高大、直立，叶色青绿。鳞茎扁圆，外被深黄褐色半革质鳞皮。鳞茎外观好，颈部细，合格率高而且品质好。早熟，定植后 95~120 d 收获，属于短日照型品种。

（9）千金

千金洋葱是中国台湾省培育的杂交 1 代品种，植株生长势强且抗紫斑病。鳞茎扁圆形，纵径约 8 cm，横径 10.5 cm，球大颈细，鳞皮棕黄色，鳞片浅黄色，单个鳞茎平均重 300 g 左右。耐贮运，品质好，属于早熟、短日型品种，定植后 110 d 收获，适于出口外销。

（10）万金

万金洋葱是中国台湾农友公司培育的品种，适于台湾省南部栽培。植株比较高大、直立，叶色较浓。鳞茎扁平型，纵径平均 9.3 cm，横径 11.2 cm，单个鳞茎重 600 g。紧实，抗紫斑病，耐黑斑病。定植后 120~140 d 收获，属于中熟、短日型黄皮品种。

（11）其他品种

近年来，我国西南地区从美国引进的金矿、太阳等杂交 1 代品种的后代，经连年进行繁殖和选种后，其圆形鳞茎单个平均重仍可达 500 g 左右。1998 年以来，西昌学院从日本、以色列等引进 20 多个黄皮洋葱新品种和 10 余个白皮洋葱新品种，经洋葱育种课题组长期进行品种筛选，已选出9个适宜西昌种植的优良品种，且种植面积逐年扩大。这些品种属于短日型秋栽中熟品种。

3. 白皮品种

（1）科威白1号

西昌学院洋葱研究课题组用激光诱变技术选育出的白皮洋葱品种"科威白1号"，其植株高80 cm，叶11片，外叶深绿色；鳞茎近圆球形，横径10 cm，纵径9 cm，白色，肉质脆嫩，单球质量320 g；抽薹率低，不易分球；耐贮运；每667 m²产量6 186.2~6 537.86 kg。短日照类型，中熟，从定植到采收200 d左右，田间表现整齐一致，生长势强，株型紧凑。科威白1号总糖含量8.34%、粗纤维0.49%、蛋白质1.68%、脂肪0.12%、干物质9.31%。与亲本2303相比，其早期抽薹率（7.8%）下降了54.2%；贮藏时间（162 d）延长了32 d；单个鳞茎质量（320 g）增加了20 g。经多年区域试验和生产示范，该品种适宜在四川的安宁河流域及云南等类似短日照洋葱生产地区推广。

（2）新疆白皮

新疆白皮洋葱是新疆地方品种，主栽区为石河子市。其植株长势中等，株高60 cm左右，植株开展约20 cm。成株的功能叶有13~14枚，管状叶深绿色，叶面蜡粉中等。叶鞘部分较粗，直径约2 cm，上部为绿色，下部为白色。鳞茎扁圆形，纵径约5 cm，横径约7 cm，成熟鳞茎的外皮白色膜质，鳞片白色肉质，约15层，单个鳞茎重约150 g。质地脆嫩，甜味重，辣味轻，纤维少，品质优，既可生食，也可熟食，更适于脱水干制。早熟，休眠期短，每公顷可产鳞茎约30 000 kg。

（3）江苏白皮

江苏白皮洋葱是江苏扬州市地方品种。其植株较直立，株高60 cm以上。管状叶较细长，叶片部分深绿色，有蜡粉。叶鞘上部为浅绿色，下部为白色。鳞茎多为扁圆形，纵径6~7 cm，横径9 cm。成熟鳞茎外皮半革质、黄白色，肉质鳞片白色，内有鳞芽2~4个，单个鳞茎重100~150 g。质地脆嫩，甜而淡辣，适于生食和脱水干制，又可熟食。早熟，耐寒性强，每公顷可产鳞茎22 500~26 250 kg。

（4）系选美白

系选美白洋葱是天津农业科学院蔬菜研究所从美国引进的白皮洋葱，经过5代系统选择，现在性状已经稳定的新品系。其株高60 cm左右，成株的功能叶有9~10枚，叶色绿，蜡粉少。叶鞘浅绿色。鳞茎圆球形，球径10 cm左右，外皮白色，蜡质，肉质鳞片纯白色，紧实，单个鳞茎平均重250 g以上。鳞茎质地脆嫩，甜辣适口，适于生食和加工干制。其抗寒性、耐贮性、不易抽薹性和对盐、碱土壤的适应性均比原种有所提高。每公顷产量可达到60 000 kg的水平。

4. 分蘖洋葱和顶球洋葱品种

（1）分蘖洋葱

在湖北省房县以及重庆市的奉节、巫山等县栽培较多，当地称为果子葱。此外，吉林省长春市双阳区也有栽培，但目前均未形成专用品种。

该品种植株丛生，分蘖力强，单株可形成7~9个球形小鳞茎。其管状叶比普通洋葱细，叶片长约30 cm，深绿色，叶面有蜡质。鳞茎圆球形，外皮半革质、紫红色；肉质鳞片白色，

带有微紫色晕斑。品质中等，单个鳞茎重约 150 g。

（2）东北顶球洋葱

东北顶球洋葱又称为毛子葱、头球洋葱、埃及洋葱。在黑龙江省哈尔滨市郊、吉林省长春市双阳区均有栽培。

其植株丛生，叶呈细管状，长约 30 cm，断面为半圆形，绿色，叶面有蜡粉。植株分蘖力强，但不规则，每株可生成多个鳞茎，鳞茎多为纺锤形，外皮半革质、黄褐色，单个分蘖鳞茎 150~300 g。花薹上着生气生鳞茎球，有黄皮和紫红皮两种类型。有的气生鳞茎在蕾上即生出小叶，可以作为种球进行繁殖。鳞茎耐贮藏，辣味中等。

（3）河曲红葱

河曲红葱又称为旱葱、楼子葱，是山西省河曲县地方品种，栽培历史悠久。红葱均属于顶球洋葱变种，植株丛生，叶呈细管状、深绿色，有蜡粉。在当地 5~6 月份分株、抽薹、薹上着生气生小鳞茎，并生小叶，其中 1~3 个不生叶而呈花薹状，上面再着生气生小鳞茎，花薹重叠，呈楼层状，故又名楼子葱。耐旱，抗寒，分蘖力强，适应性广。

（4）陕北红葱

陕北红葱是延安、榆林地区栽培多年的地方品种。其植株高 60~78 cm，管状叶深绿色，中等粗细，叶面有蜡粉。鳞茎扁柱形，长 23~32 cm，外皮半革质、赤褐色。在当地 5~6 月份抽生花薹，上面丛生紫红色气生鳞茎 3~15 个，其中 1~3 个鳞茎芽呈花薹状，上面再着生气生鳞茎。鳞茎辛辣及芳香味均浓。具有分蘖力强、抗寒、耐旱和耐瘠薄等特性，但极晚熟。当地在第 1 年立秋播种气生鳞茎进行育苗，第 2 年寒露定植，第 3 年采收时单丛重 370 g 以上，每公顷可产鳞茎 15 000~22 500 kg。

（5）甘肃红葱

甘肃红葱又称为楼子葱，栽培于甘肃省河西走廊及其他干旱地区、甘肃宁夏交界地区与陕北地区。其植株高 80~90 cm，鳞茎长 30 cm，粗约 2 cm，外皮为褐黄色。从育苗至收获需 2 年，每公顷可产鳞茎 37 500 kg。

（6）西藏红葱

西藏红葱也称为藏葱、楼子葱，在西藏自治区的拉萨、日喀则、南木林和萨嘎等地均有栽培。其植株高 60~75 cm，株丛叶展 40~60 cm，管状叶中等粗细，深绿色，有蜡粉。叶鞘部分长约 30 cm，粗 1~1.5 cm，不膨大生长，外皮半革质、红褐色，内部鳞片白色。每个当年可分蘖 5~8 个，每个分蘖着生管状叶 4~8 枚。在西藏地区 6~7 月份抽薹，顶部着生气生鳞茎 10~16 个，并间有小花，但不结籽，也有花薹重叠呈楼层状的特性。

西藏红葱抗寒、耐旱、耐热，适应性极强，可以安全越冬。在拉萨和日喀则地区 6~7 月间采集气生鳞茎育苗，第 2 年 3 月下旬至 4 月上旬定植，在 6 月中下旬至 11 月上旬可陆续采收。每公顷可产鳞茎 15 000~22 500 kg。

（二）洋葱品种生态特性

洋葱的品种生态特性是指洋葱品种与周围外界环境条件之间的关系和规律，不是指某品种的生长状态。洋葱不同生态型品种的形成除自身的遗传基因和环境的影响外，与人类的影响更是密不可分。具体到洋葱鳞茎肥大的条件、抽薹的难易、休眠期的长短和耐贮性等，是考察其品种生态特性的主要方面。现仅以下主要特性概括地加以说明，以供引种、栽培时参考。

1. 洋葱幼苗生长

洋葱幼苗的生长，从发芽至鳞茎开始膨大的整个过程，与温度、日照长度、水肥条件和病虫危害等有密切关系。

洋葱幼苗生长的过程中，温度高低直接影响幼苗的生长速度。温度过低，生长缓慢或停滞，造成僵苗；温度过高，生长过快，造成徒长。

温度的高低，首先影响到幼苗的春化作用和光合作用。洋葱是绿体植物，即在幼苗时期通过低温春化。绿体植物春化的主要条件是要求有一定大小的植株，或者称苗龄，如果没有达到一定的苗龄，没有一定的生长量，即使遇到低温，也没有春化反应。洋葱感受春化作用最少叶片数是 4~6 片。诱导低温范围最低在 2~9 ℃，最高在 13~18 ℃，诱导的时间在 4~12 d。

洋葱通过低温春化后，还要求有一定的光周期才能保证幼苗的正常生长，洋葱是长光性植物，在较长的光照条件下（一般为每日 12~14 h），并保证充足的水肥条件和防治病虫危害，才能促进洋葱幼苗的正常生长，促进光合作用的进行，为洋葱鳞茎的肥大生长创造好的条件。

2. 鳞茎的膨大生长

洋葱的鳞茎，从开始膨大到最后形成鳞茎的整个过程，与日照长度、温度有密切关系。

鳞茎肥大生长需要一定长度的日照和一定的温度。在南方地区，秋冬季栽培的洋葱品种是短日照（日照时间在每日 12 h 以下）生态型；而在北方地区栽培的品种，多是长日照（日照时间每日 14 h 以上）生态型，甚至有的品种需要日照 16 h。在同一地区，一般早熟品种对日照长度的要求比中、晚熟品种要短些，这一点对引种工作非常重要。例如，天津的大水桃、荸荠扁是长日照型品种，引种到西昌、重庆等地区，常因日照长度不足而减产，其夏季最长日照时间每日也不超过 14 h。短日照型品种对日照时间的要求不像长日照型品种那样严格，但超出一定范围也不能正常生长。如短日照型品种引到东北地区种植，就会出现植株还未充分生长，鳞茎提前发育而过早成熟，也会造成减产。所以，应从纬度相近的地区引种，而不可从纬度相差悬殊的地区盲目引种。

温度对鳞茎肥大生长的影响。一般认为，开始肥大生长的温度不低于 15 ℃；高于 25~27 ℃则超越了适宜范围。但不同地区的品种是有差别的。例如，印度和北欧地区的品种对温度要求较低，大约在 15~20 ℃；西班牙系统的甜洋葱，需要 20 ℃ 左右；法国的品种类型，要求在 15~25 ℃。总之，早熟品种对温度的要求一般都低于中、晚熟品种，这是因为在自然条件下长日照和较高的温度大都是同时出现的。至于我国洋葱品种对日照长度的要求，将在具体品种的特性中加以说明。

3. 抽薹的特性

洋葱是绿体植株通过春化阶段的植物，即植株长到一定大小后，才能对低温发生感应而通过春化阶段，此后花芽才开始分化。一般品种要求 10 ℃ 以下的低温即可发生春化作用，而 2~5 ℃ 是通过春化阶段的适应温度。不同洋葱品种通过春化阶段所需的低温日数不同，一般品种 2~5 ℃ 条件下经 50~60 d 可以通过春化阶段。另外，营养状况不同的葱苗，对低温的反应也不一样。在同样的低温条件下，营养状况较差的葱苗更容易发生花芽分化；营养状况较好的葱苗会发生分蘖现象而不发生花芽分化。这主要是其碳、氮比不同的缘故。在同一品种中，大苗受低温影响后较易抽薹。即使是同一品种，抽薹的难易程度在不同个体之间仍有差别。通过人工不断地选择，或喷施薹葱抑制剂，适当提早、延迟播期和移栽期，可以降低洋葱的抽薹率。

赖俊铭等用荸荠扁品种选育早期不抽薹材料的效果如图1-1所示。

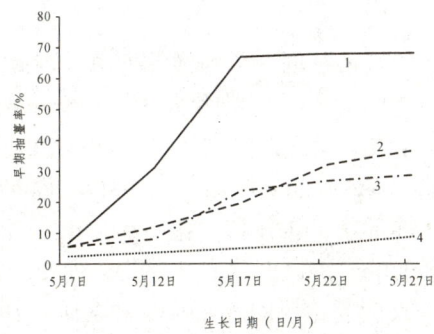

1.一般材料的大苗；2.选育材料的大苗；3.一般材料的中苗；4.选育材料的中苗。

图1-1　洋葱早期不抽薹系统选育的效果

从图1-1中可看出，通过定向系统选育经过3代以后，大苗的抽薹率降低56.4%，中苗降低17.7%，而且产量提高1倍以上，其效果相当明显。如在生产中对田间大量植株进行优株选种，经过多次连续选择，同样可以收到改良现在品种的效果。

单成海等用通海洋葱品种和一般型西昌本地洋葱品种进行薹葱抑制剂抽薹率的试验（2001年），结果表明：洋葱薹葱抑制剂能降低洋葱的抽薹率；洋葱品种不同，抑制剂的剂量不同，抑制抽薹的效果不同；适当提早、延迟播期和移栽期，温度不同，对洋葱的抽薹率会有影响。

4. 耐贮性

洋葱的耐贮性与土质、土壤水分、施肥种类和数量、鳞茎成熟度、贮藏温度、鳞茎含水量、病虫害的侵染情况以及收获后的干燥处理等许多条件都有关系，但从品种生态特性看，与耐贮性关系最密切的是休眠期的长短和洋葱鳞茎的成分。休眠期长，萌芽发生得晚，自然耐贮性高而且质量好。洋葱鳞茎成分与耐贮性有关的主要是干物重和糖分。不同品种的干物重和糖分不同，干物质低者可小于10%，高者可在12%以上，一般干物质含量高的、含糖量相应也高。干物重和含糖高的品种，腐烂率低，贮藏效果良好。从不同品种类型看，晚熟品种的耐贮性高于早熟品种；白皮早熟品种则多不耐贮藏。

三、种质创新与保存

洋葱种质资源是新品种选育、生物技术研究和生产可持续发展的重要物质基础，世界各国均十分重视洋葱种质资源的收集、保存和研究工作。科学家们对洋葱的农艺性状、抗病性和部分品质性状进行了研究。

（一）体细胞杂交

Buiteveld等（1998）用欧洲大头蒜（*Allium ampeloprasum* L.$2n=4X=32$）和洋葱（*A. cepa* L.$2n=2X=16$）通过原生质体对称融合获得再生杂种，核DNA组成分析表明，大多数再生的植株是杂合的，并且都是非整数倍。通过γ射线处理洋葱原生质体、碘乙酰胺（IOA）处理欧洲大头蒜的原生质体进行的不对称融合未能获得再生杂种植株。

(二) 种间杂交

大葱具有许多洋葱缺乏的抗性基因，且与洋葱同属，因此一直是洋葱种间杂交的首选材料。自 Emsweller 和 Jones (1935) 开展洋葱和大葱 (*A. fistulosum* L.) 种间杂交研究以来，几十年来这类研究一直未有中断，无论是将洋葱作为母本 (Emsweller, Jones; Van Der Meer, Van Benekom, 1978) 或父本 (Corgan, Peffley, 1986) 获得的 F_1 代都具有中间形态性状：纤细的鳞茎，偏向大葱的叶部形状，花杯状，花序和开花时间都处于两亲本的中间。但无一例外的，F_1 代都高度不育，Ulloa 等试图用大葱作为轮回亲本，改善其育性，但结果表明获得的 BC_1 和 BC_2 育性未有多大的变化。Khrustaleva 和 KIK (1998) 也曾通过大葱和 *A. roylei* 杂交后再和洋葱杂交，但效果也不理想。大葱的一些优良性状一直不能在洋葱得到表达。

Peffley Hou (2000) 用雄性不育洋葱材料 Excel 986A 作为母本和日本大葱品种 Bunching No.1 杂交，用大田未加隔离的洋葱花粉开放授粉连续回交两代，获得两个 F_1BC_3 群体 951026 和 951027 (选育模式见图 1-2)，亲本之一 Bunching No.1 具有抗粉根病 (Phoma terrestris EM Hans.)、Smut (Uocystis cepulae Frost)、叶腐病 (Botrytis squamosa walker) 和 onion fly (Hylemyia antiqua Bouche) 的特性，可溶性固形物 (SSC) 含量高，耐寒性强。通过 DNA 组成分析和同工酶检测证实，F_1BC_3 中许多鳞茎能正常膨大、偏向洋葱的花器，可育的高抗粉根病的植株都是基因重组的杂种。

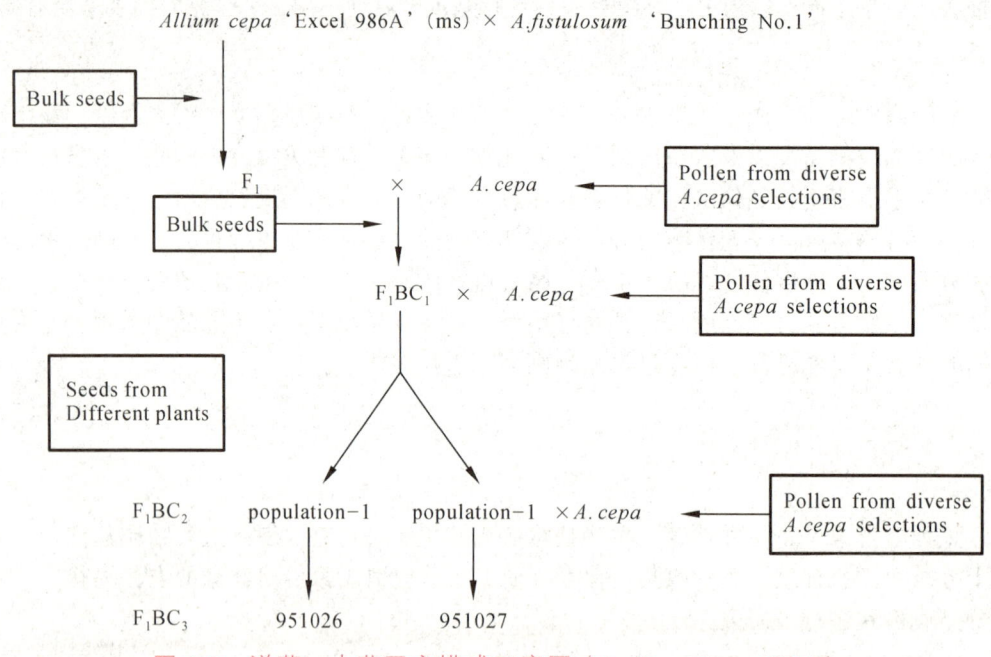

图 1-2 洋葱×大葱回交模式示意图 (Peffley Hou, 2000)

(三) 种质离体保存

洋葱是异花授粉植物，有很高的杂合性，对一些独特的基因型的保存采用离体低温保存比用种子保存更适合。糖、红外光和乙烯在离体洋葱鳞茎形成中有重要作用 (Kahane et al.,

1992a, b), -1~-3 ℃低温有利于离体洋葱鳞茎的保存,在不同基因型的低温离体保存中,糖浓度是最主要的影响因子,高浓度(100 g/L)保存1年存活率超过80%。

 思考题

(1)洋葱在植物学分类上属于什么科和属?
(2)试述洋葱在食品、医药和保健品等领域的主要用途。
(3)洋葱在我国的地理分布和主要产区是怎样的?近几年的情况有什么变化?
(4)洋葱在我国各主要产区的主栽洋葱品种是什么?
(5)洋葱的种质类型是怎样划分的?

 实训题

(1)设计洋葱种质资源考察路线、收集方法、整理方法和贮藏方法。
(2)通过调研总结本地区洋葱的生产概况,分析存在的问题与发展的前景。

第二章
洋葱栽培技术

洋葱属于百合科葱属，是以肉质鳞片和鳞芽构成鳞茎的二年生草本葱蒜类蔬菜。它是世界上主要蔬菜品种之一，也是我国主要的栽培和出口蔬菜品种，研究洋葱的高效栽培技术不仅是提高洋葱产量，也是提高其品质的重要措施。洋葱的高效栽培技术涉及的环节较多，下面主要从洋葱的栽培方式、播种育苗、定植、苗期肥水管理、高效栽培新技术和适时收获几个方面来阐述。

第一节 栽培方式

一、不同播期的栽培方式

洋葱的栽培方式按播种期不同可分秋播与春播两种形式，在实际栽培中，因地区、栽培目的、品种不同，又可分为多种。

（一）秋播，冬植，次年收获

1. 秋播，冬植，次年初夏（5~6月）收获

长江流域各省大部种植区属于此类。定植时幼苗径粗不宜超过1 cm或3叶1心至4叶1心时移栽，在冬季5 ℃前定植，定植后进入越冬期。春季气温回升较早地区（如四川、云南）5月收获，下游气温回升晚的地区6月收获。在常温下贮藏9月即开始萌芽，宜选择耐贮性强、抽薹少的品种。特别要控制贮藏期的病害，防止造成大量损失。6月是梅雨季节，鳞茎含水量大，不易干燥，又值高温，不宜堆存，要考虑采收、干燥和贮藏措施。

2. 秋播、冬植，次年春季收获

这类栽培方式主要是在华南冬季温暖地区，该地区温度适宜，但鳞茎膨大期温度偏低，日照短，因此必须选用短日型的早熟品种，即能在短日低温下形成鳞茎的新品种。3~4月是洋葱的淡季，国内外市场需求量大，售价高，是我国外销洋葱最有竞争力的时期，要考虑国外市场对路的品种，如欧洲市场和日本、韩国、俄罗斯等国际市场喜欢甜洋葱（如黄皮品种

中的高腰型品种)。国内市场南菜北调，洋葱耐贮耐运，也十分适宜。一些地区可根据市场栽培相应类型的洋葱品种，如西昌可栽培早熟型的品种。

3. 秋播、冬藏，次年春植，夏季收获（6~7月）

这类栽培方式的地区包括华北及西北，东北的南部地区。在这些地区，春季低温，而夏季较为炎热，秋播比春播好。如春播，须在保护地育苗（2~3月），关键是必须在4月定植，定植越晚，产量越低。在4月以前定植温度低，可采用地膜覆盖，具有增产作用。但越冬幼苗也不宜超过径粗1 cm，并要选用抽薹少或不易抽薹的品种，以及长日型能在较长日照及较高温度下形成鳞茎的品种。

上述3种秋播洋葱的栽培形式，因地区、方法、品种不同，栽培目的也不尽相同，掌握播种期和定植期是关键。我国有代表性地区的洋葱栽培和收获期见表2-1。

表2-1 洋葱的栽培和收获期

地区	播种期	定植期	收获期
西昌	8月下旬~9月上旬	10月上旬~11月上旬	次年4月上旬~5月中旬
昆明	9月下旬	11月上旬	次年5月上旬
重庆	9月中旬	11月中下旬	次年5月中下旬
佳木斯	2月下旬	4月下旬~5月上旬	7月下旬~8月上旬
哈尔滨	3月中旬	4月下旬	9月上旬
长春	8月中旬	4月上旬	7月中旬
沈阳	2月中旬	4月中旬	7月中下旬
大连	8月底~9月上旬	次年3月下旬	次年7月上旬
西安	9月上中旬	11月上旬	次年6月中旬
陇东、陕北	9月中旬	11月上旬	次年6月中旬
兰州	9月上旬	次年3月下旬~4月上旬	次年7月下旬
平凉	9月上旬	次年5月上旬	次年7月下旬~8月上旬
西宁	2月中下旬	4月中下旬	9月上旬
拉萨	7月中下旬	次年4月上旬	次年10月上中旬
呼和浩特	3月下旬	5月中旬	8月上旬
赤峰	8月中旬	4月上旬	7月下旬~8月上旬
巴彦淖尔市	4月上旬	6月上旬	9月中旬
北京	8月下旬	10月上旬或次年3月下旬	次年6月中旬
天津	8月下旬	10月下旬~11月上旬	次年6月下旬
石家庄	8月下旬~9月上旬	10月下旬~11月中旬	次年6月下旬~7月上旬
承德	8月下旬	次年3月中下旬	次年7月上旬

续表

地区	播种期	定植期	收获期
太原	9月上旬	次年3月上中旬	次年7月下旬
郑州	8月下旬~9月上旬	10月下旬~11月上旬	次年6月中上旬
济南	9月上旬	10月下旬~11月上旬	次年6月中下旬
南京	9月中旬~9月下旬	11月下旬	次年5月下旬~6月上旬
杭州	9月下旬	11月下旬~12月上旬	次年5月下旬~6月上旬
九江	9月中下旬	11月上旬~12月中旬	次年5月
福州	10月	11月中旬~12月上旬	次年3月上旬
广州	7~9月	8月中旬~11月	次年1~4月
台湾	8月下旬~10月上旬	9月底~11月中旬	次年2月下旬~3月上旬
酒泉	3月下旬~4月上旬	5月上中旬	8月下旬~9月上旬
银川石嘴山	3月下旬	5月中旬	9月
石河子	4月中下旬	6月上中旬	9月上中旬

（二）春季播种，秋季收获

这类栽培方式地区主要是东北、西北高寒地区，夏季无酷暑，霜期早，春季温度低，露地播种须在4月以后，6月定植，霜前收获。如在保护地大棚栽培，3月上旬播种，4月下旬至5月上旬定植，7月鳞茎进入膨大期，8~9月收获。这种栽培，生长期虽仅160~190 d，但产量仍较高。在7~8月正值东北雨季，对鳞茎形成和膨大不利，所以，可适当延迟播种和定植期。品种选用南方短日早熟型，使在秋季短日低温条件下形成鳞茎。

二、不同播种栽培方式

按洋葱不同播种的方式可分为：育苗定植、仔球栽培和直播栽培。

（一）育苗定植

这种方式的栽培范围最广。在无霜期少于200 d，冬季最低温度在-20 ℃以下的东北和华北地区，多采取保护地育苗，春季天气转暖后定植，或在夏末秋初进行露地育苗，通过贮藏，于次年早春定植。在无霜期少于200 d，冬季最低温度在-20 ℃左右的华北中南部、中原、华东和华中等地区，多采取秋季露地育苗，冬前定植，露地越冬，或在苗床越冬后于早春进行定植。气候偏冷的地区，也可将幼苗贮藏越冬。在我国冬季温暖、全年基本无霜的华南、云南南部和广西等地，则于晚秋育苗，定植后在冬季能继续生长，于次年春季收获。

（二）仔球栽培

在高寒地区和亚热带地区，为了避免严寒、酷暑或台风等不利条件，或是为了提早收获、

带叶上市，第1年培育直径约2 cm的仔球，于冬前或次年早春再进行定植。

（三）直播栽培

在宁夏回族自治区、甘肃省和新疆维吾尔自治区的部分地区，采取直播栽培方式。选择沙壤土或壤土，先秋耕、冬灌，次年早春耙地保墒。播种前，结合犁地普施基肥，每公顷施土杂肥75 000 kg，若农家肥不足，可酌情施磷酸二铵或尿素作为基肥。在春分前后，按15 cm行距，每公顷播种量15 kg左右，最多不超过22.5 kg。生有2~3片真叶时，进行间苗和补苗，至5月底或6月初，按13~15 cm的株距定苗。除草、保苗是生产的关键，一般中耕6~7次。5月中旬开始浇水并追施氮素化肥，以促使幼苗苗壮生长。7月中旬控水蹲苗10~15 d，促使鳞茎肥大生长。此后，加强肥水管理，在收获前半个月停止浇水。一般在9月田间发现倒伏时收获。每公顷可产鳞茎30 000~37 500 kg，高产田可达60 000 kg以上。

第二节　播种育苗

一、播　种

（一）播　种

1. 选地和确定播种量

洋葱根系吸收水肥的能力较弱，以选择土壤肥沃、有机质丰富的沙壤土为好，黏土不利发根和鳞茎膨大，沙土保水保肥力差。洋葱忌连作，最好选择施肥较多的茄果类、瓜类、豆类蔬菜、玉米作前茬。定植前要深耕施肥，整地做畦。每公顷施腐熟农家肥60 000 kg，施过磷酸钙750 kg或磷酸二铵300 kg，使土肥充分混合。北方作宽1.2~1.5 m的平畦，南方作深沟高畦，厢面宽0.8~1.2 m，以利排水。

为了确保发芽，在播种前应先做发芽试验，一般可采用纸培法试验。首先在瓷质平底盘或碟底部平铺几层吸水力较强的滤纸、餐巾纸或草纸等，使其充分吸水后，将供试的洋葱种子摆放在上面，也可再用吸湿的纸张覆盖，然后把盘或碟放进1个塑料袋中，充气后将袋口扎紧保湿。在20~25 ℃的条件下，置床后4~7 d调查发芽率。

在发芽率90%以上，每公顷大田的播种量为8.0 kg，考虑到要淘汰和间疏20%的弱苗和劣苗，如果发芽试验的发芽率低于70%，则应酌情增加播种量。

2. 播种期

我国大部分地区采用秋季播种育苗，地膜覆盖定植越冬，这是栽培洋葱主要方式，从长江以南到华北平原地区基本上都采用这种方式。短期播种是高产的关键，如播种过早，次年可能会因早期抽薹而减产；如播种过晚，虽然不会发生早期抽薹，但越冬能力降低，也会影响产量。根据西昌学院洋葱研究课题组的试验，攀西地区红皮洋葱一般立秋15 d后早熟品种即可播种，中晚熟品种播种可再推迟7~10 d，黄皮和白皮可在9月中旬播种。

具体播种因各地气候条件不同，适宜的播种期不同。可用作图法来确定当地播种期。即以温度为纵坐标,以月份为横坐标,用当地月平均气温的数值绘制1条曲线,在上面找出15 ℃点,通过此点对横坐标做1条垂线,与横坐标的交点处再向前推40 d,即为当地的适宜播种期。

以北京地区为例,从图2-1中可看出,8月25日前后是当地的适宜播种期。

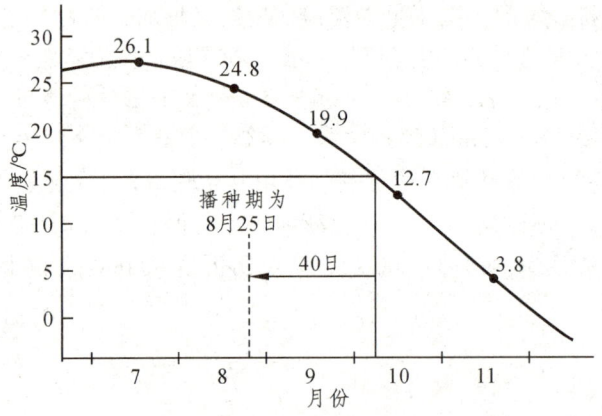

图 2-1　北京地区洋葱播种期的确定

3. 播种技术

（1）选地

洋葱的种子较小,发芽时子叶生长缓慢,且出土比较困难。根据这些特点,苗床应选择土壤肥沃、地势较高、保水性强,在2~3年内未曾种植过葱韭蔬菜的地块。排水不便、低洼易涝的土地会使洋葱幼嫩的根系腐烂而生长不良。

（2）整地和施基肥

南方地区雨量大,多筑高厢,而北方地区则做平厢。在播种前10~15 d,育苗厢先进行翻耕,而后普施充分腐熟、捣碎和过筛后的农家肥。基肥用量不宜过多,使肥料与土壤充分混合,再用平耙将厢面整平,以备播种。

试验证明,合理施肥、培育壮苗,是增产的关键措施之一。苗期施用氮、磷和氮、磷、钾三要素合理配合肥的幼苗,比不施基肥幼苗的单株平均重量及根系重量可增加1倍;而使用氮、钾肥的幼苗比不施肥的幼苗单株平均重量和根系重量分别增加65.35%和80%。进一步考察苗期不同施肥处理对产量的影响,施用氮、磷、钾肥,氮、磷肥,氮、钾肥的鳞茎,单个平均重比不施肥的分别增加82.7%、79%和42%。由此可以看出苗期合理施肥的重要性。洋葱在育苗期对氮、磷、钾的需要量,综合有关育苗的肥料试验结果是:每公顷含氮（全氮）154.5~168 kg,磷（P_2O_5）121.5~159 kg,钾（K_2O）88.5~172.5 kg。

（3）种子处理

一般多直接播种,但为了促发芽和提早出苗,可以先浸种后播种。应冷水浸种,时间不宜超过12 h,将上浮的秕子捞出后将下沉的种子捞出摊晾,当种子不相粘连时即可播种。如播种期偏晚,须进行催芽。可将浸种后的种子用湿布包好旋转在凉爽的地方（20~25 ℃）进行催芽,每天都要用清水淘洗1次,当种子刚刚"露白"时及时播种,不能耽误。如不及时播种,胚根的生长会给播种工作造成不便。

（4）播种

播种一般采用撒播方式，有些地方采用条播方式。撒播的具体操作是，在播种前 1 d 先轻浇 1 次水，经 2 d 表土已不过黏时，将厢面浅耕松土后即行撒种，然后再扒平厢面将种子盖住。在种子未出苗以前，不再浇水。如果下种后再浇水，会使厢面板结，反而不利于出苗。另外，采取起土、坐底水的撒播方法，对沙土甚至黏土都很适宜。具体操作：先用平锹把表土起出 3 cm 左右，放在厢面外留作覆盖用土，然后将基肥在厢面撒匀并进行翻耕，合粪、土混合均匀，再将厢面整平，并将松土踏实。播种厢整好后浇灌底水约 6 cm 深，水涌下后在厢面撒好底土方可播种，播种后再覆土。采取这种方法虽比较费工，但表土疏松，深层水分充足，出苗快而整齐。

为保证撒播质量，在整地后经过 2~3 h，厢面表层稍微干燥发白时再播种，这样容易看清种子落土情况。也可在日落或多云天气时播种，以免因反光而不易看出疏密状况。也可先将种子播下 2/3，余下的 1/3 根据播种均匀情况进行调节。

为了保墒，可用松针、玉米秸秆、稻草秆或其他作物秸秆或遮阳网进行遮阴，也可在苗床上面搭棚。当幼苗即将出土时，在下午及时将覆盖物分次撒去。

条播或撒播，只要播种量适当，对幼苗的质量没有明显影响，具体见表 2-2。

表 2-2 撒播和条播质量的比较

播种方式	叶长/cm	叶数/枚	叶鞘直径/cm	根长/cm	根数/条	根重/g	单株平均重/g·个$^{-1}$
条播	25.7	3.15	0.44	9.95	14.3	0.26	2.04
撒播	23.85	3.15	0.37	10.0	13.6	0.24	1.77

（二）发芽过程

洋葱种子发芽首先是从吸水开始，即处于干燥状态的种子通过吸胀作用吸收水分，这段时间大约需要 12 h，从而激发一系列的生理活动。洋葱种子的发芽方式不同于禾本科单子叶植物，因为洋葱的胚是包裹在内胚乳中的，在刚开始发芽时，幼根先突破种皮，由于种子有极性，幼根向下伸长并生出根毛与土壤密切结合。与此同时，由幼根先突破种皮，以弯曲成双折的方式穿过土壤露出地面，但子叶的尖端仍留在种子内，以便继续吸收内胚乳贮存的养分。从幼根突破种皮到子叶出土，主要依靠种子内胚乳贮存的养分。此后，主根继续伸长，侧根也相应生出，对植株起固定作用。出土后的子叶继续生长的方式则是：以子叶膝为分界，从子叶膝到种子的上半段长到 2~3 cm 即行停止。而子叶膝至地面的下半段却继续生长成为弯弓状而绷紧。由于这种情况，使子叶的上半段和附着的种子被牵出地面。以上过程，通常可分成破皮、生根、出土和直钩 4 个阶段，具体见图 2-2。

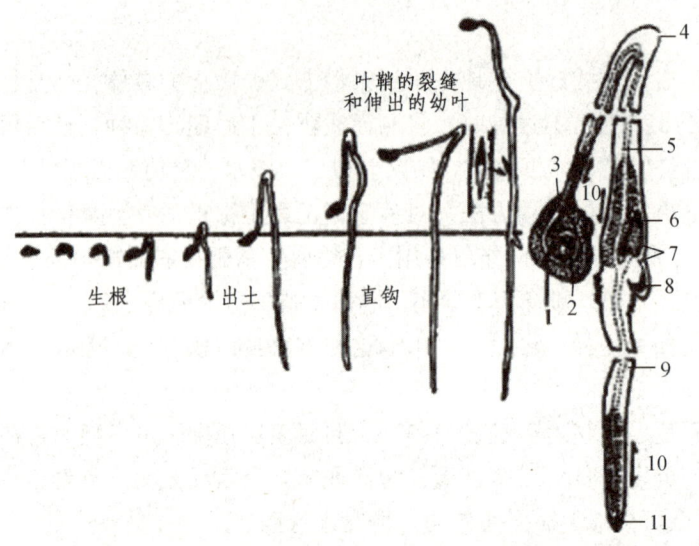

1-子叶吸器，2-内胚乳，3-种皮，4-子叶膝，5-原形成层，6-第一真叶，
7-子叶鞘，8-不定根，9-主根，10-伸长期，11-根冠

图 2-2 洋葱的发芽过程

洋葱种子在发芽过程中，要求最低温度为 4 ℃，最高温度为 33 ℃，最适温度为 15~25 ℃。发芽后幼根生长的最低、最高和最适温度分别为 4 ℃、38 ℃和 30 ℃，而地上部分幼芽则分别为 6 ℃、38 ℃和 30 ℃。在生产实践中以不低于 20 ℃为实用标准。土壤水分与种子发芽也有着密切的关系，土壤含水量在 10%~18%，种子发芽率可达到 90%的理想结果。洋葱种子发芽不需要光，但播种后外露的种子也可以发芽。洋葱种子发芽对氧没有过高的要求。

二、育 苗

（一）露地育苗

1. 苗期管理

当洋葱种子开始出土时，使用稻草、苇帘或遮阳网在苗床遮盖，当出苗率达 75%以上时，在晴天的下午分 2~3 次撤除覆盖物；如果是用芦苇、稻草、秸秆等遮阴的，可以由密变疏，分 2~3 次撤除覆盖物。

苗期浇水应根据土壤墒情和不同播种方式而定。采取起土坐底水后再播种的，因底墒相当充足，一般在齐苗以前不必浇水。其他播种方式，则在子叶未伸直之前要浇水，在"直钩"时期还要再次浇水。此后，直到生出第 1 真叶时要适当控制浇水。当生出 2 枚真叶以后，可结合浇水追施氮素化肥硫铵 360~540 kg/公顷，或尿素 180~270 kg/公顷，或追施充分腐熟的人粪尿 7 500 kg/公顷，也可在浇水前将腐熟的堆肥和适量田土混合后以覆土的方式追施，厚度为 0.5 cm 左右，但不能过厚，如埋过叶基的分歧处（5 杈股），可能使叶部灼伤。

另外，在育苗过程中不要急于间苗，须提防立枯病，直到生出 2 枚真叶后，在追肥之前再除草和间苗。留苗密度为 650~750 株/m²。

如果幼苗徒长或发生霜霉病时，可将叶片刈去 1/3 来进行控制。但这是在特定情况下的应急措施，不可乱用，因刈叶对产量有不良影响。

2. 幼苗越冬

（1）苗床越冬

苗床越冬就是在原来播种的育畦内越冬。采用这种方法时应在土地封冻前（立冬后）于育苗畦的北侧加设风障，并浇灌 1 次"冻水"，使畦面布满水层，深度不低于 2 cm，第 2 d 在育苗畦内先覆盖约 1 cm 厚的细土，以防畦面发生龟裂。此后，随着天气的变冷，在上面再次覆盖碎稻草或豆类作物的碎枝叶等，覆盖厚度为 10~15 cm。次年春季转暖后，再将覆盖物取出，幼苗便重新萌发，以备定植。如有条件，育苗畦可用塑料薄膜进行覆盖，在越冬期间必须将畦内的薄膜压严，不使其透风，如果发现破损，必须及时修补或将破损处再另加覆盖。

（2）假植越冬

假植越冬俗称为"囤苗"。假植的场所，主要是在风障背后或在其他背阴的地方；切忌在地势低洼、潮湿的地方假植，以免沤根。假植的方法：在风障后面东西向开沟，深约 10 cm，然后将起出的葱苗以向南侧倾斜 45°（或直立）在沟内密集摆苗，覆土时以不超过叶鞘顶部（5 杈股）为准。假植沟之间应保持 5 cm 以上的距离，假植的宽度一般不超过 1.5 cm。假植后要用土将四周堵严、踩实，不能透风，以免冻根。假植以后幼苗心叶还会缓慢生长，不宜立即盖土防寒，直到平均气温接近 0 ℃时，再在葱苗上面覆土防寒。此后，根据当地气候，分次覆土。

（3）窖藏越冬

在土地封冻前将葱苗起出，捆成直径 10~15 cm 的小捆，放进白菜窖或其他地窖中贮藏。如数量少时，可在窖内直立码放，如数量较多，则使根部紧靠稍潮湿的窖壁，码放的高度以 1~1.3 m 为宜，码好以后可在周围盖些在贮藏中摘下的大白菜外叶，以防干燥。入窖初期要进行倒垛，防止受热。在整个贮藏期间把根倒垛 2~3 次，如发现腐烂，要及时清除。这种方法简单易行又便于检查，尤其在气候比较寒冷的地区，采用此法比在露地越冬更为安全。

（4）沟藏越冬

在风障背后，于立冬前后挖东西方向、深约 20 cm、宽 30 cm 的贮藏沟。在土壤封冻前，将葱苗起出捆成直径 10~15 cm 的小捆，使根部与沟底接触，一捆捆密集码放在贮藏沟中，直到外界温度降至 -3~-5 ℃时，再向葱苗上面盖土。以后根据天气变化分期盖土，覆土厚度 15~20 cm，可覆盖作物秸秆防寒，使沟内温度相对稳定在 0~1 ℃即可。另据内蒙古自治区赤峰市的经验，熊岳洋葱的幼苗，采取沟藏的方法，在 6~7 ℃的低温下也可安全越冬。

（二）保护地育苗

高寒地区可利用日光温室、温床或阳畦等保护设施，在冬季或早春进行育苗，一般苗龄需要 50~60 d。具体操作过程和露地育苗基本相同，其技术要点如下：

1. 种子处理

播种前进行催芽。还可用 50%多菌灵或 50%托布津可湿性粉剂，按种子重量的 0.4%进行药剂拌种，或将种子用 40%甲醛 300 倍液浸种 3 h 杀菌，浸后及时洗净，可有效降低栽培田洋葱紫斑病、霜霉病等病害的发生概率。

2. 播 种

日光温室应采取起土、坐底水的方法播种。如坐底水后土壤温度降到 10 ℃以下，需密闭增温，待地温回升到10 ℃以上再行播种。温床育苗，覆盖物以上的土层厚度不宜少于 15 cm。为适应温床的特点，播种前可以适量浇水造墒，但忌大水漫灌。

播种后，为使发芽整齐和保持土壤温度，要分次覆土。播种后覆土约 0.5 cm，此后在拱土和萌发时再行覆土，总覆土厚度为 1~1.5 cm。

3. 温度管理

幼苗出土前，保护地内气温白天保持在 20~26 ℃，不宜低于 20 ℃，夜间最低温度不低于 13 ℃。幼苗出齐后，应适当降温，防止徒长，白天不宜高于 20 ℃，按常规可掌握在 14~16 ℃，夜间保持在 10 ℃，尽量不使最低气温降到 8 ℃以下。

4. 通风换气

在幼苗长到 3~4 cm 高时，随着幼苗的继续生长，应逐步增加通风量。在定植前 7~10 d，加强通风炼苗，以备定植。

5. 肥水管理

根据土壤墒情，在葱苗拱土时如底墒不足，可先补水而后再覆土。出苗后，要使土壤经常保持湿润，但在定植前进行炼苗时，要停止浇水。

在幼苗 10~15 cm 高时，可结合浇水适量追施氮肥或复合肥，也可在每 10 L 水中加入硝酸铵 20 g、硫酸二氢钾 20 g，溶解后浇灌。

6. 光照时间

保护地育苗，可以通过揭盖草苫的时间进行调节。据研究，在短日照下所培育的壮苗，可以增产 8%~10%。

（三）培育籽球

培育籽球的目的，主要是为了避开不利洋葱生长的气候条件，保证洋葱的正常生长。例如，高寒地区无霜期较短，培育籽球才能满足生长期的要求；台湾等亚热带地区，培育籽球可以避开盛夏高温和台风。此外，进行籽球栽培还可以提早收获和提高产量。

1. 高寒地区培育籽球的栽培技术要点

（1）播种期多在平均温度为 10 ℃以上的 5 月中旬。
（2）播种量每公顷为 52.5~60 kg，最多也不宜超过 75 kg。
（3）采取撒播方式播种，力求均匀。
（4）生出第 1 真叶后，结合除草进行间苗，主要是间拔过密和生长较弱的劣苗，使每株幼苗能保持 16~22 cm² 的营养面积。
（5）在幼苗 2 叶期以后，根据生长情况追施氮素化肥或磷酸二铵，并可适当施用畜粪水。
（6）幼苗生有 4~6 片真叶，小鳞茎直径有 1.5~3 cm，即生长期达到 60~70 d 时，为收获适期。
（7）收获的小鳞茎必须充分干燥后才能贮藏。在贮藏期间，夏、秋注意通风，冬季注意

防寒，以免伤热、受冻。

（8）次年早春土壤解冻后尽早定植，早栽可促进根系发育。

2. 南方地区培育籽球的栽培技术要点

（1）必须选用短日照型品种。

（2）利用小棚在2月下旬至3月上旬播种。每公顷需要培育籽球的面积为600 m²左右。如不采用小棚，则在10月上旬播种。

（3）播种后为促使出苗，土壤温度需保持在10~18 ℃，如果土壤温度偏低，可临时覆盖地膜，在种苗拱土时及时撤掉，正常情况下，播种后7~10 d即可拱土。

（4）在小棚内育苗，应注意防止立枯病，除注意选地外，在播种前，每平方米土壤用50%多菌灵可湿性粉剂8 g与床土10 kg拌匀配成药土来处理。

（5）小棚育苗的温度管理指标，发芽前白天保持在20 ℃以上，不宜达到或超过30 ℃。发芽后应掌握在15~25 ℃，如果最低温度低于10 ℃，应加强夜间保温。白天超过25 ℃，需进行通风。当外界日平均气温达到15 ℃时，小棚可不再覆盖塑料薄膜，但不要撤掉，遇雨天时仍需覆膜防雨。

（6）幼苗生有1~2枚真叶时，结合除草进行间苗，使幼苗的营养面积保持在12~15 cm²。及时间苗、除草和保持足够的营养面积，是培育籽球的一项关键性措施。

（7）幼苗的生长标准：3月下旬要求生有3枚真叶，株高在10 cm以上；到4月中旬生有4枚真叶，株高20~30 cm。在此期间，可根据生长情况适量追肥。

（8）为防止籽球在贮存越夏期间腐烂，可在采收前喷洒50%多菌灵1 000倍稀释液或50%克菌丹800倍稀释液。

（9）当籽球直径达到1.5~1.8 cm，叶鞘部分已软但尚未倒伏时，即可采收（倒伏后收获的籽球休眠期长，不利于日后提早出苗）。对直径超过3 cm的大型籽球，要将叶片剪掉一部分，促使休眠期缩短。

（10）采收的籽球，在田间晾晒半天或1 d后，每20~30个捆扎成把，吊在屋檐下，或其他通风而凉爽的场所，以备日后定植。如有条件，采收后可在温室中以30~35 ℃的高温处理20 d左右，但籽球不要直接曝晒，然后在通风、凉爽的场所进行贮藏，这对定植后顺利出芽有一定的效果。

第三节 定 植

一、定植前的准备

（一）整地和施基肥

北方地区栽植洋葱多采用平畦。根据不同地区的习惯，窄畦宽度为0.8~1.2 m，宽畦为1.3~1.7 m，畦长8~9 m。南方地区多采用高厢，厢宽为2 m，厢间沟宽度和深度约0.3 m，还应做到厢沟、腰沟、围沟配套，以利于排水。

洋葱是浅根作物，根系主要集中在20~30 cm深的土层中，如土壤结构良好，也可深达

60 cm。因此,整地时翻耕深度不宜少于 20 cm,为加深耕作层和改善土壤结构,有条件的最好再耕深些。整地时,第 1 次耕翻破土一定要达到应有的深度,然后撒肥,为了使肥料和土壤充分混合和改善土壤结构,需要再进行 1~2 次浅耕,使畦土细碎,粪土混匀,土壤结构才更利于发根成活。如底层土壤板结,通气不良,限制了根系的发展,则下部叶片有提早枯萎的趋势。此后,还需将畦面进行精细整理。北方地区的平畦,要求做到"4 平畦",使浇水深浅一致,尤其是盐碱地区,如畦面高低不平还会招致返碱,使高处发生盐碱危害。南方地区的高畦,要使中部比两侧稍高,以利排水。

为了适应洋葱弦状根的特点,所施用的基肥必须充分腐熟而且要过筛。粪熟、粪细、浅施、匀撒是洋葱施用基肥的技术要点。基肥主要是堆肥、厩肥和城市肥等农家肥,南方地区还常施用塘泥、草木灰等。一般每公顷施用 22 500~30 000 kg,肥源充足的可施 45 000 kg。此外,为充分发挥磷素商品肥的肥效,可将其混入农家肥中施用,比作追肥效果更好。磷肥一般全部作为基肥的数量,如施用过磷酸钙,每公顷的施用量为 600~750 kg。如果不是流失性很强的沙土,钾肥也可作为基肥,一般 150~250 kg/公顷。为了合理施肥,现将主要作基肥的各类农家肥料的肥效养分列表 2-3,以供参考。

表 2-3 主要农家肥料的养分含量

肥料名称	氮(N)/%	磷(P_2O_5)/%	钾(K_2O)/%	有机质/%
人粪尿(鲜)	0.5~0.8	0.2~0.4	0.2~0.3	5~10
猪粪(鲜)	0.5~0.6	0.4~0.6	0.44~0.5	15
马粪(鲜)	0.4~0.58	0.3~0.35	0.24~0.4	21
牛粪(鲜)	0.3~0.59	0.17~0.28	0.1~0.16	14.5
羊粪(鲜)	0.62~0.70	0.3~0.47	0.2~0.3	28
鸡粪(鲜)	1.63	1.54	0.85	25.5
鸭粪(鲜)	1.0~1.1	1.4	0.62	26.2
蚕粪(鲜)	2.2~3.5	0.5~0.7	2.4~3.4	77~88
猪厩肥	0.45	0.19	0.60	25.0
马厩肥	0.58	0.28	0.53	25.4
一般堆肥	0.4~0.5	0.18~0.26	0.45~0.70	25.4
垃圾	0.2~0.8	0.15~0.42	0.37~0.48	—
炉灰渣	—	0.2~0.6	0.2~0.7	—
河塘湖泥	0.2~0.44	0.14~0.59	0.34~1.83	—
草木灰	—	0.7~3.5	4.46~7.5	—

(二)选 苗

为了防止洋葱苗受冻和伤热,首先应适时起苗。秋后利用早晚地表稍冻、中午开化这段时间抓紧起苗。如果起苗后天气变暖,秋苗暂时不能下沟假植,要把葱苗散开,放在背阴凉

爽处不加覆盖，待气温降低后再假植。在起苗前，选择背阴、地下水位低、排水良好地段，挖好假植沟。沟的深度根据不同冬季温度决定，寒冷地区深些，较暖地区浅些。在辽宁中部地区，一般挖 25 cm 深，1 m 宽。外界气温降至 -6~-7 ℃时，进行假植。把葱苗按每行 8~10 cm 厚度横摆在假植沟内，每摆 1 行，在葱苗基部培 1 层干沙。假植后在沟上插上竹片，做成拱棚，上覆 1 层薄膜或地膜，防止雨雪入沟。白天膜上盖草帘或秸秆遮阳，晚上打开。随着外界气温逐渐降低，要逐渐增加覆盖物，以保持沟内温度 -6~-7 ℃，葱苗叶尖稍冻，葱白不冻为原则，注意防止一冻一化。春季定植前，10~15 d 逐渐去假植沟上的覆盖物，定植前 2~3 d 将苗从假植沟中取出，使其慢慢缓冻，然后选苗定植。

在起苗之前，根据苗床墒情可轻浇 1 次水，当床土干湿适度时，用铲起苗并去掉宿土。不要直接拔苗，因拔苗伤根，成活率低。将起出的幼苗按大小分级。适度大小的幼苗是：生有 3~4 枚真叶、株高约 30 cm、叶鞘直径 6~7 mm、单株重 4~6 g。以此为标准，分成大苗、适度苗和小苗，然后分别栽植，以便管理。要将已受病虫伤害的劣质苗淘汰。如混有大葱葱苗，必须严格剔除，以免混杂，影响产量。洋葱幼苗的叶梢部分稍带弯曲，叶片基部横断面为凹形，而大葱葱苗的叶梢部分直立生长，叶片基部的横断面为圆形，见图 2-3。

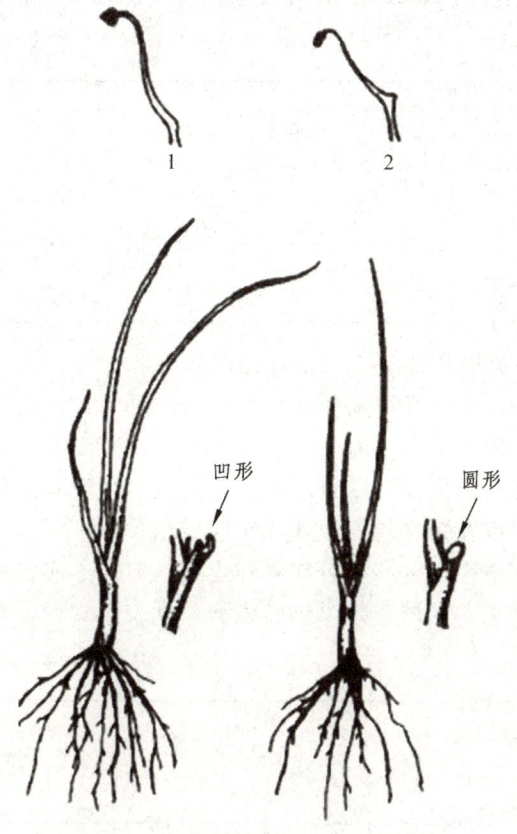

1.洋葱 2.大葱

图 2-3 大葱和洋葱幼苗的区别

对叶鞘直径接近 1 cm 的大苗，在定植前可将叶部剪掉 1/3，这对于减少抽薹有一定作用，但剪叶不能过量。根据试验，如从中部剪掉 1/2，比不剪叶的约减产 7%；如从基部剪掉，则严重减产。小苗则应适当增加栽植密度，以增加单位面积产量。

二、定植技术

（一）定植期

各地区的定植期要根据气候和品种而定。南方地区采用晚秋定植。根据西昌学院洋葱研究课题组的试验，攀西地区红皮洋葱一般10月上中旬定植，黄皮洋葱和白皮洋葱则在10月中下旬定植为宜。因早熟品种苗期生长较快但易老化，晚熟品种生长较慢但苗期长、不易老化，所以，在适期定植的基础上，早熟品种的定植期应稍早于晚熟品种。尽量不定植老化苗，这是丰产的基础性措施。

春季定植期须尽量提早。为了适应北方的气候，秋耕前先铺基肥然后再挖畦翻地和浇冻水。翌年春季在地表层解冻后及时整地，提早定植，这样就不会使生长期缩短以致减产。定植试验以3月2日、3月13日为实验组，以3月20日定植为对照组，幼苗生长情况于4月21日调查，品种为黄皮洋葱，产量以收获时鳞茎鲜重计，结果见表2-4。

表2-4　春季定植期对幼苗生长和产量的影响

定植期（日/月）	根数/条·株$^{-1}$	根重/g·株$^{-1}$	叶片数/枚·株$^{-1}$	叶鞘粗/cm	产量/kg·ha^{-1}	与对照组产量的比值/%
2/3	25.7	2.7	4叶1心	1.21	60 570	109.29
13/3	19.0	2.2	3叶1心	0.94	59 340	106.98
20/3	18.2	1.5	3叶1心	0.82	55 470	—

从表2-4可以看出，提早定植7~15 d，其增产效果在5%以上。

晚秋和初冬定植，必须在严寒以前使幼苗缓苗并恢复生长，这样才不致因冬前幼苗根系未充分恢复（由于水分供需不平衡）而引起死苗。例如，浙江省杭州等地区在冬至后定植，由于土壤结冻，可将根部顶出土面，导致幼苗受冻而死。在晚秋洋葱幼苗定植后到完全恢复正常生长约需30 d，所以应在旬平均气温4~5 ℃时定植。

在华北中部、南部和中原地区，虽可在早春定植，但在冬前定植，只要做好越冬、保苗工作，即或抽薹率略有增加，其增产效果仍然显著，见表2-5。

表2-5　洋葱秋春不同定植期与产量的关系

定植期（日/月）	播种期（日/月）	幼苗等级	产量/kg·ha^{-1}	鳞茎重/g·个$^{-1}$	缺苗/%	早期抽薹率/%	春栽产量与秋栽产量的比值/%
秋栽（6/11）	25/8	大苗	25 425	93.2	26.4	30.5	—
秋栽（6/11）	25/8	中苗	27 180	108.0	26.4	14.5	—
秋栽（6/11）	25/8	小苗	10 822.5	86.7	61.7	0	—
秋栽（6/11）	4/9	中苗	25 087.5	99.3	19.1	4.1	—

续表

定植期（日/月）	播种期（日/月）	幼苗等级	产量/kg·ha^{-1}	鳞茎重 g·个$^{-1}$	缺苗/%	早期抽薹率/%	春栽产量与秋栽产量的比值/%
秋栽（6/11）	4/9	小苗	18 967.5	97.2	39.0	0	—
秋栽（6/11）	14/9	小苗	4 915.5	79.7	82.0	0	—
春栽（19/3）	25/8	大苗	18 270	56.3	5.6	41.3	71.9
春栽（19/3）	25/8	中苗	12 600	54.5	20.0	8.4	46.4
春栽（19/3）	25/8	小苗	12 690	50.3	23.6	0	117.3
春栽（19/3）	4/9	中苗	19 530	65.8	10.0	2.7	77.8
春栽（19/3）	4/9	小苗	12 240	49.8	25.8	0	64.5
春栽（19/3）	14/9	小苗	7 515	39.1	40.9	0	153.0

注：1. 株行距为 11 cm×22 cm，405 000 株/公顷。
2. 大、中、小苗叶鞘直径分别为 9 mm 以上、6~9 mm 和 4~6 mm。
3. 应用品种为荸荠扁。

从表 2-5 可以看出：

（1）不论播种期早、晚和幼苗大小，秋季定植的洋葱鳞茎单个平均重明显高于春季定植的；

（2）秋季定植的洋葱缺苗率和早期抽薹率虽高于春季定植的，但是大苗和中苗仍能取得明显的增产效果；

（3）秋季定植的小苗，因严重缺苗而使产量明显低于春季定植的小苗。

因此，在华北中部、南部和中原，宜提倡秋季定植。

（二）定植密度

洋葱植株直立，叶部遮阴少，适于密植。适当增加株数，做到合理密植，是一项有力的增产措施。定植密度以每公顷栽 450 000~525 000 株为宜。但是，土壤的肥力是密植增产的重要保证，必须与肥水管理相配合。根据西昌学院洋葱研究课题组的试验，攀西地区红皮、黄皮和白皮洋葱的定植密度每公顷分别为 300 000~390 000 株、375 000~450 000 株和 420 000~480 000 株为宜。关于密植和产量的关系，如表 2-6 和表 2-7 所示。

表 2-6　洋葱不同栽植密度与产量的关系（一）

株行距/cm	栽植密度/株·ha^{-1}	鳞茎重/g·个$^{-1}$	产量/kg·ha^{-1}	试验组与对照组产量的比值/%
20×20（对照组）	200 100	275.0	55 027.5	—
13×20（试验组1）	307 545	201.1	61 854	112.41
13×17（试验组2）	362 175	192.7	69 792	126.83

注：土地使用面积按 80% 折算。

表 2-7　洋葱不同栽植密度与产量的关系（二）

栽植方式	栽植密度/株·ha⁻¹	鳞茎重/g·个⁻¹	产量/kg·ha⁻¹	试验组与对照组产量的比值/%
畦宽 1 m 栽植 6 行，株距 13 cm（对照组）	408 000	146.5	59 775	—
畦宽 1 m 栽植 7 行，株距 13 cm（试验组 1）	519 600	131.5	68 325	114.30
畦宽 1 m 栽植 8 行，株距 13 cm（试验组 2）	583 935	127.0	74 160	124.06

（三）定植方法

洋葱幼苗起苗时已损伤一部分根系，定植后要靠这些已受伤的根来完成缓苗，所以，定植之前要使幼苗在湿润的条件下保存，栽苗时也不要使根系再受到更大的损伤。

晚秋定植是为了保墒、抗冻，栽苗的深度宜稍深些，但须使叶鞘顶部露出地面。定植过深，不仅不利于发根、缓苗，而且对将来鳞茎的膨大生长也有影响。定植过浅，容易倒伏和鳞茎变绿而影响品质。定植深度对鳞茎形状和产量的影响见表 2-8。

表 2-8　不同定植深度对鳞茎形状和产量的影响

定植深度/cm	鳞茎			产量/kg·ha⁻¹	试验组与对照组产量的比值/%
	横径/cm	纵径/cm	纵/横		
浅栽（1.5）	9.3	5.8	0.62	51 120	94.1
标准（3.0）	11.0	6.9	0.63	54 300	—
深栽（4.5）	9.7	6.4	0.66	49 005	90.2

不覆盖地膜的定植采取按行距开沟、按株距摆苗的方法进行栽苗，开沟要深浅一致，最好是东西延长，这样把苗摆在沟的北侧（栽阳沟），封沟土向阳倾斜，以利于提高地温和发根，定植完毕即行浇水。

平畦覆盖地膜的定植，在整地、施基肥和平整畦面以后，再施除草剂，然后浇水，当畦内水还没有完全渗下时覆膜，这样地膜被水层托住，既平展又不会被泥土玷污。地膜铺平后用铁锹顺畦埂四周将地膜边缘压进土中，深 6 cm 左右，这样既简便又牢固。幼苗在定植前须根剪短到 1.5~2 cm，以利插苗定植，然后按预定的株行距用竹签或铁片等物穿膜打孔深 3 cm 左右，按孔插苗后覆土，沿苗基部浇透定根水。

高畦覆盖地膜的，将地膜边缘埋压在畦沟中，待插苗覆土定植完毕，沿苗基部浇透定根水。

（四）洋葱的套作栽培

洋葱植株低矮，管叶直立，适于和其他蔬菜间作套种，其中以套作产量产值较高。洋葱的畦埂可套种豌豆、蚕豆、早熟甘蓝、青菜、莴笋等蔬菜。在东北，洋葱除与一般蔬菜套种外，还与玉米进行套种，一般在春季 3 月下旬及时整地、作垄，将洋葱定植于垄台上，实行大垄双行或单行（60 cm×50 cm），每公顷保苗单行为 150 000 株，双行为 270 000 株。5 月下旬在洋葱的垄沟播种玉米，6月下旬洋葱收获后，及时中耕起垄。这种套种栽培洋葱每公顷产量15 000~30 000 kg，对玉米产量无大影响。另外也可利用玉米2∶2的空垄套种洋葱，即将原4垄应保留的玉米株数播种2垄，而空2垄作为通风透光用，而这2个空垄栽植洋葱，既可提高土地利用率，便于田间作业，又不影响玉米生长。

三、生长和发根

（一）用激素或药剂浸根

据王习霞等试验研究，用40%商品乙烯利稀释成300 μg/mL，含有效成分浓度为120 μg/mL，或用赤霉素250 μg/mL、30%商品双氧水100 μg/mL和爱多收500 μg/mL，在定植前浸根0.5 h，均可取得促进生长和明显增产的效果，见表2-9、表2-10。

表2-9　激素对植株生长的促进作用

组别	株高		叶鞘粗		叶片数	
	/cm	与对照组的比值/%	/cm	与对照组的比值/%	/枚	与对照组的比值/%
对照组	33.5	100	3.42	100	6	100
乙烯利（300 μg/mL）组	50.8	151.6	4.2	122.8	8.5	141.7
爱多收（500 μg/mL）组	48.6	143.3	4.1	119.9	8.0	133.3
赤霉素（250 μg/mL）组	47.0	140.3	3.86	112.9	7.8	130.0
双氧水（100 μg/mL）组	38.0	113.4	3.62	105.8	7.3	121.7

表2-10　激素对增产的作用

组别	鳞茎重		产量	
	/g·个$^{-1}$	与对照组的比值/%	/kg·ha^{-1}	与对照组的比值/%
对照组	78	100	22 626	100
乙烯利（300 μg/mL）组	126	161.5	33 351	147.4
爱多收（500 μg/mL）组	137	175.6	33 252	147.0
赤霉素（250 μg/mL）组	123	157.7	32 658	144.3
双氧水（100 μg/mL）组	126	161.5	29 278	129.4

注：1. 鳞茎平均重为随机取样30个鳞茎的平均值。
　　2. 产量试验小区面积为16 m^2，3次重复。

从表2-9和表2-10可以看出，4种处理不仅对促进生长效果明显，其增产效果也达到极显著的水平，是改善品质和增加产量的有效措施，简便易行，值得在生产上提倡和推广。

（二）叶面喷磷

定植前叶面喷磷，可促进根系发育，对洋葱尤为重要，这是因为洋葱从土壤中吸收和运转营养成分的过程十分缓慢，从根尖吸收后运转到叶部尖端大约需要 3~4 d，叶面喷磷在 1~2 h 后即可吸收运转。为了便于缓苗定根，在定植前 10~15 d 对叶面喷洒 0.2%~0.4%磷酸二氢钾或磷酸一钠，可以提高定植后的发根能力，见表 2-11。

表 2-11 定植前后叶面喷磷发根效果对比

试验处理		新根条数		新根总长		调查日期
		条	与对照组的比值/%	长度/cm	与对照组的比值/%	
大苗	对照（不喷磷）组	6.7	100	6.8	100	定植后 20 d
大苗	定植 5 d 前喷磷组	8.9	132.8	13.4	197.1	定植后 20 d
大苗	定植 10 d 前喷磷组	10.1	150.7	20.3	298.5	定植后 20 d
大苗	定植 15 d 前喷磷组	11.1	165.7	28.4	317.6	定植后 20 d
小苗	对照（不喷磷）组	6.7	100	7.2	100	定植后 20 d
小苗	定植 5 d 前喷磷组	8.5	126.9	8.8	122.2	定植后 20 d
小苗	定植 10 d 前喷磷组	7.3	109.0	10.0	138.9	定植后 20 d
小苗	定植 15 d 前喷磷组	10.4	155.2	20.0	177.8	定植后 20 d
大苗	对照（不喷磷）组	10.8	100	22.9	100	定植后 30 d
大苗	定植 5 d 前喷磷组	14.6	135.2	48.7	212.7	定植后 30 d
大苗	定植 10 d 前喷磷组	11.7	108.3	33.0	144.1	定植后 30 d
大苗	定植 15 d 前喷磷组	12.2	113.0	48.1	210.0	定植后 30 d
小苗	对照（不喷磷）组	9.2	100	17.8	100	定植后 30 d
小苗	定植 5 d 前喷磷组	8.8	95.6	17.5	98.3	定植后 30 d
小苗	定植 10 d 前喷磷组	9.8	106.5	24.3	136.5	定植后 30 d
小苗	定植 15 d 前喷磷组	11.5	125.0	38.8	218.0	定植后 30 d
大苗	对照组	3.4	100	2.8	100	定植后 20 d
小苗	定植后喷磷组	4.4	129.4	4.9	175.0	定植后 20 d
大苗	对照组	2.9	100	2.8	100	定植后 20 d
小苗	定植后喷磷组	3.3	113.8	4.9	175.0	定植后 20 d
大苗	对照组	8.5	100	13.5	100	定植后 30 d
小苗	定植后喷磷组	8.0	94.1	13.6	100.7	定植后 30 d
大苗	对照组	6.4	100	8.1	100	定植后 30 d
小苗	定植后喷磷组	6.1	95.3	6.4	79.0	定植后 30 d

从表 2-11 可以看出：叶面喷磷的时期，定植前比定植后好，以定植前 15 d 叶面喷磷的效果最好，不论在新根发生数目和长度方面都有显著的增加。另外，大苗喷磷的效果比小苗好，定植前叶面喷磷可能是因为叶部附着量有差别的原因。

这项措施的效果十分明显，但在生产上的应用还不够普遍。为了提高幼苗加速创伤恢复的能力，定植前叶面喷磷是一项有效而经济的方法。

第四节 定植后管理

一、追 肥

洋葱定植以后，首先是根系的增长，此后转向地上部的生长，当地上部分充分生长后才进入鳞茎肥大生长时期。根据洋葱的生长发育特性，做好分期追肥是洋葱丰产的关键之一。春季定植在缓苗以后，晚秋或初冬定植在返青以后，应进行第 1 次追肥。追肥的目的是在为根系的继续生长补充养分的同时为不久即将开始的地上部的生长进行准备。传统的追肥方法是以腐熟的厩肥为主，每公顷追施 15 000~18 750 kg，如基肥未掺加磷、钾肥，可掺入过磷酸钙 375~450 kg 和硫酸钾 15 0 kg。由于目前普遍覆盖地膜，不可能再追施农家肥，故可结合浇水每公顷追施磷酸二铵 150~225 kg 和硫酸钾 120~150 kg。此后再追施 1 次"提苗肥"，以保证地上部功能叶生长的需要。因为叶部营养体的大小与以后鳞茎的大小关系十分密切，前期促进叶部生长是为后期鳞茎的肥大生长奠定基础。提苗肥多以氮肥为主，每公顷可追施腐熟人粪尿 15 000 kg 或硫酸铵 150~225 kg。当植株生有 8~10 枚管状叶后，鳞茎开始肥大生长，此后应进行 2~3 次追肥，一般每公顷每次追施硫酸铵 150~300 kg。催头肥应以鳞茎膨大生长中期为重点，在鳞茎刚开始肥大生长时不能过多追施氮肥，鳞茎膨大生长后期如氮肥追施过量会发生"贪青"而影响采收。如果基肥中钾肥施量不足，在追施"催头肥"时应再增加 75~150 kg 硫酸钾或氯化钾。在鳞茎膨大生长球期，缺钾不仅会使产量降低，而且对产品的耐贮性也有一定影响。

关于氮素化肥种类的选择如图 2-4 所示：硫铵、尿素比氯化铵效果好；硫是洋葱所含的芳香油类物质中的有效成分；葱头在鳞茎肥大生长期对氨态氮的吸收表现为促进，而对硝态氮的吸收即为抑制的趋势。

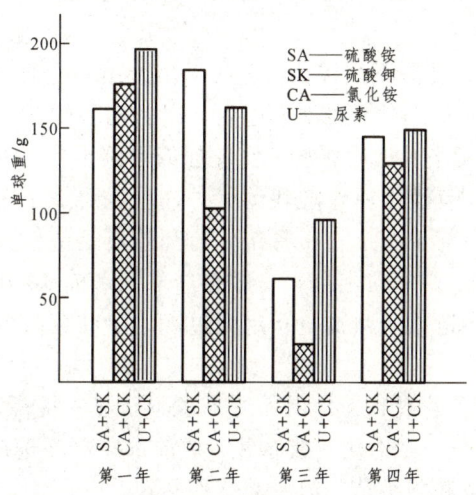

图 2-4 化肥成分和鳞茎重量的关系

目前对化肥的追施数量普遍偏高，甚至造成肥害。现将不同土质对不同化肥的安全施用量限量列表 2-12，以供参考。

表 2-12　不同土质施用化肥（1次）的限量

化肥种类	施肥限量/kg·ha^{-1}		
	沙土	沙壤土	中、重黏土
碳酸铵、碳酸氢铵	187.5~225	300	375
硝酸铵、硫酸铵	150~225	225	262.5~300
尿素	97.5~112.5	150	187.5
硫酸钾、氯化钾	52.5~60	112.5	150

二、防止生产田缺苗

（一）生产田缺苗的原因和防止方法

洋葱定植后的缺苗率或缺苗程度，直接影响着产量的高低。造成缺苗的原因：

（1）栽植过深或过浅，过深腐苗或过浅翘根死苗；

（2）整地不细，畦面不平整，土块较大，葱苗栽植后根系与土壤不能很好密接，造成悬空而死苗；

（3）秋季定植过晚，根系未能得到恢复，冬季受冻而死苗；

（4）葱苗质量低劣，春季栽植之前，葱苗已受冻；

（5）春季栽前土壤干旱，栽后又无雨，又没有灌溉条件，造成葱苗干枯而死；

（6）田间杂草过多，除草时常误把葱苗带出来而缺苗；

（7）土壤盐碱过重，地下害虫危害及冬前未浇冻水等都可能造成缺苗。

防止方法：

（1）栽苗深浅要适宜，过深不利缓苗，过浅易吊干苗，一般以 2~3 cm 深浅为宜。同时，栽苗时用手将苗四周覆土按实，但不要用力过大，以防伤害幼苗。

（2）整地要细，耙细耙平，然后作畦。作畦前如土壤干旱，要先灌水，晾成半干时再作畦栽苗。如果栽苗时土干没有灌水就作畦栽苗了，在栽后要浇 1 次透水。这样，一方面可防止干旱，另一方面可使葱苗与土壤进一步密接，有利扎根缓苗。

（3）实行秋栽的地区，要适时定植，一般在严寒到来前 40 d 左右定植。定植过早冬前葱苗生长过旺，第 2 年将会造成未熟抽薹；定植过晚，冬前葱苗根系未得到恢复，第 2 年容易掉苗。

（4）加强葱苗假植越冬管理，使之既不受冻也不伤热，提高定植成活率。

（5）严格进行选苗分级。无论秋栽或春栽，栽前都应严格选苗，淘汰病苗、矮化苗、徒长苗、分蘖苗、抽薹危险苗和弱小苗，以及受冻伤热苗。

（6）选择土壤肥沃，有机质丰富的沙壤土地块，避免栽植在土壤盐碱过重地块。

（7）在整个生育期，要及时防治地蛆、蝼蛄等地下害虫，及早清除杂草。

（8）秋栽要掌握好浇冻水和覆盖。冻水不能浇得过早或过晚，最好浇冻水后土壤即封冻不再融化。浇水要选择晴天，中午气温较高时浇灌，以防冻坏幼苗。冻水不能过量，以水分渗入土中没有积水结冰为准。在冬季比较寒冷的地区，要用马粪、堆肥、稻草等及时覆盖防寒。

（9）最好采用地膜覆盖栽培。无论春栽或秋栽，采用地膜覆盖都能有效地防止缺苗，提高保苗率。而且地膜覆盖栽培还能提高洋葱产量，使洋葱个大而整齐。所以，洋葱栽培应广泛应用地膜覆盖。

（二）浇水和蹲苗

不论在什么季节定植，定植时都要浇水，通过灌水使根系和土壤紧密结合。从定植到缓苗大约20 d，一般都是小水勤浇，因为在缓苗期主要是促使发根，需水量有限，若浇水量过大，会降低土壤温度而不利于根系生长。如果是在晚秋或初冬定植，越冬前必须进行冬灌，以便顺利越冬。

晚秋或初冬定植的，在早春返青以后浇水。要求经过40 d左右，使地上部形成具有8~10枚管状叶的健壮植株。返青水应在10 cm深土壤温度稳定在10 ℃时，适时、适量地浇灌。返青水如浇得过早，因土壤温度尚低对洋葱生长不利；过晚又会抑制生长，甚至使叶部发生干尖。而春季定植的洋葱，在缓苗期已浇水2~3次，需要适当控水，进行蹲苗，促使发根，防止徒长。此后不论晚秋或早春定植的洋葱，为了促使地上部生长，都不能缺水。根据气候和土质，每隔15 d左右浇灌1次，以土壤表层见干见湿、深层保持湿润为原则。如果在这一时期因缺水而使地上部不能充分生长，必将影响鳞茎的大小和重量。

当幼苗达到充分生长的高度以后，将转向以鳞茎膨大为主的生长阶段，在这个转化过程中，要控制水分，促使转化。大约经过10 d即可完成生长阶段的转化，此后配合追肥进行浇水，一般每隔10 d浇1次，促使鳞茎膨大生长。田间个别植株开始倒伏时要停止浇水，否则鳞茎中含水量过多，不耐贮藏，还会因过量供水导致外皮崩裂而影响洋葱商品品质。一般从定植到收获共浇水10次左右，地上部生长期占2/3，鳞茎膨大生长期占1/3。南方地区雨量充沛，很少单独浇水，大都结合追肥适当浇水，在春雨和梅雨期间还须注意排水。总之，应根据不同地区的气候和土壤情况，及时浇水或排水。

蹲苗，是适当控制水分、促进根系生长的措施。晚秋和初冬定植的，仅在鳞茎膨大前进行10 d左右的蹲苗，早春定植的，则须在缓苗后和鳞茎膨大前进行两次蹲苗。蹲苗时间的长短，要根据土壤、气候和植株生长状况灵活掌握。沙质土和天气干旱时，要适当缩短蹲苗期；黏质土和地势低洼地，则应适当延长蹲苗期。不论在什么条件下，都应根据植株的形态进行判断，即当洋葱成熟的管状叶转变成深绿色，叶肉肥厚，叶面蜡质增多且嫩的心叶颜色加深时，就应结束蹲苗，进行浇水。

（三）中耕、培土和扒土

如不覆盖地膜，则应进行中耕，尤其在蹲苗之前必须进行中耕。中耕的次数取决于土壤质地，偏黏的壤土中耕次数应多于沙质土壤。中耕深度宜浅，一般不超过3 cm，在行间可深些，靠近植株要浅些。当植株临近封垄时，要停止中耕。另外，结合中耕进行扒土，以减少对鳞茎膨大生长的阻力。但经试验证明，扒土会招致减产，而结合中耕培土却能提高一些产量，见表2-13。

表 2-13　培土、扒土对洋葱产量的影响

处理	密度 /株·ha^{-1}	产量 /kg·ha^{-1}	与对照组的比值/%	鳞径横径 /cm	鳞径纵径 /cm	纵/横
对照（不培、不扒）组	163 425	40 447.5	100	8.5	6.8	0.80
培土组	159 405	44 677.5	110.5	8.6	7.4	0.86
扒土组	169 500	37 355	92.3	8.8	6.5	0.74

从表 2-13 可以看出，虽然扒土处理比培土处理和对照的株数略多，其中蕴藏着增产因素，但实际仍减产将近 1 成，而培土处理的却相反，产量增加约 1 成。

第五节　越冬保苗和预防早期抽薹

定植后，田间缺苗和早期抽薹是洋葱生产中主要的减产因素。要克服这两项限制因素，必须根据洋葱的生理特性，采取相应的农业技术措施。

一、越冬保苗的措施

洋葱在晚秋或初冬定植成活后，能否保护幼苗安全越冬、提早发根，是洋葱能否高产的关键。现将主要措施分别介绍如下：

1. 叶面喷磷和激素浸根

定植前叶面喷磷和激素浸根，可促进根系发育，提高幼苗的抗逆性、成活率和洋葱产量。在定植前 10~15 d 对叶面喷洒 0.2%~0.4%磷酸二氢钾或磷酸一钠，可以提高定植后的发根能力。

2. 倾斜栽植

洋葱定植时，开沟后将幼苗摆放在向阳的一侧（栽阳沟），使它能偏向受光，以利发根缓苗，可显著提高成活率。根厢试验证明，在向阳面的根长、根重数值比背阴面分别提高 80% 和 1 倍以上。这足以说明倾斜栽植的必要性和效果。

3. 选苗与补苗

大小不同的洋葱苗在越冬能力上差别很大。叶鞘直径为 4~6 mm 的小苗，其越冬缺苗率为 39%~82%，比大苗和中苗的缺苗率要高出 1 倍以上。另据试验，单株平均鲜重 2~4 g 的小苗，其越冬成活率为 24%，而 8~10 g 的大苗为 77%。鲜重 10 g 以上的幼苗虽然成活率高，但因容易发生早期抽薹，故不宜选用。一般认为，叶鞘直径 6~7 mm、单株鲜重 4~6 g 是适度大小的幼苗。

翌年洋葱苗返青后，在浇水返青前要进行查苗、补苗。

4. 浇冻水与覆盖防寒

晚秋或初冬定植，冻水不能浇得过早或过晚，最好在浇后土壤随即封冻而不再融化。不同地区和年份浇冻水会有早晚之别，如北京、天津地区是在大雪前后。要选晴天并在中午气温较高时浇灌冻水，而且不能过量，以水量充足且全部渗入土中、地表无积水结冰为准。

比较寒冷的地区，可在畦面用堆肥、马粪、碎豆秸、麦秆或稻草等覆盖防寒。另外，近年来利用地膜进行覆盖栽培，可提高保苗效果。利用废旧薄膜压在畦面防寒，也有一定效果。

二、防止早期抽薹

在洋葱生产上，一般幼苗秋季或春季定植后，经过春夏的生长，地上部长有 9~10 个叶片，地下部形成 1 个鳞茎，即葱头。葱头收获后在秋末或第 2 年春栽到地里，长出几片叶子后，才能抽出花薹开花结实。

而有的洋葱，幼苗栽植后，没长几片叶，在鳞茎形成前就过早地抽薹了，这种现象称为洋葱的未熟抽薹或早期抽薹，未熟抽薹的植株地下不能形成葱头，或葱头较小。

不同品种感受低温的敏感性是不同的，优良品种表现丰产且抽薹较低，而对低温感性强的品种，很易出现未熟抽薹现象。越冬幼苗营养积累的多少，是影响未熟抽薹的主要因素。播种过早、幼苗生长较粗、直径超过 0.9 cm，而且长时间（60~70 d）处于低温（2~5 ℃）条件的早期抽薹率明显提高。而洋葱幼苗直径在 0.5 cm 以下的没有抽薹。另外定植时间早比定植时间晚抽薹率高，播种晚幼苗小、但定植过早抽薹率也会提高。

1. 系统选择不易抽薹品种

在生产中，可以将超过标准的大苗利用隙地适当提早定植，造成发生早期抽薹的条件，从中选择不抽薹的优良株系进行采种。此后，诱发早期抽薹，再进行选择淘汰，这样经过 3 代的反复筛选，就能有显著的效果。西昌学院洋葱研究课题组培育出的红皮洋葱新品种"西葱 1 号"的株高为 85~95 cm，全株叶片 8~11 片，叶片深绿色，叶面有蜡粉。其鳞茎厚圆形，外皮紫红色，颈粗 2~3.5 cm，横径 10~12 cm，纵径 6~7 cm，鳞茎鲜重 300~550 g；生育期 230 d 左右，中晚熟，鳞茎扁圆；辛辣味强，耐贮性好，株形紧凑，早期抽薹率低，产量高。耐寒、耐热、品质好，每公顷产量 90 000~120 000 kg。早期不易抽薹是该品种的一大特点，该品种正在四川等地推广。

2. 正确掌握播种期

根据不同的气候特点，各地都有适宜播种期，这是从长期生产实践中得出来的，应当遵守而不能盲目改变。秋播育苗如播种过早，第 2 年就可能发生早期抽薹。但如果为了避免早期抽薹而过晚播种，幼苗营养体过小，也会给生产造成不良后果，易减产。一般大田早期抽薹率在 10% 左右为宜。

3. 选用大小适度的幼苗

应选用适度的幼苗进行定植。一般认为，具有 3~4 枚真叶、株高约 30 cm、叶鞘直径 6~7 mm、单株鲜重 4~6 g 的幼苗为大小适度的幼苗。不同品种间有区别。例如，红皮洋葱新品种"西葱 1 号"，不易发生早期抽薹，对幼苗标准可以掌握得高些；而一般农家品种未经过严格选种，纯度较差，则应将掌握的标准压低些。

4. 育苗期不应过度控制

在育苗过程中，通过控水等措施使幼苗老化以后，虽然大小适当，但比正常苗的早期抽薹率也高。例如，据赖俊铭研究，从8月25日、9月4日和9月14日3个不同播种期的幼苗中选出同等大小的幼苗（叶鞘粗6~9 mm）进行春栽，其早期抽薹率分别为8.8%、3.2%和0.4%，差异极显著。故此，在适期播种的前提下，稍为延迟3~5 d，在育苗过程中通过肥水管理，培育适龄壮苗是可取的。

5. 晚秋定植不宜过早

虽然在晚秋定植时幼苗的大小是适当的，但如果当年气温较高，幼苗又继续生长，达到能够通过春化阶段的程度时，就会发生早期抽薹。所以，晚秋定植不宜过早。这个问题南方地区比北方地区更为突出。

6. 防止肥水管理失当

晚秋定植的洋葱，在越冬前肥、水过重，幼苗生长旺盛，便会导致早期抽薹和分球；若翌年春季返青后再控肥、控水，会使植物体中碳水化合物的积累比含氮物质多，对花芽分化起促进作用，更会加重早期抽薹现象。

7. 试用激素控制抽薹

据研究，用250 g/mL乙烯利或160 g/mL青鲜素（MH），在幼苗期或花芽分化后进行喷洒，可减少早期抽薹率。利用此原理，针对西昌洋葱早期抽薹严重，影响洋葱的产量和品质的问题，西昌学院洋葱研究课题组反复试验研制出洋葱薹葱抑制剂，在生产上使用后，早期抽薹率降低20%左右。

8. 摘蕾、摘薹

对田间发生早期抽薹的植株进行摘蕾或摘薹后，仍可形成鳞茎，但所形成的鳞茎，在商品外观和耐贮性方面都有缺点。关于不同时期进行摘薹的效果，王德槟等人的研究结果如表2-14所示。

表2-14 摘薹早晚对鳞茎重量的影响

摘薹时期	调查数/株	单株平均重/g	鳞茎	
			平均重/g	与对照株平均重的比值/%
正常株（对照）	100	122.5	95.0	100
薹长16.6 cm	51	117.6	70.6	74.3
薹长16.6 cm	41	103.6	69.5	73.2
薹长16.6 cm	52	96.1	76.0	80.0

根据天津市的经验，在基部摘薹，从伤口滴进雨水容易导致腐烂，摘薹不如在早期将花薹顶部的花苞摘除，以免浪费养分。还有采用劈薹法的，即用手将花薹从上到下撕成两半，以促进侧芽生长，将形成鳞茎时劈开的残余薹茎挤到旁侧，最后长成1个较充实的鳞茎。

总之，克服早期抽薹的基础是培育具有不易抽薹特性，而且适应某些地区气候条件的优良品种。在此基础上，与适期播种、合理施肥等措施相配合，以求达到降低早期抽薹的目的。

三、洋葱薹葱抑制剂的生物学效应探讨研究

四川攀西地区是四川省农业资源开发重点区和国家级蔬菜基地之一，本地区气候资源丰富，特别适合洋葱生长发育，种植面积有 4 000 公顷左右的规模（近年因西昌晚熟葡萄的种植，洋葱种植面积有所减小），所产洋葱产品除销往全国各地外，还远销俄罗斯等国。但在生产上由于洋葱早期抽薹较严重，造成产量下降，品质不高，严重影响到该产业的发展，因此尽快地研制薹葱抑制剂具有重要意义。西昌学院洋葱研究课题组研制出一种薹葱抑制剂处理洋葱种苗，研究该薹葱抑制剂对洋葱的生物学效应，下面是该研究的具体内容过程及结果。

（一）材料与方法

1. 供试材料

本次试验选用一般型洋葱品种和通海葱，对两种洋葱的种苗用薹葱抑制剂处理。其中一般型洋葱品种是西昌本地品种，通海葱是从云南通海引进试种后的品种。

2. 药剂处理

种子于 8 月 26 日种在花盆内，出苗后，在 9 月 30 日上午对供试材料分别用 3500 μg/mL、2500 μg/mL、2000 μg/mL 的薹葱抑制剂进行喷雾，其中处理组 4、5 为对照，喷清水。

3. 试验设计

试验由于处理种子较少，且为了便于管理、观察和记载，故在直径为 50 cm 的花盆内育苗，所使用的土为螺髻山泥炭土，具有疏松、肥沃、保水力强、肥力均匀等特点。将洋葱种子按每盆 100 粒均匀撒在花盆内，然后覆盖上 1 层薄的泥炭土，上面再盖 1 层松针，以免浇水时冲走种子和土粒，同时可防止水分过度蒸发。花盆的排列采用随机区组设计，重复 3 次，每次重复包括 8 个处理组，其中设有 2 个对照组。A 因素为品种，有 A_1、A_2 两个水平，B 因素为薹葱抑制剂的不同剂量，有 B_1、B_2、B_3、B_4（对照）4 个水平，试验处理与代号见表 2-15。

表 2-15 薹葱抑制剂处理表

处理组	品 种	抑制剂剂量（μg/mL）
1	一般型品种（A_1）	3 500（B_1）
2	一般型品种（A_1）	2 500（B_2）
3	一般型品种（A_1）	2 000（B_3）
4	一般型品种（A_1）	0（B_4）（对照）
5	通海葱品种（A_2）	0（B_4）（对照）
6	通海葱品种（A_2）	3 500（B_1）
7	通海葱品种（A_2）	2 500（B_2）
8	通海葱品种（A_2）	2000（B_3）

4. 试验研究内容

考查洋葱种苗经过薹葱抑制剂处理后，在 L_1 代的幼苗期的生物学性状，其中包括洋葱鳞茎的横茎、纵茎、鳞茎重和抽薹率等 4 个性状。

5. 统计分析法

采用两因素随机区组试验模型，用两因素方差分析对单位性状进行分析，求出 F 值。如果 F 测验差异显著再进一步作新复极差分析。

（二）结果与分析

1. 薹葱抑制剂对洋葱抽薹率的生物学效应

由记录的原始数据，算出各处理的平均抽薹率，其结果如下表 2-16。

表 2-16 薹葱抑制剂不同剂量处理的抽薹率/%

处理	1	2	3	4	5	6	7	8
Ⅰ	13.73	30.43	30.76	36.68	34.85	30.43	69.44	33.33
Ⅱ	29.17	34.02	17.54	27.78	40.74	32.69	44.62	30.32
Ⅲ	45.45	44.44	31.42	49.38	41.37	30.00	46.67	38.98
平均	29.45	36.30	28.57	35.95	38.99	31.71	53.58	34.21

由此表数据可以得出：

① 在 A_1 同一品种中，用 3 500 μg/mL 和 2 000 μg/mL 抑制剂都比对照抽薹率低，但用 2 000 μg/mL 处理后的最低；而在 A_2 品种中，3 500 μg/mL 和 2 000 μg/mL 处理的更低。

② 在 3 500 μg/mL 药剂处理中，A_1 品种抽薹率比 A_2 品种低 2.26%；在 2 500 μg/mL 药剂处理中 A_1 品种抽薹率比 A_2 品种低 17.28%；在 2 000 μg/mL 药剂处理中 A_1 品种抽薹率又比 A_2 品种低 5.64%。

③ 由以上抽薹率的比较可知：品种不同，所需抑制剂的剂量也有所不同，对于 A_1 品种来看，剂量可适当增大，也可适当减小，但以剂量较小更好；对于 A_2 品种则只能适当增大剂量，但剂量不能过大，否则效果又会下降。

2. 薹葱抑制剂对洋葱其他性状的生物学效应

在洋葱成熟时，每个小区内随机抽取 10 株未抽薹的洋葱进行室内考种，通过室内考种，对洋葱鳞茎的横茎、纵茎和鳞茎重等进行考查，并对两因素随机区组试验的线型模型进行方差分析，同时对品种、薹葱抑制剂剂量的主效和互作的显著性效应作 F 测验，其测验结果的 F 值如表 2-17。

表 2-17 薹葱抑制剂处理洋葱 L_1 代的主要性状的 F 测验值

变异来源	横 茎	纵 茎	单个鳞茎重
A	0.31	0.33	0.82
B	0.74	0.82	0.60
AB	2.10	1.16	0.97

3. 薹葱抑制剂对洋葱横茎的生物学效应

由表 2-17 薹葱抑制剂处理洋葱 L_1 代的主要性状的 F 测验值表明：品种、剂量的主效和互作对洋葱横茎未达 5% 的显著水平，说明薹葱抑制剂处理对洋葱横茎的差异不显著。

4. 薹葱抑制剂对洋葱纵茎的生物学效应

由表 2-17 可知：品种、剂量的主效和互作对洋葱纵茎未达 5% 的显著水平，说明薹葱抑制处理对洋葱纵茎的差异不显著。

5. 薹葱抑制剂对鳞茎重的生物学效应

由表 2-17 可知：品种、剂量的主效和互作对洋葱鳞茎重未达 5% 的显著水平，说明薹葱抑制剂处理对洋葱鳞茎重的差异不显著。

（三）讨 论

通过对不同洋葱品种使用不同的薹葱抑制剂剂量这两因素的随机区组试验，对其生物学效应进行了方差分析，作 F 测验，得出了这两因素对洋葱生物学效应的显著差异性，具体如下：

（1）不同品种所需剂量不同，从两个供试品种来看，A_1 品种（即一般型洋葱品种）明显好于 A_2 品种（即通海葱品种）。

（2）通过对薹葱抑制剂处理后的洋葱的 4 个性状的方差分析，可看出薹葱抑制剂处理所引起的变异，除抽薹率外，差异都不显著。

（3）在这次试验中，洋葱横茎、纵茎和鳞茎重的差异不显著，品种、剂量两因素的主效和互作所引起的变异也不显著。

第六节　适时收获和处理

一、适时收获

洋葱收获季节，因栽培地区和品种不同而有早晚之分。西昌一般在 4 月~5 月收获；上海、南京一般小满前后收获；河南、山东多在夏至前收获；北京、天津多数夏至为收获时期；东北各地一般在小暑至大暑收获。洋葱成熟的标志：下部第 1 至 2 片叶枯黄，第 3 至 4 片叶尚带绿色，假茎变软并开始倒伏，鳞茎停止膨大进入休眠阶段，鳞茎外层鳞片变干。此时为收获适期，早收易减产，迟收易遇雨，鳞茎外皮破裂，不耐贮藏。在鳞茎肥大生长的后期，植株将叶鞘的颈部倾倒，这是因为鳞茎内形成的鳞叶再没有新的叶片充实叶鞘而发生中空，当不能承担叶片重量时便发生倒伏。若遇到风雨或干热天气，会促使提前发生倒伏。倒伏是鳞茎趋于成熟的象征，从外部形态观测，是鳞茎将进入休眠的前奏，也是进行收获的标志。

我国不同地区洋葱的收获期相差很大，所以要根据洋葱的生长状况来决定。另外，还要考虑到当时的天气状况，最好是在收获后有几个晴天，以便进行晾晒。休眠期短、耐贮性较差的品种，收获期应适当提早，在倒伏植株达到 30%~50% 时及时收获。中、晚熟休眠期较长的品种，在自然倒伏率达到70%左右，第1、2叶已枯死，第3、4叶尖端部变黄时，是收获适期。收获过早，鳞茎养分积累少，影响产量和品质；收获过晚，则萌芽早，腐烂率也较高。

收获时应尽量不碰伤鳞茎，也不折断叶片，这样既便于编辫或扎捆，也可减少贮藏期间因伤口感染而导致腐烂。

二、药剂处理和低温贮藏

（一）药剂处理

洋葱收获后，呼吸逐渐减弱，进入生理休眠。一般品种生理休眠需40 d左右。我国夏季高温不利于洋葱营养生长，而使鳞茎处于强制休眠状态。一般进入9月后，由于气温逐渐降低，呼吸会重新加强，逐渐解除休眠状态而进入萌发期，使洋葱出芽。为了调节蔬菜市场淡旺季供应的矛盾，应人为地延长洋葱贮藏期限，除选用像"熊岳园葱"一类耐贮的品种外，还可在洋葱收获前两周，用青鲜素（MH，顺丁烯二酸联氨）处理，可破坏植株生长点，抑制发芽，延长贮藏期。具体方法：每公顷用0.25%的青鲜素水溶液750~1 125 kg，在晴天喷叶，为增加黏着力，每50 kg药液中加入1.5 kg大豆浆。处理后的鳞茎可贮到来年4~5月份不萌芽。但在使用时应注意用药时间，当田间开始出现倒伏时喷，用药时间过早，鳞茎组织呈海绵状而失去商品价值；过晚或喷药后24 h内遇雨，则效果不良。用青鲜素处理的鳞茎，生长点已被破坏，顶芽不萌发，因而不能留种。

（二）低温贮藏

洋葱鳞茎既是繁育洋葱种子的资源，又是鲜食、加工和利用的资源。洋葱鳞茎在不同的温度条件下，其内部的生化指标都会发生变化，为了更好地保留洋葱原有的食用、药用品质，保留洋葱原有维生素以及生物活性功能的成分，西昌学院洋葱研究课题组实验对比了室温（25 ℃）、15 ℃、5 ℃条件下不同时间可溶性蛋白含量（SPC）、可溶性糖含量（SSC）、过氧化物酶（POD）活性、超氧化物歧化酶（SOD）活性、过氧化氢酶（CAT）活性等指标，为洋葱鳞茎在栽培育种、贮藏、加工和利用方面提供参考。

洋葱鳞茎在室温、15 ℃、5 ℃条件下进行贮藏，在7 d、30 d、60 d、90 d时比较不同温度条件对洋葱鳞茎生化指标的影响。实验结果表明：洋葱鳞茎的可溶性蛋白含量、可溶性糖含量、过氧化物酶活性、超氧化物歧化酶活性、过氧化氢酶活性发生了改变，可作为洋葱鳞茎贮藏性检测的指标；鳞茎腐烂数在5 ℃、15 ℃和室温的贮藏条件达到0.01和0.05水平显著差异，酶的活性稳定，为保持洋葱鳞茎繁育洋葱种子的特性，5 ℃的贮藏温度最有利于洋葱鳞茎的贮藏。

为保存洋葱鳞茎鲜食的商品性，可将洋葱鳞茎贮藏在0~5 ℃的冷库中。

三、高效栽培新技术

（一）"一道清"施肥技术

1. "一道清"施肥技术和方法

长期以来，洋葱施肥存在着选择肥料种类和施用方法的难题。一方面洋葱属于百合科类作物，有其特殊的需肥特点，难以找到适合洋葱的肥料；另一方面，由于洋葱生长周期长，从幼苗移栽到收获洋葱约需7个月的时间，且种植采用地膜覆盖，施肥方法一直存在如下难题：

（1）覆膜后施肥不便；
（2）多次施肥用工较多，一般4~5次；
（3）后期施肥因只能表施，或随水灌施，肥料利用率不高；
（4）长期施用化肥容易土壤板结。

以上问题容易造成洋葱生产成本高，洋葱品质较差。因此，尽快研制适宜洋葱的长效缓释有机复合肥是当务之急。西昌学院洋葱研究课题组，对洋葱的生长发育、需肥规律、高产栽培措施、遗传机理、新品种选育，尤其是洋葱长效缓释有机复合肥研制方面进行了长期深入研究。该课题组研制的有机复合肥系根据多年研究的洋葱特殊的需肥特点，采用相应的肥料元素配方，从而保证洋葱对各种大量元素和微量元素的需要。它以高山腐殖质为基质，并用有机膜将化肥有效成分按比例包被起来，调整养分的存在方式，从而将速效养分重新整合为速效、吸附和膜态三大类型，有效地控制养分的释放速度，从而达到长效缓释的目的，可显著提高肥料利用率50%左右，能满足洋葱生长全过程的需要。该肥料能降低洋葱早期抽薹率10%左右，改善洋葱品质，长势良好，产量提高10%以上左右，只需施用1次，节约劳动力，施肥上的用工至少减少 3/4，总成本降低 10%以上。该专用肥中的大量腐殖酸还能补充土壤有机质，起到培肥地力、改善土壤结构的作用。

施用方法：在洋葱定植时，中等肥力田地红皮洋葱、黄皮洋葱、白皮洋葱每公顷分别施用洋葱长效缓释有机复合肥 2 700~3 150 kg、2 400~2 850 kg、2 100~2 550 kg，在整地碎土前，一次性撒施于土壤中，结合整地碎土，让肥料与土壤充分混匀，该肥料具有"一道清"的特点，基本能满足洋葱生长全过程的需要，以后一般不需再施用其他肥料。

注意事项：

（1）面积要准确，因采用"一道清"，施肥量应准确，其依据主要是面积和土壤的肥力等级；
（2）施肥要均匀，颗粒和粉末状肥料混施；
（3）该肥料长效缓释，不需再施用其他肥料；
（4）加强水分管理，以满足洋葱对肥水的需要。

2. 红皮洋葱新品种"西葱1号"的"一道清"高效栽培技术研究

1）供试材料和方法

（1）供试材料

红皮洋葱新品种"西葱1号"、课题组研制的洋葱"一道清"长效肥、化学肥料。

（2）试验设计

采用随机区组设计，由课题组分别在西昌市礼州镇、兴胜乡、安宁镇、西乡乡对红皮洋葱"西葱1号"进行"一道清"施肥和常规施肥（施用化学肥料碳酸氢铵或尿素）的比较试验。

2）红皮洋葱新品种"西葱1号"的特征特性

（1）特征特性

"西葱1号"红皮洋葱新品种（系）的株高为85~95 cm，全株叶片8~11片，叶片深绿色，叶面有蜡粉。鳞茎厚圆形，外皮紫红色，颈粗2~3.5 cm，横径10~12 cm，纵径6~7 cm，鳞茎鲜重300~550 g。生育期230 d左右，中晚熟。辛辣味强，耐贮性好，株形紧凑，早期抽薹率低。产量高，耐寒、耐热、品质好，每公顷产量120 000 kg。

（2）与原品种"元谋红皮洋葱"的比较

"西葱1号"与原品种主要差异：生育期提前，原品种的生育期约为250 d，新品种生育期约为230 d，生育期提前20 d左右；原品种的早期抽薹率约48%，新品种的早期抽薹率约30%，降低了18%左右；原品种每公顷产量约90 000 kg，新品种每公顷产量约为120 000 kg，比原品种增产约33.33%。

3）施肥对比试验

（1）2002年至2003年，课题组分别在西昌市礼州镇、兴胜乡、安宁镇、西乡乡进行红皮洋葱新品种"西葱1号"不同施肥方法的产量对比试验。详见表2-18。

表2-18 "一道清"施肥与常规施肥的产量比较试验（2002~2003年）

地点	"一道清"施肥产量/kg·ha^{-1}	常规施肥产量/kg·ha^{-1}	"一道清"施肥产量与常规施肥产量的比值/%
礼州镇	127 832.3	116 211.2	110.00
兴胜乡	129 497.9	116 601.8	111.06
安宁镇	126 962.7	115 710.5	109.72
西乡乡	132 290.1	121 344.8	109.02

由上表可见：红皮洋葱新品种"西葱1号"，用"一道清"施肥比对照施肥（常规施肥），其产量比对照平均高9.95%。

（2）2002年至2003年，课题组分别在西昌市礼州镇、兴胜乡、安宁镇、西乡乡进行红皮洋葱"西葱1号"的"一道清"施肥与常规施肥抽薹率对比试验。详见表2-19。

表2-19 "一道清"施肥与常规施肥的抽薹率比较试验（2002~2003年）

地 点	"一道清"施肥抽薹率/%	常规施肥抽薹率/%	"一道清"施肥的抽薹率与常规施肥的抽薹率的减少率/%
礼州镇	9.3	23.4	60.3
兴胜乡	10.2	23.4	56.4
安宁镇	11.5	22.8	49.6
西乡乡	11.9	25.4	53.1

由上表可见：红皮洋葱品种"西葱1号"，用"一道清"施肥比对照（常规施肥）施肥，其早期抽薹率比对照平均低54.85%。

（3）2002年至2003年，课题组分别在西昌市礼州镇、兴胜乡、安宁镇、西乡乡进行红皮洋葱"西葱1号"的"一道清"施肥与常规施肥的用量比较试验。试验结果详见表2-20。

表2-20 "一道清"施肥与常规施肥的肥料用量比较（2002~2003年）

地 点	"一道清"施肥量/kg·ha^{-1}	常规施肥量/kg·ha^{-1}	"一道清"施肥用量与常规施肥用量的减少率/%
礼州镇	2 700	3 450	21.74
兴胜乡	2 700	3 600	25.00
安宁镇	2 700	3 675	26.53
西乡乡	2 700	3 750	28.00

由表2-20可见：红皮洋葱品种"西葱1号"，用"一道清"施肥比对照施肥（常规施肥），其肥料利用率比对照平均提高25.32%。

（4）2002年至2003年，课题组分别在西昌市礼州镇、兴胜乡、安宁镇、西乡乡进行红皮洋葱"西葱1号"的"一道清"施肥与常规施肥的用工量比较试验（以每公顷的施肥总用工量表示）。试验结果详见表2-21。

表2-21 洋葱"一道清"施肥与常规施肥用工量比较（2002~2003年）

地 点	"一道清"用工量/个·ha^{-1}	常规施肥用工量/个·ha^{-1}
礼州镇	7.5	30
兴胜乡	7.5	37.5
安宁镇	7.5	52.5
西乡乡	7.5	30.0

由上表可见：红皮洋葱品种"西葱1号"，用"一道清"施肥比对照施肥（常规施肥），其施肥用工量可减少3/4以上。

4）"一道清"施肥技术要点

红皮洋葱新品种"西葱1号"采用"一道清"施肥技术的要点如下：

① 选用良种"西葱1号"的前茬是水稻、玉米等均可，如前茬是玉米更好。忌连作。

② 在立秋后 20 d 左右播种，播种过早薹葱多，过晚洋葱产量偏低。

③ 在洋葱定植时，对中等肥力田地，在整地碎土前，每公顷一次性施入洋葱专用肥 2 700 kg 左右。

④ 黑膜覆盖，葱苗 3 叶 1 心或 4 叶 1 心移栽，合理密植，每公顷栽 375 000~450 000 株。

5）讨 论

（1）采用"一道清"的高产长效施肥技术，在激光诱变选育出的红皮洋葱新品种"西葱1号"上施用，与常规施肥试验的对比，可显著提高肥料利用率 25%左右，降低洋葱早期抽薹率 10%左右，改善洋葱品质，产量提高 10%以上，施肥用工量减少 3/4 以上，在生产应用上有极好的前景。

（2）对不同的洋葱品种采用"一道清"洋葱专用复合肥高效栽培技术，在洋葱的品质、肥料利用率、用工省时方面是否也会取得同样的效果，将作进一步的试验研究。

（二）黑地膜覆盖与适时化学除草技术

1. 黑地膜覆盖栽培洋葱

黑地膜覆盖栽培洋葱和其他颜色地膜覆盖栽培一样，主要机理是提高前期地温，改善土壤通透性，保持土壤疏松，增强地表含水量，促进洋葱根系提早发育，增强吸水吸肥能力，使叶片得以迅速生长。

由于洋葱的栽培，在同一地区不论春播和秋播，不管定植期早晚，高温长日照来临时都进入鳞茎形成期，不因早播而提前收获，也不因晚播或晚栽而推迟鳞茎形成，所以洋葱晚播或晚栽将会造成减产。地膜覆盖可提高洋葱前期生长地温，改善土壤环境，使洋葱提早进入叶片生长盛期，使叶片数得以增加，叶面积得以加大，也就是人为地延长了营养生长时期，在高温长日照来临前已形成一个庞大的叶片营养体，这样在高温长日照条件下，叶片能积累大量营养并从叶梢向茎部转移，形成肥大的肉质鳞片。叶片数目越多，叶面积越大，形成的鳞片越多越肥大，产量就越高。

黑地膜与白地膜等其他颜色地膜相比，主要表现在对杂草生长的抑制作用。根据西昌学院洋葱研究课题组的研究，洋葱田地用白地膜覆盖的部分，有 20.7%面积的杂草生长旺盛，能顶破地膜，一方面消耗土壤的养分，另一方面带来除草的困难。洋葱田地用黑地膜覆盖的部分，只有在黑地膜破孔的地方，有 4.9%的杂草长出，若在覆膜前结合化学除草，则基本无杂草。

2. 适时进行化学除草

洋葱的大田除草一直是洋葱栽培的一道难题，采用人工除草用工太多，而采用化学除草则存在施药不便。随着洋葱田地地膜覆盖栽培的推广，特别是洋葱黑地膜覆盖栽培的推广，使洋葱的大田除草难题得到解决。洋葱田地用黑地膜覆盖的部分只有在黑地膜破孔处洋葱根部周围有部分杂草长出，在覆膜前结合化学除草的部分，则基本无杂草。如不采用化学除草，也可在后期用人工拔除，但其费用与化学除草相比其成本高 2~3 倍。化学除草简单易行，成本低，效果好，经济实惠。

其方法是在整地、施基肥和平整厢面以后，均匀喷施除草剂后再覆膜，以后除厢沟外一

般可以不再除草。下面介绍部分化学除草剂的施用方法：

（1）施田补

此药为旱田作物的选择性土壤处理除草剂，杀草谱广，可防治多种 1 年生禾本科及部分阔叶杂草，药效长达 45~60 d 左右，每公顷施用 1 800~2 700 mL 兑水，均匀喷于土表。

（2）禾耐斯

此药为旱田杂草的芽前除草剂，杀草谱广，可防治多种 1 年生禾本科及阔叶杂草，药效 45 d 左右，每公顷施用 1 200~1 800 mL 兑水 450~900 L，均匀喷于土表。

（3）乙草胺

此药为旱田杂草的芽前选择性除草剂，杀草谱广，可防治多种 1 年生禾本科及双子叶杂草，每公顷施用 750~1 500 g 兑水 600~900 kg，均匀喷于土表。

（4）除草通

除草通也称杀草通，此药为选择性土壤处理除草剂，主要通过植物的幼芽和根部吸收，在植物体内传导性差。在土壤中的残效期（持效期）一般为 42~63 d，每公顷用 33%除草通乳油兑水 1 200~1 500 mL，均匀喷于土表。

（5）异丙隆

该药为选择性内吸传导型除草剂，主要由根部吸收，叶片吸收很少。在土壤中的半衰期为 20 d 左右。洋葱本田在缓苗后，每公顷可用 15%异丙隆可湿性粉 3.75 kg，兑水喷雾处理土壤。

（6）捕草净

该药为选择性内吸传导型除草剂。对种子发芽的根系生长基本无影响，而是在叶片进行光合作用时发挥药效，中毒的杂草产生失绿症状，逐渐干枯死亡，每公顷用量为 1.5 kg，兑水均匀喷于土表。捕草净在土壤中移动较深，沙性强的土壤不能使用。喷过此药的喷雾器，要反复冲洗干净后才能再用。

（7）除草剂一号

该药为传导型土壤处理除草剂，由植物根部吸收并向体内传导。在土壤中的残效期 50~120 d，在黏土中的残效期比在沙土中长。以 50%除草剂一号可湿性粉剂兑水喷洒的方法处理土壤，每公顷的用药量均为 2.25 kg。但沙质土壤的用量，可酌情减少。

（三）无公害洋葱生产技术

1. 无公害洋葱概念

无公害洋葱指产地生态环境达到特定清洁程度，按照特定的操作规程生产，重金属、农药残留、硝酸盐和亚硝酸盐等有害物质含量控制在规定标准内，并由授权部门审定批准，经法定机构检验、认定并许可使用无公害蔬菜产品标志的安全、优质洋葱产品。

2. 生产基地建设

（1）基地选择

基地应选择在水质（包括饮用水）、大气、土壤环境无污染的地域。远离工业、医院等污染源，相隔距离以无污染为准，能有山、河流为隔离带更为理想。基地面积应集中成片，便于管理和销售运输。

（2）改善洋葱生产条件

完善田间水利设施，健全排灌系统。地下水水位控制在 80 cm 以下，大田要三沟配套，做到排灌自如，雨后田间无积水。

改善土壤理化性状。增施无害化有机质肥料、无害化污泥、石灰等，具中等以上肥力水平和团粒结构，耕作层厚度深于 30 cm。

进一步改善田间道路网络，改善运输条件。

（3）建立合理种植制度

洋葱地宜采用水旱和与不同科的蔬菜之间轮作，轮作时间不少于 2 年。难于轮作的葱地，要采用土壤改良、消毒等措施。提倡不同科蔬菜间作套作。定植前耕翻灌水，晒白翻犁。

（4）清洁田园

将病株、病叶和残留的次劣葱头集中销毁或堆肥、沤肥。消除葱地杂草、剔除残留土壤中的农膜碎片。

3. 栽培管理

（1）选地

洋葱根系吸水吸肥能力较弱，应选择地势平坦，排灌方便，土壤肥沃、有机质丰富，通气性好，2~3 年未种过葱蒜类蔬菜的壤土地块。黏土地不利发根和鳞茎膨大，沙土地保水保肥力差，洋葱忌连作。最好选择施肥较多的茄果类、瓜类、豆类蔬菜前茬。

（2）品种和种子选择

不同地区应根据当地气候条件和目标市场的需要，选用与其生态类型相适应的优质、丰产、抗逆性强、商品性好的品种。华北、东北、西北等高纬度地区应选用长日照型品种，华中、华南、西南等低纬度地区应选用对长日照反应不敏感的品种。应选用当年新种子。种子要求纯度≥95%，净度≥98%，发芽率≥90%，水分≤10%。

（3）播种育苗

① 播种期。应根据当地的气候条件和栽培经验确定安全播种期。华北北部、东北南部、西北部分地区在 8 月下旬至 9 月上旬播种；长江流域、黄河流域、华北南部等中纬度地区在 9 月中下旬播种；攀西地区在 9 月上旬播种；夏季冷凉的山区和高纬度北部地区 2 月中上旬于日光温室内播种，或 3 月中上旬于塑料大棚内播种。中早熟品种比晚熟品种早播 7~10 d，常规品种比杂交品种早播 4~5 d。

② 苗床的制作。选择地势高燥，排灌方便的地块。在北方寒冷地区根据当地的气候条件选择日光温室、塑料大棚、阳畦和温床等育苗设施。

育苗地选好后，每公顷苗床施用腐熟的优质有机肥 45 000~75 000 kg，将 50%辛硫磷乳油 6 000 mL 加麦麸 6.5 kg，拌匀后掺在农家肥上防治地下害虫。然后翻地使土肥混匀，耙细、整平、作畦。在畦内每公顷施入磷酸二铵 450~750 kg，硫酸钾 375 kg。

南方采用高畦育苗，北方采取平畦育苗。畦面宽 1.2 m，畦埂宽 0.4 m，做好畦后踏实，灌足底水，待水渗下后播种。定植每公顷大田洋葱需育苗 750~1200 m²。

③ 播种。1 m² 苗床的播种量宜控制在 2.3~2.5 g。用 50 ℃温水浸种 10 min，或用 40%福尔马林 300 倍液浸种 3 h 后，用清水冲洗干净；或用 0.3%的 35%甲霜灵拌种剂拌种。将种子掺入细土，均匀撒在畦面上，然后均匀覆盖厚度 1 cm 左右细干土，在畦面上覆盖草苫、麦秸

等。

④ 育苗期的管理。一般播种后 7 d 开始出苗，待 60%以上的种子出苗后，在下午及时撤除覆盖物。齐苗后用小水灌畦，以后保持畦面见干见湿。在定植前 15 d 左右适当控水，促进根系生长。苗期一般不需追肥，若幼苗长势较弱，每公顷苗床随水冲施尿素 15 kg。可采取人工拔除的方法除草，也可采用化学除草的方法，即每公顷用 33%二甲戊乐灵乳油 1.5~2.25 kg，或用 48%双丁乐灵乳油 3 kg，兑水 750 kg，播后 3 d 在苗床表面均匀喷雾，注意用药不宜过晚。在苗床上喷 1 次 72.2%霜霉威水剂 800 倍液，防治洋葱苗期猝倒病。如发现蝼蛄，可喷洒 50%辛硫磷乳油 1 000 倍液，或于傍晚撒施毒饵诱杀，毒饵用 250 份麦麸或豆饼掺炒香后，加 1 份 90%敌百虫制成。

⑤ 培育壮苗。洋葱壮苗标准因品种、育苗季节等不同而有差异。一般为株高 15~18 cm，茎粗 5~6 mm，具有 3~4 枚叶片，苗龄 50~60 d，植株健壮，无病虫害。

（4）定植

① 整地、施肥、作畦。根据土壤肥力和目标产量确定施肥总量。磷肥全部作基肥，钾肥 2/3 做基肥，氮肥 1/3 做基肥。基肥以优质农家肥为主，2/3 撒施，1/3 沟施。施足基肥后，将地整平耙细，并使土肥混合均匀，然后按照当地种植习惯做畦。整平畦面后，浇水灌畦，待水渗下后，喷施除草剂。除草剂每公顷用 72%异丙甲草胺乳油 750 mL，或 33%二甲戊乐灵乳油 1 500 mL，全田均匀喷施，然后覆盖地膜。

② 适期定植。洋葱的定植期应严格按照当地温度条件确定。洋葱的定植期分为冬前定植和春季定植两类。长江流域、黄河流域、华北南部等中纬度地区一般在冬上旬平均气温 4~5 ℃时（"立冬"前后）定植；华北北部、东北地区、西北部分地区应在春季土壤化冻后及早定植；攀西地区在 10 月中下旬。

洋葱的定植密度一般为株距 12~15 cm，行距 15~18 cm。因土壤肥力、品种等不同而略有差异。土壤肥力高适当稀植，土壤肥力低适当密植；晚熟品种和杂交品种适当稀植，中早熟品种和常规品种适当密植。先在苗床浇透水，起苗后按幼苗大小分级，剔除病苗、弱苗、伤苗。

定植前将幼苗根部剪短到 2 cm，然后用 50%多菌灵 500~800 倍液蘸根。定植时按幼苗大小级别分区栽植。先按株、行距打定植孔，再将幼苗栽入定植孔内，定植深度埋至茎基部 1 cm 左右，以埋住茎盘、不掩埋出叶孔为宜。

（5）田间管理

① 浇水。洋葱定植后立即浇定根水，3~5 d 再浇 1 次缓苗水。冬前定植的，土壤封冻前浇 1 次封冻水，第 2 年返青时浇返青水。叶部生长盛期，保持土壤见干见湿，一般 7~10 d 浇 1 次水。鳞茎膨大期增加浇水次数，一般 6~8 d 浇 1 次水，收获前 8~10 d 停止浇水。

② 追肥。根据土壤肥力和生长状况分期追肥。返青时随水每公顷追施尿素 75~112.5 kg。植株进入叶旺盛生长期进行第 2 次追肥，每公顷追施尿素、硫酸钾各 75~112.5 kg。鳞茎膨大期是追肥的关键时期，一般需追 2 次，间隔 20 d 左右。每次每公顷随水追施尿素、硫酸钾各 75~112.5 kg，或氮、磷、钾三元复合肥 150 kg。最后 1 次追肥时间，应距收获期 30 d 以上。

4. 病虫害防治

按照"预防为主，综合防治"的植保方针，优先采用农业防治、物理防治和生物防治方法，科学合理地利用化学防治技术，达到生产无公害食品洋葱的目的。

（1）农业防治方法

选用抗病性、适应性强的优良品种；实行 3 年以上的轮作，勤除杂草，收获后及时清洁田园；培育壮苗，合理浇水，增施充分腐熟的有机肥，提高植株抗性；采用地膜覆盖，及时排涝，防止田间积水。

（2）物理防治

播种前采取温水浸种杀菌，保护育苗和保护栽培条件下采用蓝板诱杀葱蓟马等害虫。

（3）生物防治

在应用化学防治时利用对害虫选择性强的药剂，减少对瓢虫、小花蝽、姬蝽、塔六点蓟马、寄生蜂和蜘蛛等天敌的杀伤作用。在葱蝇成虫和幼虫发生期，用 1.1%苦参碱粉剂等喷雾或灌根。

（4）化学防治

生产中不使用国家明令禁止的高毒、高残留农药和国家规定在蔬菜上不得使用和禁用的农药：六六六，滴滴涕，毒杀芬，二溴氯丙烷，杀虫脒，二溴乙烷，除草醚，艾氏剂，狄氏剂，汞制剂，砷，铅类，敌枯双，氟乙酰胺，甘氟，毒鼠强，氟乙酸钠，毒鼠硅，甲胺磷，甲基对硫磷，对硫磷，久效磷，磷胺，甲拌磷，甲基异柳磷，特丁硫磷，甲基硫环磷，治螟磷，内吸磷，克百威，涕灭威，灭线磷，硫环磷，蝇毒磷，地虫硫磷，氯唑磷，苯线磷。

① 紫斑病：发病初期，喷施 50%异菌脲可湿性粉剂 1 500 倍液，或 50%代森锰锌可湿性粉剂 600 倍液，或 72%锰锌·霜脲可湿性粉剂 600 倍液，或 64%噁霜·锰锌可湿性粉剂 500 倍液等，以上药剂交替使用，每 7~10 d 喷 1 次，连续防治 2 次。

② 锈病：发病初期，喷施 15%三唑酮可湿性粉剂 1 500~2 000 倍液，或 70%代森锰锌可湿性粉剂 1 000 倍液加 15%三唑酮可湿性粉剂 2 000 倍液，或 40%氟硅唑乳油 8 000~10 000 倍液等，以上药剂交替使用，隔 10 d 喷 1 次，连续防治 2 次。

③ 霜霉病：发病初期，喷施 72%锰锌·霜脲可湿性剂 600 倍液，或 64%噁霜·锰锌可湿性粉剂 600~800 倍液，或 72.2%霜霉威水剂 700 倍液等，每 7~10 d 喷 1 次，以上药剂交替使用，连续防治 2~3 次。

④ 灰霉病：发病初期，喷施 50%腐霉利可湿性粉剂 1 000 倍液，或 50%多·霉威可湿性粉剂 1 000 倍液，或 40%百霉威·霜脲可湿性粉剂 1 000 倍液等，以上药剂交替使用，每 7~10 d 喷 1 次，连续防治 2~3 次。

⑤ 病毒病：用 50%抗蚜威可湿性粉剂 2 000~3 000 倍液防治蚜虫，或 10%吡虫啉可湿性粉剂 2 000~2 500 倍液，或 40%乐果乳油 800~1 000 倍液防治蚜虫和葱蓟马，减少或杜绝病毒传播蔓延。

在发病初期，喷洒 20%病毒 A 可湿性粉剂 500 倍液，或 20%吗啉胍·乙铜可湿性粉剂 500 倍液，每 7~10 d 喷 1 次，以上药剂交替使用，连续喷施 2~3 次。

⑥ 葱蓟马：葱蓟马易发生抗药性，要多种农药交替使用，以降低其抗药性。在若虫发生高峰期，喷洒 10%吡虫啉可湿性粉剂 2 000~2 500 倍液，每 7~10d 喷 1 次，连续防治 2~3 次。

⑦ 葱蝇：定植前用 50%辛硫磷乳油 1 000~15 000 倍液，或 90%晶体敌百虫 1 000 倍液，

或1.8%阿维菌素乳油5 000倍液，浸泡苗根部2 min。成虫发病初盛期，用以上药剂喷雾，每7 d喷1次，连续防治2~3次。幼虫发生初期，也用以上药剂灌根，但加水倍数缩减到喷雾时的60%。

⑧葱斑潜蝇：在成虫发生初盛期和幼虫潜叶为害盛期，用1.8%阿维菌素乳油2 000~3 000倍液，喷雾防治，每7~10 d喷1次，连续防治2~3次。

5. 采收

规范使用化学农药，在安全间隔期内严禁采收上市，同时在采收前7~10 d停止灌水和追施氮肥。一般于鳞茎充分膨大，叶片褪绿变黄，有2/3的植株假茎变软倒伏，鳞茎外皮干膜化并呈现出品种特有颜色，根群开始枯死，开始进入休眠状态时，选晴天及时拔收，避免机械损伤。田间使用的容器应洁净，内表平滑，边缘平展，不要将产品用力倾倒或扔到容器中，以保证将损伤减至最低限度。

6. 采后标准化处理技术

（1）产品等级规格

洋葱的产品要求是品质优良、洁净卫生、新鲜，其感官品质的鉴定标准：具有本品种的形状和色泽、鳞茎紧实、没有分球裂球、无腐烂变质或抽薹、无病虫危害、叶鞘及根切除适中、外皮薄而不脱落、适度干燥、没有沙土等异物附着、直径8 cm以上、无异味等。

（2）预处理

采收时尽量不要碰伤葱头，以减少贮藏期因伤口感染而腐烂。收获后直接让其外表皮干燥，然后再处理或贮存。如天气条件许可，可在地里直接从底部切断，摊平晾干，用其干燥的地上部茎叶覆盖产品，以防晒伤。如下雨或农田受浸造成不能进行田间愈伤，应用热空气强制通风进行愈伤，温度保持为35~45 ℃，相对湿度60%~75%，表皮的干燥层可使产品在贮存过程中不再失水。伤愈后剪去根部和假茎后可直接上市。作贮藏的，待葱头表皮干燥，茎叶晒至八成干时，编辫贮藏或将葱头颈部留6~10 cm叶梢，其余剪掉，装筐贮藏或堆放，防止雨淋。为防止贮藏期新芽萌发，可在采收前两周叶面喷施0.25%的青鲜素，每公顷用药液量750 kg。

7. 生产档案

应建立生产技术档案，记录产地环境、生产技术、病虫害防治、采收等相关内容。

（1）试述本地区洋葱的播种育苗和栽培方式。

（2）洋葱的营养需求是什么？洋葱栽培应如何科学合理地进行肥水一体化管理？

（3）如何减少洋葱生产中先期抽薹的问题？

（4）洋葱现代生产受哪些因素影响？采用什么栽培措施可提高洋葱的产量和质量？

（5）洋葱的定植密度、定植期、定植方法等对产量有何影响？

（6）洋葱定植后要如何管理？

（7）洋葱成熟期的标志是如何鉴定的？各地洋葱何时进行收获？
（8）洋葱现代生产中有何高效栽培新技术？
（9）试述洋葱的优质高效栽培技术要点。

 实训题

（1）通过实地调查研究撰写一份洋葱生长田间基本情况、缺苗情况和营养诊断报告。
（2）制定一份洋葱生产年度计划，包括洋葱生产资料物资的准备。
（3）选择一户洋葱种植户，分析其生产投入与效益情况，并提出建议。

第三章 洋葱病虫害防治

第一节 洋葱病害

洋葱病害是造成生产上洋葱减产的重要因素,洋葱病害常见的有:侵染性病害和生理性病害。侵染性病害常见的有:霜霉病、菌核病、黑斑病、灰霉病、炭疽病、黑粉病、软腐病、白腐病和锈病。生理性病害常见的有:氮、磷、钾、钙、镁、硫、铜、硼的缺乏与过剩。

一、侵染性病害

1. 霜霉病

霜霉病是危害洋葱的一种主要病害,流行性强,且各地普遍发生。

（1）病症

根据环境条件和发病时期的不同可分为第 1 次侵染和第 2 次侵染。第 1 次侵染发生在秋季苗床或早春本田,冬季菌丝发展,翌年春季出现病斑。幼苗感病后生长不良,叶无光泽,叶片扭曲;春季转暖后病斑扩展快,并可危害新生叶,当空气湿润时,病斑生出稀疏的白色或灰紫色霉状物。病株作为发病中心继续蔓延,形成再次侵染。主要危害叶部和采种株的花薹。

症状表现有 5 种类型:

①叶片被害部位的表面覆有淡紫色绒状霉;

②叶部发生长卵形或椭圆形淡黄绿色病斑,表面长出白色或灰紫色霜霉,经雨水冲刷后病斑变为灰白色叶片枯死;

③产生大小不同形状的黄色病斑,但不着生霉状物;

④椭圆形病斑周围有宽 2~3 mm、稍凹陷的灰白色圈带;

⑤在持续干旱的条件下,呈现灰白色小形病斑。后期往往在病部又被灰霉病、黑斑病等半腐生菌侵染而产生灰色或黑色霉状物。鳞茎受害后,外部鳞片变软、皱缩,有时混发软腐病。本病的特征为病斑较大、长椭圆形、黄白色,雨后病斑变为灰白色,潮湿时病斑上长出稀疏白霉,高温时长出灰紫色霉。

（2）病原

属鞭毛菌亚门、霜霉属、葱霜霉菌。

（3）传播途径和发病条件

主要以卵细胞随病残体在土壤中存活，秋季侵染幼苗或种株鳞茎内的菌丝体，形成系统侵染。在南方地区因气候温暖，病菌可随病株在田间存活。此后，病斑上长出孢子囊借风雨传播，自气孔侵入形成再次侵染。本病遇低温、阴雨或时常出现重雾天气时，则流行较快。在重茬地、地势低洼地以及大水漫灌、过度密植等条件下，发病也较重。

（4）防治方法

实行2~3年轮作，并注意清理和烧毁病残组织。定植前严格选用健壮秧苗，淘汰病苗。

合理密植，适量浇水，加强田间雨季排水。在发病初期，及时进行药剂防治，可用75%百菌清可湿性粉剂兑水600倍，或喷施72%锰锌·霜脲可湿性剂600倍液，或64%噁霜·锰锌可湿性粉剂600~800倍液，或72.2%霜霉威水剂700倍液等，每7~10 d喷1次，以上药剂交替使用，连续防治2~3次。

2. 菌核病（小菌核病）

这种病菌主要危害洋葱，也危害大葱。主产区连作地易病情严重，常造成减产，染病后的洋葱不耐贮藏。

（1）病症

叶片发病时，初期为水渍状，而后变为淡褐色或灰白色，病斑形状不定，最后变白破裂，叶片枯死下垂，剖开病叶里面有白棉絮状菌丝体。在潮湿条件下，病部散生，先为乳白色至黄褐色，最后变为黑色的小菌核。种株的花梗上也产生同样病症，从病部折断下垂。

本病以病部产生黑色小菌核与其他病害相区别。

（2）病原

属子囊菌亚门、核盘菌属、大蒜核盘菌。

（3）传播途径和发病条件

病原菌的菌核在病残体上或土壤中存活时间较长。春季在多湿条件下形成子囊盘和子囊孢子，借气流传播。菌核也可产生菌丝进行初次侵染，以后以菌丝扩大传染。一般4~5月和10~11月间易发病，在重茬、排水不良和生长较弱的情况下发病较重。

（4）防治方法

此病菌半腐生性强，发病严重的地段应与非葱蒜类作物实行3~4年轮作。因病菌可附着在种子上传播，可用50%福美双、50%多菌灵或50%托布津可湿性粉剂，按种子重量的0.4%进行药剂拌种。在发病初期，可喷洒75%百菌清可湿性粉剂、64%杀毒矾可湿性粉剂、70%代森锰锌、40%大富丹可湿性粉剂、58%甲霜灵锰锌兑水500倍，或50%扑海因可湿性粉剂兑水1 500倍。如有葱蓟马同时危害，可在上述农药中选择能与2.5%溴氰菊酯或20%速灭杀丁乳油混用的，以兼治葱蓟马。

3. 黑斑病

（1）病症

初发病时，在叶片和花茎上形成黄白色小圆斑，而后扩展较快，边缘处为黄色晕圈，内部为黑褐色，即或病斑相连仍保持椭圆形。发病后期，病斑上密生黑色短绒状霉菌并具有同

心轮纹。鳞茎多在临收前发病，初发时呈水浸状，而后病斑上生出霉层而变黑。

（2）病原

属半知菌亚门匐柄霉菌；有性阶段则属子囊菌亚门枯叶格孢腔菌。

（3）传播途径和发病条件

寒冷地区，病残体在土壤中越冬后，以子囊孢子进行初侵染，而后则产生分生孢子，借风传播进行再侵染。在温暖地区，主要是靠分生孢子反复侵染蔓延。在长势不良、管理不善的田块易发病，因受冻害造成长势不良时，也会感病。

（4）防治方法

此病多在梅雨季节发病，尤其长势弱的植株更易染病，故须加强田间管理和做好排水工作。在发病初期，可喷洒75%百菌清可湿性粉剂600倍液，50%扑海因可湿性粉剂1 200~1 500倍液，或64%杀毒矾可湿性粉剂500倍液。一般隔7~10 d再喷药，最好按期喷药3~4次。

4. 灰霉病（面腐病、洋葱瘟病）

灰霉病在田间危害叶鞘、花薹和小花梗，同时也是贮藏和运输中的主要病害。

（1）病症

在田间发病主要危害叶鞘、花梗及鳞茎颈部，形成淡褐色的病斑，内部腐烂，潮湿时病部长满灰色粉状霉。若在叶尖发病，先为白色椭圆形斑，直径1~3 mm，病斑不断扩大，能连成片而使葱叶卷曲枯死，湿度大时可发生灰霉。在花薹和小花上的病症，与叶尖发病相同。贮藏期发病，先在颈部出现舟式凹陷的病斑，而后变软，呈淡褐色，鳞片间有灰色霉层，后期产生褐色小菌核。鳞茎感病后常被软腐病菌再次侵入，招致腐烂、发臭。此病以高湿条件下发生灰色霉层、后期病部产生黑褐色小菌核为特征，可与炭疽病和软腐病相区别。

（2）病原

属于半知菌亚门的葱腐葡萄孢菌，致病力最强，此外，还可从病株上分离出葱鳞葡萄孢菌和葱细丝葡萄孢菌。

（3）传播途径和发病条件

遗落于田间的病残体和土壤中的菌核可较长期地存活。初次侵染后在病斑上再产生大量分生孢子，借气流、雨水或灌溉水传播。从伤口侵入后，再蔓延到鳞茎的颈部。低温、高湿是发病、流行的条件。收获前遇雨，收获后不能充分晾晒，也会招致发病。

（4）防治方法

在栽培管理方面，要注意清除病残体和适时收获。发病初期，喷施50%腐霉利可湿性粉剂1 000倍液，或50%多霉威可湿性粉剂1 000倍液，或40%百霉威·霜脲可湿性粉剂1 000倍液等，以上药剂交替使用，每7~10 d喷1次，连续防治2~3次。因病原菌极易产生抗药性，故应轮换用药。

5. 炭疽病

炭疽病主要发生在南方地区，除田间发病外，在贮藏过程中仍可继续发病，若防治失时，会造成较大的损失。

（1）病症

叶部初生近梭形淡褐色至褐色斑，后轮生许多小黑点，由于病斑的发展，可使病斑以上部分枯死。鳞茎感病时，开始先在外侧鳞片或颈部下方发生淡灰褐色斑纹，扩大后连接成大病斑，上面轮生黑色小粒点。侵害嫩鳞片时，则先出现黄色凹陷小斑，而后扩大成圆形病斑。病部可深入内部，引起腐烂。此病的特征是轮生的黑色小粒点会突破表皮，用放大镜可看到黑色刚毛，湿度高时，可产生乳白色孢子堆。

（2）病原

属半知菌亚门、炭疽菌属、葱炭疽菌。

（3）传播途径和发病条件

病菌随病残体在土壤中存活，也可附着在被害鳞茎上越冬。翌年春暖高温时产生分生孢子，可借雨水或地面流水传播。在多雨年份，尤其在鳞茎生长期阴雨连绵或排水不良的低洼地，发病较重。

（4）防治方法

洋葱白皮品种感染炭疽病重，有色品种鳞茎的外皮含有邻苯二酚，可以抵制病害侵染，故栽培时可选用抗病品种；与非葱蒜类作物实行2~3年轮作；进入雨季前喷洒50%炭疽福美、50%甲基硫菌灵可湿性粉剂500倍液、40%多硫悬浮剂、75%百菌清或50%托布津可湿性粉剂600倍液，或1∶1∶（160~240）等量式波尔多液进行预防；一旦发现中心病株，可连治2~3次。

6. 黑粉病

黑粉病一般在较寒冷地区发生，一旦发生会年年发病。因此，对本病不容忽视。

（1）病症

主要在2~3叶期的幼苗上发生。当病苗长至约15 cm时，叶微黄，第1、2叶稍有扭曲、萎蔫。叶及未膨大生长的鳞茎上，生有银灰色、稍隆起的条斑，严重时条斑变成肿瘤状，表皮破裂后散发出黑褐色粉末。本病的特征是感病后期为银灰色泡状肿瘤，内部充满黑褐色粉末，容易与其他病害相区别。

（2）病原

属担子菌亚门、条黑粉菌属、洋葱条黑粉菌。

（3）传播途径和发病条件

病菌的厚垣孢子可在土壤中长期存活，是初次侵染的来源。种子发芽后20 d内，病菌从子叶基部等处侵入，以后再产生厚垣孢子，借风雨及流水传播。播种后气温在10~25 ℃时发病，20 ℃为发病适宜温度，超过29 ℃不发病。

（4）防治方法

用生茬地育苗，杜绝苗期感病。选无病大苗定植。药剂防治：播种前先用商品甲醛稀释50倍喷洒床面，每平方米用稀释药液75 mL，或在播种前按每平方米用50%福美双可湿性粉1 g处理床土。

7. 软腐病

软腐病在田间和贮藏期均可发病，我国南方地区发病较重。

（1）病症

田间多在鳞茎膨大期发病。在外叶下部产生灰白色、半透明的病斑，使叶鞘基部软化而倒伏，鳞茎颈部出现水浸状凹陷，不久鳞茎内部腐烂，有汁液溢出并有恶臭。贮藏期多从鳞茎颈部开始发病，手压病部有软化感，鳞片呈水浸状并流出白色带有臭味的汁液。本病的特

点是鳞茎颈部呈水浸状凹陷，并引起腐烂发臭。

（2）病原

病原菌为胡萝卜软腐欧氏杆菌。

（3）传播途径和发病条件

病菌在病残体和土壤中长期腐生。借水流传播，从伤口侵入。葱蓟马和种蝇等昆虫也可传病。低洼地、基肥腐熟不充分造成烧根和收获期遇雨等均为诱发条件。

（4）防治方法

注意肥、水管理，防止氮肥过量，除治害虫以减少侵染条件。在田间发病初期，喷洒50%琥胶硫酸铜、77%可杀得微粒可湿性粉剂或30% DT杀菌剂500倍液，或喷农用链霉素、新植霉素稀释4 000倍液，视病情连续进行2~3次防治。

8. 白腐病

（1）病症

洋葱的幼苗及成株的叶片、鳞茎和花薹均可发病。最初叶片尖端变黄，继而向下蔓延，在鳞茎和不定根上生出绒毛状白色菌丝，随后呈水浸状而腐烂，后期在菌丝层中产生芝麻粒大小的黑色菌核。本病的特征：地上部的外观似生理病害，拔出后在不同发病时期会看到水浸状病斑、白色菌丝层或已产生菌核。

（2）病原

属子囊菌亚门、小菌核属、白腐小菌核菌。

（3）传播途径和发病条件

以菌核在土壤中长期存活，可借灌溉和雨水传播，长出菌丝侵染寄主。在20℃以下发病较重，故多在春末夏初多雨时发病。不同品种之间，抗性差异不明显。

（4）防治方法

发病严重的田块停种洋葱3~4年，并与非葱蒜类作物轮作。加强田间检查，发现病株及时拔除并烧毁。药剂防治：播种前用相当种子重量0.3%的50%扑海因可湿性粉剂拌种；田间在拔除中心病株后再用50%甲基硫菌灵600倍液，或50%扑海因可湿性粉剂1 000倍液灌根。此外，也可用20%甲基立基磷乳油1 000倍液喷植株及畦面。

9. 锈病

锈病危害多种葱类作物。

（1）病症

主要发病部位是叶和花薹，很少在花器上发病。发病初期病部表面稍凸出，中心带有橙黄色的病斑，以后表皮破裂散出橙黄色粉末即夏孢子堆和夏孢子。秋后的疱斑变为黑褐色，破裂后散发出暗褐色粉末即冬孢子堆和冬孢子。

（2）病原

病原菌为葱柄锈菌和香葱柄锈菌，前者多在寒冷地带致病。两者均属于担子菌亚门、柄锈菌属。

（3）传播途径和发病条件

主要以冬孢子在病残体上越冬，而后冬孢子萌发可产生担子和担孢子，借气流传播。南方地区以夏孢子或菌丝体在田间病株上越冬，第2年春季以夏孢子飞散传播。在春、秋两季低温多雨时期容易发病。肥力不足、生长不良的植株发病较重。

（4）防治方法

增施农家肥，增加磷、钾肥，使洋葱生长健壮。发病初期，喷施15%三唑酮可湿性粉剂1 500~2 000倍液，或70%代森锰锌可湿性粉剂1 000倍液加15%三唑酮可湿性粉剂2 000倍液，或40%氟硅唑乳油8 000~10 000倍液等，以上药剂交替使用，隔10 d喷1次，连续防治2次。

二、生理性病害

1. 氮缺乏与过剩

氮素不足，生长受抑制，先从外叶开始黄化，严重时会枯死，但根系仍保持生活力。在植株的营养体叶和鳞茎形成的初期，对氮素的要求较高，这时也是需要氮素的关键时期。进入鳞茎形成期后，如氮素供给不足，会使鳞茎肥大生长不良，外形瘦长，甚至肥大生长期受到遏制，不能充分发挥固有的丰产能力。反之，如果氮素吸收过剩，则叶色深绿，发育进程迟缓，叶部贪青使之延迟成熟，而且容易感染病害。当氮素供给过多时，由于鳞片水溶性氮积累过多，就会表现出缺钙，也就容易发生心腐（内部鳞片缺钙而腐烂）和肌腐（外部鳞片腐烂）。

2. 磷缺乏与过剩

磷对洋葱幼苗期的发育十分重要，可能直接影响株高和叶数的增加，甚至根系也会因缺磷而发育不良。在鳞茎肥大期缺磷，也会减产。但如果磷素吸收过剩，则鳞茎外部的鳞片会发生缺钙，内部鳞片会发生缺钾，鳞茎盘表现缺镁，于是肌腐、心腐和根腐等生理病害则由之发生。

必须指出的是，一旦出现缺磷的症状后再向土壤追施磷肥已无济于事。因此，必须事先在基肥中配加磷肥，或用磷酸二氢钾液喷洒叶面补肥，作为应急措施。

3. 钾缺乏

苗期缺钾并不表现出明显的症状，但对以后鳞茎的肥大生长会有影响。在鳞茎肥大生长期缺钾，不仅容易感染霜霉病，还会降低耐贮性。一般在洋葱植株达到最大高度后应适当控制氮肥量而增施钾肥，以满足洋葱生长发育的需要。

4. 钙缺乏与过剩

钙吸收不足，则根部和生长点的发育机能会受到影响，组织内的碳水化合物也会降低，从而影响鳞茎的生长和品质，这也是导致发生心腐和肌腐病的直接原因。若钙吸收过量，会导致微量元素的失调。

5. 镁缺乏

缺镁的症状是嫩叶尖端变黄，继而向基部扩展，以至枯死。如发现缺镁，可在叶面喷洒1%的硫酸镁溶液，经2~3次后即可收到显著的效果，但这种方法仅是应急措施。

6. 硫缺乏

缺硫导致叶片变黄，生育不良。另外，硫是维生素 B 和丙烯基硫化物的成分之一，这足以说明洋葱需要一定的硫。施用硫酸根化肥，可以收到一举两得的效果。

7. 铜缺乏

洋葱缺铜，则鳞茎外皮薄、颜色淡。在泥炭土地带种植洋葱曾发生过缺铜的报道。采取每公顷施用 120~330 kg 硫酸铜的措施后，鳞茎外皮增厚，颜色转浓，鳞茎紧实。

8. 硼缺乏

洋葱缺硼，则叶片弯曲、生长不良，嫩叶发生黄色和绿色镶嵌，质地变脆，叶鞘部分发生梯形裂纹。鳞茎则表现疏松，严重时发生心腐病。叶面补硼可喷洒 0.1%~0.3% 的硼酸溶液。在土壤中补硼，每公顷可施用硼砂 15kg。施用过量或施用不匀会发生烧根，应予注意。

第二节　洋葱虫害

洋葱虫害是造成生产上洋葱减产的重要因素，洋葱虫害有：葱蓟马、葱潜叶蝇、葱地种蝇、小地老虎、蝼蛄、蚜虫和红蜘蛛。

一、葱蓟马

葱蓟马属缨翅目、蓟马科，俗名金帐子，是洋葱的主要害虫之一。

（一）为害特点

成虫和若虫均以锉吸式口器危害洋葱的叶部和嫩芽，使之形成黄白色斑纹。严重时，叶片生长扭曲、枯黄。

（二）生活习性

华北地区 1 年繁殖 3~4 代，华东地区 6~10 代，华南地区 20 代以上。幼虫期 6~7 d，成虫寿命 8~10 d。雌虫可孤雌生殖。以成虫越冬为主，尚有少数蛹在土中越冬，但在华南地区无越冬现象。初孵幼虫集中在叶基部危害，稍大即分散。成虫极活泼，善飞、怕阳光，在早、晚或阴天取食强烈。气温 25 ℃、相对湿度在 60% 以下时，有利于蓟马的发生。暴风雨可降低发生量。在华北地区以 4~5 月为害最重。

（三）防治方法

在若虫发生高峰期，喷洒 10% 吡虫啉可湿性粉剂 2 000~2 500 倍液，每 7~10 d 喷 1 次，连续防治 2~3 次。50% 杀虫丹可湿性粉剂 800 倍液对蓟马防效高，对天敌安全，还兼有促进植株生长的作用。

二、葱潜叶蝇

葱潜叶蝇也称葱斑潜蝇,属双翅目、潜蝇科,俗名肉蛆。不同年份其为害程度差别较大,1995年北京、天津地区为大发生年,曾造成一定的农业损失。

(一)为害特点

幼虫在作物叶组织中蛀食成隧道,呈曲线状,严重时成乱麻状,影响作物生长。

(二)生活习性

幼虫在蛀食的隧道中化蛹,成虫活泼,在植株上栖息。在辽宁省南部及华北地区1年发生4~5代,江西省12~13代,福建省13~15代,广东省18代,且世代重叠发生,以蛹越冬或越夏,成虫白天活动,趋糖性强。

(三)防治方法

做好田园卫生,及时清除残株、杂草,可压低下代及越冬的虫源基数。越冬代成虫羽化盛期,利用其趋糖性,可用甘薯、胡萝卜汁按0.05%的比例加晶体敌百虫制成诱杀剂,按每平方米1个诱杀株的比例喷布诱杀剂,可每隔3~5 d喷1次,共喷5~6次。当幼虫开始危害时,及时用40%乐果乳油和80%敌敌畏乳油1∶1兑水2 000倍液除治。如用25%喹硫磷乳油1 000倍液除虫,须在收获前15 d停止使用,以免商品葱残毒超标。

三、葱地种蝇

葱地种蝇属双翅目、花蝇科,俗名葱蛆或根蛆。

(一)为害特点

幼虫在苗期为食,蛀食鳞茎,引起腐烂或叶片萎蔫、枯黄。

(二)生活习性

在华北地区1年发生3~4代,以蛹在地下或粪堆中越冬。5月上旬成虫盛发,在叶部或植株周围约1 cm深的表土中产卵,孵化的幼虫很快入土为家,老熟幼虫在土中化蛹。

(三)防治方法

种蝇类对生粪有趋性,粪肥须充分腐烂。成虫发生期可喷洒2.5%溴氰菊酯、20%菊马乳油3 000倍液,20%氟杀乳油、10%溴马乳油2 000倍液除治。除治幼虫需用50%辛硫磷乳油500倍液或90%晶体敌百虫800~1 000倍液灌根。

四、小地老虎、蝼蛄、蚜虫和红蜘蛛

一般较少发生,如发生为害,可参照相应方法除治。

第三节 洋葱病虫害调查与防治技术研究

一、西昌市洋葱病害的调查与防治技术研究

位于四川省攀西地区的西昌市是中国洋葱之乡、国家级蔬菜基地，该地区资源丰富，气候特别适合洋葱生长发育。但近年来由于连年重茬种植，致使洋葱霜霉病、紫斑病和软腐病发生越来越重。发生洋葱霜霉病的地块，叶片被害部位的表面覆有淡紫色绒状霉，叶部发生长卵形或椭圆形淡黄绿色病斑，表面长出白色或灰紫色霜霉，经雨水冲刷后病斑变为灰白色叶片枯死，产生大小不同形状的黄色病斑，但不着生霉状物，椭圆形病斑周围有宽2~3 mm、稍凹陷的灰白色圈带，本病的特征为病斑较大、长椭圆形、黄白色，雨后病斑变为灰白色，潮湿时病斑上长出稀疏白霉，高温时长出灰紫色霉。

发生洋葱紫斑病的地块，主要危害叶片及花梗，也可危害鳞茎，危害初期呈水浸状白色斑点，病斑扩大快，迅速形成宽1~3 cm、长2~4 cm纺锤形的凹陷斑，先为淡紫色，随后变为褐色至暗紫色，周围具有黄色晕圈。此后，有的逐渐褐色并形成同心轮纹；湿度大时斑面上产生黑褐色煤粉状霉。如病斑围绕叶或花梗扩大，可使之从病斑处折断。鳞茎多在颈部发病，病部皱缩，变成淡红色或黄色，潮湿时也发生霉状物。本病特征是病斑呈纺锤形，上部及下部细长，病斑颜色较深，很少发生全叶枯死，可以此与霜霉病相区别。

洋葱软腐病在田间和贮藏期均可发病，此病多发在鳞茎膨大期。在外叶下部产生灰白色、半透明的病斑，使叶鞘基部软化而倒伏，鳞茎颈部出现水浸状凹陷，不久鳞茎内部腐烂，有汁液溢出并有恶臭。贮藏期多从鳞茎颈部开始发病，手压病部有软化感，鳞片呈水浸状并流出白色带有臭味的汁液。本病的特点是鳞茎颈部呈水浸状凹陷，并引起腐烂发臭。

发生这些病害的地块一般减产10%~40%，已成为洋葱产量和品质的主要限制因素。为此，西昌学院洋葱研究课题组从2006年开始对西昌市洋葱病害发生规律与影响因素进行调查，总结出西昌市洋葱病害的防治技术。

（一）调查方法

洋葱育苗期。在洋葱紫斑病常发区域，从洋葱出苗后开始普查，发现病株后，选择发病苗圃3~6块，每块采用5点取样法，每点1 m²，定点调查，每3 d调查1次，一直到幼苗移栽为止。调查病株率、病叶率和病情严重程度。

洋葱大田生长期。从定植后开始调查，发现病株后，选择发病地块3~6块，每块采用5点取样法，每点10株，定点调查，每3 d调查1次，一直到次年3月底为止。调查病株率、病叶率和病情严重程度。

在不同品种、不同土壤类型、不同地力、不同重茬年数的洋葱田，调查洋葱病害发生情况，并结合西昌气象资料分析其与气候条件的关系。

（二）影响洋葱病害发生的因素

1. 温湿与发病

洋葱霜霉病系统侵染病株显症所要求的温度较低，当早春日平均气温在3 ℃以上，洋葱

开始返青时，系统侵染病株的症状就开始显现。当早春日平均气温在6 ℃以上时，洋葱进入旺盛生长期，系统侵染病株进入显症盛期，植株矮缩黄化，与健康植株形成鲜明的对比。当日平均气温在12 ℃以上时，系统侵染病株产生大量的孢子囊，进行再侵染。根据课题组多年来的观察，2、3月积温高，洋葱霜霉病发生早；反之，则发生晚。特别是2月积温对洋葱霜霉病发生的早晚影响最大。

洋葱紫斑病系统侵染病株显症所要求的是温暖多湿的条件，当早春日平均温度在12 ℃以上，洋葱开始返青时，系统侵染病株的症状就开始显现。紫斑病的孢子囊在温度25~27 ℃，洋葱进入旺盛生长期，系统侵染病株进入显症盛期，空气相对湿度高于80%时会大量产生，且湿度越高，产生孢子越多，湿度大时斑面上产生黑褐色煤粉状霉，与健康植株形成鲜明的对比。因此洋葱紫斑病最容易在温暖多湿的天气暴发流行。如果发病期进行田间浇水，病情会明显加重。当温度低于12 ℃则不发病。根据课题组多年来的观察，2、3月积温高，洋葱紫斑病发生早；反之，则发生晚。特别是2月积温对洋葱紫斑病发生的早晚影响最大。

洋葱软腐病在温暖多湿的条件下易发病，病菌发育适温为27~30 ℃，空气相对湿度高于80%时，且湿度越高越易发病。因此洋葱软腐病也容易在温暖多湿的天气暴发流行。如果发病期进行田间浇水，病情会明显加重。在收获时遇雨，鳞茎带湿泥，比较潮湿，在贮藏与运输期间容易发病，干燥时发病少。

2. 虫害对病害的影响

在葱蓟马、葱地种蝇严重发生的地段，病害发生也较严重。葱蓟马刺吸的伤口是病菌侵入的门户。

3. 品种与发病

西昌市种植的洋葱主要有红皮洋葱和黄皮洋葱两种类型，红皮洋葱较黄皮洋葱抗病。课题组于2007年、2008年、2009年、2010年和2011年分别调查红皮洋葱和黄皮洋葱品种各9个地块，红皮洋葱平均病情指数较黄皮洋葱平均病情指数低，红皮洋葱较黄皮洋葱发病指数差异显著，达5%和1%的差异显著，如表3-1所示。

表3-1　红皮和黄皮洋葱品种发病平均病情指数差异新复极差测验

品　种	平均病情指数			差异显著性	
	霜霉病	紫斑病	软腐病	5%	1%
红皮洋葱	3.8	1.3	1.5	a	A
黄皮洋葱	23.9	19.5	18.7	b	B

注：a、b代表5%差异显著性，A、B代表1%差异显著性。

4. 重茬与发病

2007~2011年调查西昌市洋葱种植区的洋葱病害平均病情指数，第1次种植洋葱区域低于连续种植洋葱3年以上的种植地块。洋葱第1次种植区与3年及以上连续种植区的发病平均病情指数差异显著，达5%和1%的差异显著，如表3-2所示。

表 3-2 不同复种区发病平均病情指数差异新复极差测验

不同复种区	平均病情指数			差异显著性	
	霜霉病	紫斑病	软腐病	5%	1%
第1次种植区	2.6	1.8	3.5	a	A
3年及以上连续种植区	29.7	30.3	29.3	b	B

5. 其他因素

调查发现地势低洼、排水不良的地块发病重；种植密度偏高、田间遮蔽地块发病重。

（三）洋葱病害的防治方法

由于洋葱病害一般具有流行速度快、发病后防治难等特点，应采取预防为主、防治为辅的策略。

1. 实行轮作倒茬

在发病严重的地段应与非葱蒜类作物实行3~4年轮作，收获时清理病残体，带出田外深埋或烧毁。

2. 药剂拌种

因病菌可附着在种子上传播，可用50%福美双、50%多菌灵或50%托布津可湿性粉剂，按种子重量的0.4%进行药剂拌种，或将种子用40%甲醛300倍液浸种3 h杀菌，浸后及时洗净，可有效降低栽培田洋葱紫斑病发生概率。

3. 田间发病初期和发病期施药

发病初期应先摘除田间已感病叶片或拔除重病株，一般在2月上旬应选用75%百菌清可湿性粉剂、64%杀毒矾可湿性粉剂、70%代森锰锌、40%大富丹可湿性粉剂、58%甲霜灵锰锌兑水500倍液，或50%扑海因可湿性粉剂兑水1 500倍液，隔7~10 d喷1次，共喷3~4次，如有葱蓟马同时为害，可在上述农药中选择能与2.5%溴氰菊酯或20%速灭杀丁乳油混用，以兼治葱蓟马。因病原菌极易产生抗药性，故应轮换用药。

二、西昌市洋葱虫害的调查与防治技术研究

（一）西昌市洋葱葱蓟马的为害特点与防治研究

位于四川省攀西地区的西昌市是中国洋葱之乡、国家级蔬菜基地，本地区资源丰富，气候特别适合洋葱生长发育。但由于连年重茬种植，致使洋葱葱蓟马发生越来越重，发生洋葱葱蓟马的地块，一般地块减产10%~40%，已成为洋葱产量和品质的主要限制因素。葱蓟马，属缨翅目、蓟马科，又叫烟蓟马、棉蓟马，俗名金帐子。西昌学院洋葱研究课题组从2007年开始对西昌市洋葱葱蓟马的为害特点与影响因素进行调查，总结出洋葱葱蓟马的防治方法。

1. 为害特点和习性

从调查结果看，西昌市葱蓟马主要危害洋葱、葱、蒜、韭菜等百合科的蔬菜，还危害茄子、白菜等其他多种蔬菜。成虫和若虫均以锉吸式口器在洋葱等寄主作物的叶片、嫩芽、心叶、叶腋等处吸收汁液，同时还能传播病毒。葱类的整个生长期都有其虫态、虫体活动。洋葱受害时叶片上形成许多细密而长形的黄白色斑纹，严重时，叶片生长扭曲、枯黄，甚至整个植株枯萎死亡，洋葱受害的程度重。

葱蓟马在西昌市一年可发生多代，以成虫和若虫在洋葱和葱叶鞘内越冬，亦在杂草及落叶下越冬。次年春，先在洋葱上为害，繁殖一个时期，然后迁移到杂草上繁殖为害。每年的4~5月和10~11月是为害盛期。晚秋时成虫多聚集在葱和白菜上产卵繁殖，并准备越冬。冬季在温室内可继续繁殖为害。成虫怕光，白天多在叶背上为害。

2. 影响洋葱葱蓟马发生的因素

（1）温湿度

葱蓟马发育的适宜温度为25 ℃，相对湿度为60%。高温高湿对其发育不利。在25~28 ℃条件下，卵期5~7 d，若虫1~2龄6~7 d，3龄2 d，4龄3~5 d，成虫寿命8~10 d。一般在春季干旱温暖的年份危害较重，而高温高湿对其不利，当温度上升到28 ℃以上时，虫口会自然下降甚至消失。暴雨也可降低其发生虫量，对其有一定的冲刷灭杀作用，能大大降低其发生数量，少量雨水对其发生无影响。多雨季节及勤浇水地发生较轻、作物田内外杂草多的地块发生重。

每年的4~5月和10~11月是葱蓟马的为害盛期，而西昌的4~5月和10~11月是冬夏气流更迭的季节。4~5月是干季向雨季转换，既具有干季气候特征又具有雨季的一些气候特征。葱蓟马的发生与为害受当年气候条件温湿度的极大影响。

（2）品种与虫害

西昌市种植的洋葱主要有红皮洋葱和黄皮洋葱两种类型，红皮洋葱较黄皮洋葱抗虫。课题组于2007年、2008年、2009年、2010年和2011年分别调查红皮洋葱和黄皮洋葱品种各9个地块，红皮洋葱平均虫情指数为1.9，黄皮洋葱平均虫情指数为17.3，红皮洋葱较黄皮洋葱差异显著。

（3）重茬与发病

2007~2011年调查西昌市连续种植洋葱3年以上的老种植区，洋葱葱蓟马平均虫情指数为29.8，第一次种植洋葱的新种植区则为2.1。新种植区域洋葱葱蓟马发生程度低于老种植地块。

（4）虫害对病害的影响

在葱蓟马严重发生的地段，洋葱紫斑病、洋葱软腐病发生也较严重。葱蓟马刺吸的伤口是病菌侵入的门户。

（5）其他因素

调查发现在种植密度偏高、田间遮蔽地块虫害发生重。

3. 葱蓟马的防治方法

葱蓟马一年可发生多代，而西昌市的菜农一般都是在发现洋葱被害时才喷药防治。长时间单一使用一种农药，会使葱蓟马对部分农药产生抗药性，因此防治葱蓟马要运用综合防治技术，才能收到较好的效果。

(1）农业防治

冬春季铲除杂草及枯老落叶，可减少越冬虫量。实行轮作倒茬。加强肥水管理，使植株生长旺盛，蓟马发生数量较多时，可增加灌水次数或灌水量，淹死一部分虫体，提高田块小气候湿度，创造不利于蓟马发生的生态环境。

（2）物理防治

利用葱蓟马有趋蓝光的习性，在洋葱田间选用30 cm×40 cm蓝色粘虫板，插或挂于洋葱田行间，并高出植株顶部，每30 m²挂1块。

（3）选用抗虫品种

选用红皮洋葱抗虫品种，如西昌学院采用激光诱变技术选育成功的红皮洋葱品种西葱1号或西葱2号。

（4）药剂防治

葱蓟马易产生抗药性，要几种农药交替使用，以延长其抗药性。可喷洒21%增效氰·马乳油6 000倍液、10%菊·马乳油、10%溴·马浮油1 500~2 000倍液，或50%辛硫磷乳油1 500~2 000倍液、5%啶虫脒乳油3 000倍液、10%吡虫啉可湿性粉剂3 000倍液、35%赛丹乳油2 000倍液、4%鱼藤精800倍液进行除治，每隔7 d喷一次，喷2~3次。用50%杀虫丹可湿性粉剂800倍液对蓟马防效高，对天敌安全，还兼有促进植株生长的作用。

（二）西昌市洋葱葱地种蝇的为害特点与防治研究

西昌市近几年来由于连年重茬种植，致使洋葱葱地种蝇虫害越来越重，发生洋葱葱地种蝇的地块，一般可减产10%~30%，已成为洋葱产量和品质的限制性因素。葱地种蝇（*Delia antigua Meigen*）属双翅目、花蝇科，俗名葱（蒜）蛆、葱蝇或根蛆。西昌学院洋葱研究课题组从2007年开始对西昌市洋葱葱地种蝇的为害特点与影响因素进行调查，总结出洋葱葱地种蝇的防治方法。

1. 为害特点和习性

从调查结果看，西昌市葱地种蝇主要危害洋葱、大葱、大蒜和韭菜等百合科蔬菜。以初卵幼虫蛀入葱的鳞茎蛀食为害，导致根茎腐烂，使地上部分叶片枯黄、萎蔫，轻者生长不良，影响分蘖，重则造成大面积的植株枯萎或死亡，洋葱受害的程度重。

葱地种蝇在西昌市一年可发生3~4代，以蛹在5~10 cm深的土层或粪堆中越冬。越冬蛹历期59~110 d，露地越冬死亡率较高，次春羽化率20%左右，3月底成虫盛发，4月初成虫开始羽化并交尾产卵，成虫寿命8~15 d，卵成堆产在葱叶、鳞茎和周围1 cm深的表土中，卵期3~5 d，卵化的幼虫很快钻入鳞茎内为害，4月中下旬为第1代幼虫为害盛期，幼虫历期15~18 d。5月上旬、中旬老熟幼虫在被害株周围的土中化蛹，蛹历期14~21 d。5月底至6月初第1代成虫初现。6月上中旬为第2代幼虫为害期，主要为害洋葱和大蒜鳞茎，大部分在土壤中化蛹，以蛹在土壤中越夏。越夏蛹27~56 d。9月下旬至11月初为第3代幼虫为害期。11月上中旬化蛹，以蛹越冬。第1代和第3代历期约2个月，而第2代历期不足1个月。

2. 影响洋葱葱地种蝇发生的因素

（1）耕层温湿度

葱地种蝇幼虫的发生消长与5 cm耕层的地温、湿度关系密切。地温在15~30 ℃时发育正常,超过30℃进入越夏期。耕层5 cm深处土壤含水量在30%以下时,虫口密度随含水量的增加而增大,土壤含水量高于30%时,虫口密度又有下降的趋势。

葱地种蝇幼虫的成虫羽化与土壤含水量也关系密切,以土壤含水量5%~20%为宜,过高则羽化率显著降低。成虫白天活动,晴天中午前后活动最盛。

(2)虫害与趋性

成虫对植物的花,特别是胡萝卜、茴香等伞形花科植物的花趋性强。对未腐熟的粪肥、发酵的饼肥,腐烂的葱、蒜、韭菜等其趋性也很强。裸露在地面的未腐熟农家肥可诱集成虫产卵。卵多散产,有时也成堆或成列聚产于蔬菜周围的土块表面或假茎部,也喜欢产在新翻耕的潮湿土表或土缝里。

(3)重茬与发病

2007~2011年调查西昌市连续种植洋葱3年以上的老种植区,洋葱葱地种蝇平均虫情指数为21.3,第1次种植洋葱的新种植区则为1.7。新种植区域洋葱葱地种蝇发生程度低于老种植地块。

(4)其他因素

调查发现施用未腐熟粪肥和发酵饼肥的地块虫害发生重。

3. 葱地种蝇的防治方法

葱地种蝇应以农业防治为基础,药剂防治为重点。药剂防治以成虫为主。如成虫防治不力、错失最佳时期时,应抓紧防治幼虫。

(1)农业防治

施用腐熟的有机肥料。洋葱播种和大田移栽前施用的有机肥要充分腐熟。将肥料撒匀后,立即耕翻。用腐熟的饼肥作基肥,不仅可以提高肥效,而且可以防止根蛆的发生,避免未腐熟的饼肥入土后在腐熟过程中产生有害物质而影响洋葱的发芽和幼苗生长。

保证水分供应。洋葱播种后,幼苗期遇干旱天气,应及时浇水,使土壤含水量在30%以上,既能有效抑制虫口密度,又能满足幼苗正常生长对水分的需求。

合理轮作换茬。尽量避免葱蒜韭类重茬,可与水稻、豆类实行2~3年轮作。

深耕晒垡。深翻土壤30~50 cm,利用高温杀灭虫卵,以减少葱地种蝇的越冬基数,减少翌年初侵染源。

(2)物理防治

在各代成蝇盛发期,每667 m²挂黄色诱杀板20块,或挂30张粘蝇纸,10~15 d换一次,具有很好的杀虫效果。

(3)药剂防治

成虫发生期可喷洒 2.5%溴氰菊酯、20%菊·马乳油 3 000 倍液,20%氟·杀乳油、10%溴·马乳油 2 000 倍液,22%比本胜乳油 1 500 倍液、5%锐劲特乳油 1 500 倍液除治。除治幼虫需要用 50%辛硫磷乳油 1 000 倍液或 90%晶体敌百虫 800~1 000 倍液灌根。沿每丛葱根部浇灌,隔7~10 d浇一次,共 2~3 次。注意严格掌握农药安全间隔期,做到上述药剂交替使用,以延缓葱地种蝇抗药性的产生。

（1）洋葱常见的侵染性病害有哪些？其病症是什么？其传播途径和发病条件是什么？应怎样防治？

（2）洋葱常见的生理性病害有哪些？在生产上应如何防治？

（3）洋葱常见虫害有哪些？其为害特点和生活习性怎样？应如何防治？

（1）撰写一份洋葱病害标本采集、制作与初步鉴定的实训总结报告。

（2）撰写一份洋葱虫害标本采集、制作和初步鉴定的实训总结报告。

（3）制定一份本地洋葱病虫害综合防治的方案。

第四章
洋葱栽培和贮藏生理

洋葱是以其膨大的鳞茎为食用部分的作物，生长期间需要有一定的温度及适宜的光周期等条件，鳞茎才能膨大，因而对播种期及采收期要求比较严格。

洋葱在分类学上属于百合科、葱属，而在形态上，作为食用的部分是叶（包括叶鞘及鳞茎）。鳞茎不是茎的变态，而是叶的变态，是叶鞘基部膨大的结果。洋葱根浅，吸水能力较弱，而叶都带直立性，叶面积不大，适宜于在冷凉的气候条件下生长。

洋葱叶面积小，蒸腾量较少，根系的性能也较弱。洋葱为种子繁殖，但在生长季节短的地区如东北北部，在第一年播种后形成鳞茎小球，在第2年再用鳞茎小球来繁殖。至于洋葱的生长季节与栽培过程，南北各地比较接近，多是秋播，而以幼苗露地越冬（南方）或贮藏越冬（北方），到第2年春暖后，日照加长，才形成鳞茎。具体的播种季节，北方早些，南方迟些。

洋葱是以幼苗（绿色植株）通过春化阶段的。用种子繁殖时，对播种季节要求相当严格。如播种过早，容易早期抽薹；播种过迟，影响产量。

第一节　洋葱栽培生理

一、生物学特性

1. 形态特征

（1）洋葱根的特性

洋葱的胚根入土后不久便萎缩，因而没有主根。其根为弦线状须根，着生于短缩茎盘的基部，根系较弱，无根毛，根系主要密集分布在 0.2 m 左右的表土层中，故耐旱性较弱，吸收肥水能力也不强。根系生长温度较地上部低，地温 5 ℃时，根系即开始生长，10~15 ℃最适宜生长，24~25 ℃时生长缓慢。

（2）洋葱茎的特性

洋葱在营养生长时期，茎短缩成扁圆锥形的茎盘，茎盘下部称为盘踵。茎盘上部环生圆圈筒形的叶鞘和芽，下面着生须根。成熟鳞茎的盘踵组织干缩硬化，能阻止水分进入鳞茎。因此，盘踵可控制根的过早生长或鳞茎过早萌发。生殖生长时期，植株经受低温和长日照条件，生长锥开始花芽分化，抽生花薹，花薹筒状，中空，中部膨大，有蜡粉，顶端形成花序，能开花结实。顶球洋葱由于花器退化，在总苞中形成气生鳞茎。

（3）洋葱叶和芽的特性

洋葱的叶，由管状叶片和叶鞘组成。叶片筒状中空，表面具有蜡粉，气孔下陷于角质层中，管状叶腹部凹陷，叶片微弯曲，叶鞘圆筒状，相互抱合成假茎。生育初期，叶鞘基部不膨大，假茎粗细上下相仿。生长后期，叶鞘基部积累营养而逐渐肥厚，形成开放性肉质鳞片，鳞茎成熟前，最外面1~3层叶鞘基部由于所贮养分内移而变成膜质鳞片，以保护内层鳞片减少蒸腾，使洋葱得以长期贮存。

洋葱开放性肉质鳞片里面为幼芽，每个鳞茎中幼芽的数量不变，一般2~5个，每个侧芽包括几片尚未伸展成叶片的闭合鳞片和生长锥。侧芽数量越多，鳞茎越肥大。

（4）洋葱花的特性

洋葱母球定植后，在晚春可发生数个花茎。花茎高1~1.5 m，从中部到下部略似纺锤形膨大，顶端着生花球并为佛焰状总苞所包被，内有许多小花，平均为700~800朵。一个母球可抽出花茎4~5个，多者可超过10个。但个别植株仅抽出1个花茎，这样的植株采种量少，但其后代不易发生裂球。

在一个花球上的开花过程，总的趋势是从中央开始向外扩展，但规律不明显。洋葱的小花花梗长0.025 m左右，花瓣6片，白色，披针形；雄蕊6枚，每3个为一轮，排列两轮；雌蕊1枚，子房上位有3室，每室有两个胚珠。

洋葱是雄蕊先熟的异花授粉作物，在开花后2~4 d、雌蕊伸长到最大长度约0.005 m时，是授粉最好的时期，一般5 d后即失去受精能力。洋葱开花时间是6：00~18：00，陆续开放；9：00~16：00花药开裂。花药里的花粉可保持2~3 d，所以洋葱各个小花之间互相授粉的机会很多。但是，洋葱的花粉耐湿性很差，花粉粒吸水后能自行崩裂解体。所以，开花期降雨对采种不利，常导致减产。

（5）洋葱种子的特性

洋葱的种子为盾形，有棱角，腹面平坦，脐部凹陷很深。种子表面黑色，有不规则的皱纹。洋葱种子长3.1~3.4 mm，宽2.3~2.6 mm，厚1.5~1.6 mm，除特殊品种外，小于以上数值的小粒种子则质量较差。千粒重3.3 g左右，比重1.15~1.17。1 L饱满的种子重约420~470 g，13~13.5万粒，这样重量的新鲜种子，发芽率可达90%。若1 L种子重量在400 g以下，则质量较差，发芽率很难超过70%。

种子最外层是黑色的种皮，在种皮的内侧，有薄膜状的外胚乳，其内部是内胚乳和胚，胚处于内胚乳中间，呈螺旋状。胚乳含有丰富的蛋白质和脂肪。胚可分为子叶、上胚轴、下胚轴和第一真叶的原基。洋葱种子的形态与结构如图4-1所示。

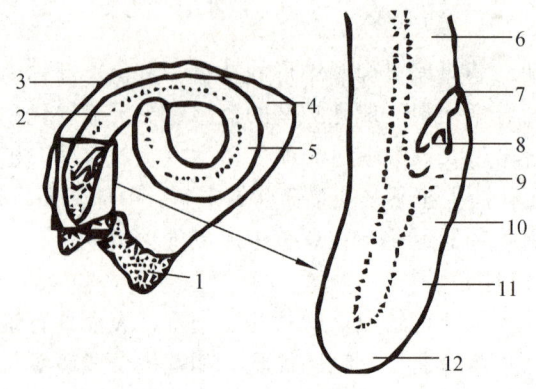

1.珠心 2.原形成层 3.种皮 4.内胚乳 5、6.子叶 7.子叶缝
8.胚芽 9.胚轴 10.下胚轴 11.胚根 12.根端

图 4-1 洋葱种子的形态与结构

当前,在生产实践中常常需要对商品种子进行鉴别。虽然葱类种子在外部形态上有许多相似之处,但是仔细观察,仍具有不同特征。葱类种子的比较见图4-2及表4-1所示。

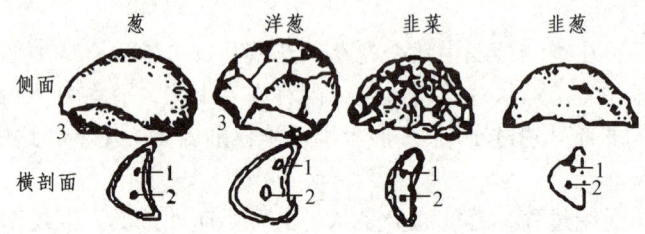

1.胚 2.内胚乳 3.脐

图 4-2 葱类种子的形态

此外,洋葱种子的种皮为黑色,大葱种子的种皮黑中略带红色而无光泽;洋葱刚发芽的幼根比较粗而稍带一点黄色,大葱的则较细,且颜色纯白。

表 4-1 葱类种子的比较

项目	葱类种子											
	洋葱			大葱			韭菜			韭葱		
种子形状	盾形,有棱角			盾形,有棱角,但稍有扁平			盾形,扁平			长形,有棱角		
种皮皱纹	稍多而不规则			少而整齐,有规则			细而致密			波状,凹凸不平		
脐部凹陷	极深			浅			欠缺			欠缺		
	大粒	中粒	小粒	大粒	中粒	小粒	大粒	中粒	小粒	大粒	中粒	小粒
长度/mm	3.4	3.1	2.7	3.5	3.1	2.6	3.5	3.0	2.8	3.2	2.9	2.6
宽度/mm	2.5	2.3	2.0	2.3	2.1	1.7	2.6	2.4	2.1	1.9	1.7	1.5
厚度/mm	1.6	1.5	1.3	1.3	1.1	1.0	1.3	1.2	1.1	1.6	1.5	1.3
千粒重/g	3.30			2.23			3.15			2.6		
比重	1.17			1.11			1.23			1.26		

2. 对环境条件的要求

（1）温度

洋葱对温度的适应性较强。种子和鳞茎在 3~5 ℃下缓慢发芽，12 ℃时发芽速度加快，生长适温幼苗为 12~20 ℃，叶片为 18~20 ℃，鳞茎为 20~26 ℃，但健壮幼苗可耐 6~7 ℃的低温。洋葱鳞茎膨大需较高的温度，鳞茎 15 ℃以下不能膨大，15~21 ℃开始膨大，21~27 ℃生长最好，温度过高则生长衰退而进入休眠。鳞茎对温度有较强的适应性，既能抗寒又能耐热，所以能在盛夏季节贮藏。洋葱为绿色营养体通过春化的植物，多数品种在幼苗茎粗大于 0.6 cm 或鳞茎直径大于 2.5 cm 时，于 2~5 ℃条件下经过 60~70 d，可以通过春化阶段，但品种间略有不同，南方品种有的只需 40~50 d，北方品种有的需 100 d 以上。

（2）水分

洋葱在发芽期、幼苗生长盛期和鳞茎膨大期需要充足的水分，但在幼苗期和越冬前要控制水分，防止幼苗徒长和遭受冻害。收获前 1~2 周要控制灌水，使鳞茎组织充实，加速成熟，防止鳞茎开裂，提高品质和耐贮性。土壤干旱能促进鳞茎提早形成，但产量偏低。

洋葱管状叶片耐旱，适宜 60%~70% 的空气相对湿度，空气湿度过高容易发生病害。鳞茎为耐旱性器官，贮藏在干旱的条件下，仍可保持水分，维持幼芽的生命活动。

（3）光照

洋葱完成春化过程以后，在长日照和 15~20 ℃的温度条件下，才能抽薹开花，较长的日照也是鳞茎形成的主要条件。延长光照时间，可加速鳞茎的发育和成熟，鳞茎形成对日照时数的要求因品种而异，在 13 h 以下的较短日照下形成鳞茎的为短日照品种；在 14 h 以上的较长日照下形成鳞茎的为长日照品种；鳞茎形成对日照要求不甚严格的为中间型品种。

我国北方多为长日照晚熟品种，南方多为短日照早熟品种。因此，在引种时应考虑品种特性是否符合本地的日照条件，否则将会造成损失。洋葱对光照强度的要求低于果菜类蔬菜，高于一般叶菜类和根菜类蔬菜，适于中等光照强度。

（4）肥料

洋葱生长需吸收氮、磷、钾等矿质营养。每生产 1 000 kg 鳞茎，约需吸收全氮 2.0~2.4 kg，磷（P_2O_5）0.7~0.9 kg，钾（K_2O）3.7~4.1 kg。吸收氮、磷、钾的比例为 1∶0.4∶1.9。幼苗期根和茎叶中含氮量较多；叶生长期根中的氮、磷、钾显著增加，茎叶部氮稍减少，磷、钾增加；鳞茎膨大期，氮、磷、钾在鳞茎部含量高，每株的吸收量也多。由于洋葱根系浅，吸收力弱，全生育期要求土壤有充足的肥料供给。以优质厩肥或堆肥作基肥，并混入钾肥或磷肥。叶生长期需追肥，以氮肥为主，配合磷、钾肥，氮肥不宜过量，使鳞茎正常进入膨大期，鳞茎直径约 3 cm 时及时追肥，促进膨大。

3. 生育周期

洋葱从种子萌发到开花结籽，不但在植株形态上变化很大，而且在不同时期对外界条件的要求也不一样。根据其生长发育过程并结合耕作管理特点，可将洋葱的生育周期分为以下几个时期：

（1）发芽和幼苗期

种子从萌发到出土这段时间里，需要适当的温度（20 ℃左右）和水分（土壤含水量大于 10%），出土后形成幼苗。幼苗阶段生长迅速，播种后 15 d，生有 1 叶 1 心的幼苗已相当于种子重量的29倍以上；播种后65~75 d，幼苗可以长到2叶1心或3叶1心，1棵幼苗的鲜重分别相当于种子重量的350~670多倍。所以，幼苗阶段是洋葱发育的重要阶段。幼苗期根系的生长发育比地上的生长更为重要。栽培洋葱通常多采取育苗的方式，当苗生长到一定大小后再定植于本田。但也有的在苗床越冬，翌春再定植，或定植后在本田越冬。

（2）植株旺长期

定植（或越冬返青）后，根、叶继续增长，在正常情况下，从发育阶段看和幼苗期相比并没有质的变化。所以，将定植前、后的时期统称为形态增大期。但为了与栽培管理相配合，通常把定植前的幼苗生长期称为幼苗期，定植后至鳞茎开始膨大前称为植株旺长期。

在定植前后，如幼苗过大而且受到低温（2~10 ℃）、干旱等不利条件的影响，可能会使部分植株发生分蘖（分球）或早期（先期）抽薹，见图4-3，这是造成减产的一个重要原因；若遇到土壤高温和干旱，就会加快根系的老化。

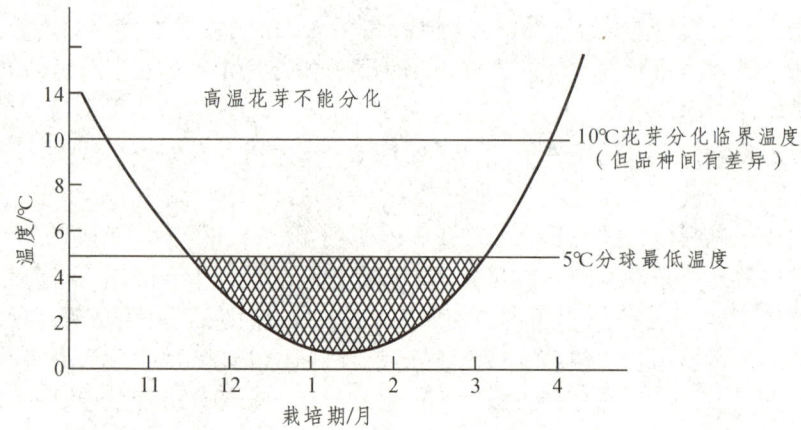

图4-3 洋葱植株栽植期、温度发生分蘖（分球）或早期（先期）抽薹图

（3）鳞茎膨大期

植株长出最后1片真叶时便进入鳞茎膨大期。北方地区在长日照和高温条件下，南方地区则在短日照和较低温度条件下，鳞茎不断肥大生长，直到充分肥大生长后，即发生倒伏和叶部变黄，生理活动也随之迟滞而将进入休眠期，这时应及时进行收获。如果在鳞茎肥大生长期间遇到不正常的低温或氮素肥料过量时，会贪青生长而不发生或延迟发生倒伏现象。

（4）生理休眠期

收获后的鳞茎，为促使其迅速进入生理休眠期，可进行干燥处理，以便贮藏。在贮藏中的生理休眠期，呼吸作用减弱，鳞茎不发芽，直到休眠期结束以后才会萌动发芽。

（5）抽薹、开花、结实期

将通过生理休眠期的鳞茎再行定植，在高温、长日照的条件下便会抽薹、开花和结实，从而完成它的整个生育周期。现以天津和北京的气候条件为例，将生育周期和生长过程归纳成表4-2和图4-4。

表 4-2 洋葱的生长过程

节气	株高/cm	可见叶片/枚	鳞茎横径/cm	叶鞘和叶片的重量/g	鳞茎重量/g
春分	18.2	2.5	0.84	2.63	0.75
谷雨	27.2	4.3	1.09	5.88	1.59
立夏	41.4	6.6	2.02	16.88	7.70
小满	54.9	8.2	2.68	35.13	15.03
芒种	66.5	9.0	4.80	70.10	54.20
小暑	58.9	8.0	6.96	39.30	147.25

注：1. 采用北京黄皮洋葱，于 8 月 23 日（处暑）播种育苗。
  2. 数据为 20 株的平均值。

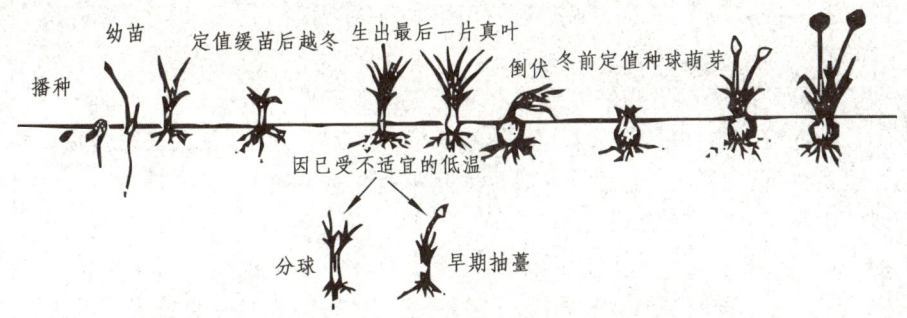

图 4-4 洋葱的生育周期

二、种子萌发生理

1. 洋葱种子的发育与萌发过程

洋葱的生长发育从种子发芽开始，在栽培上是从播种开始。生产上选择种子，认识种子的生命活力、种子的休眠及发芽的生理特性，是十分必要的。

从生态的意义上讲，洋葱种子一方面是物质贮藏器官，它含有大量的贮藏物质，是发芽时能量的来源；另一方面种子又使器官处在休眠状态，可以度过不良的环境，如干旱、高温或严寒，而能保持其生命活力。

洋葱种子的养分主要贮藏在胚乳中，少量在胚中。种子在形态上是由胚珠发育而成。有时，我们也把洋葱鳞茎作为种子看待。其实，作为繁殖用的洋葱鳞茎，不论在植物学上还是生产应用上，都和种子完全不同。

（1）洋葱种子的发育形态

在植物形态学上的所谓种子，是由胚珠经过受精以后发育而成，包括胚、胚乳及种皮。胚包括幼芽、幼根、子叶及胚轴几部分，是植物一生中最早的独立个体。

胚体与种子相比，虽然都有胚珠的相应组织及器官，但不是所有这些组织都同样发达。如珠心在胚珠中占有很大的位置，但到发育成为种子时，所形成的外胚乳大都退化而残留成为一层薄皮。胚囊中的极核细胞与核细胞相结合，发育成为胚乳。洋葱种子有发达的子叶，也有一部分胚乳。

（2）洋葱种子的萌发过程

种子萌发时，要经过下列几个主要步骤：①吸收水分；②种子内贮藏物质的消化；③养分的运转；④呼吸代谢的增强；⑤胚根及胚轴开始生长；⑥同化作用开始。

洋葱种子发芽时，子叶是出土的，其种子很小，在播种育苗时，播种要稀，覆土要浅。如果管理不好，表土板结，子叶不能伸出土面，遇到阴雨天就会在土中腐烂。播种时宜用松针、稻草等覆盖，以维持土壤湿润，保证种子出土整齐。

2. 洋葱种子的寿命与贮藏

所谓种子的寿命，是指种子生活力的年限。洋葱种子的寿命较短，一般收获的种子1年后其发芽率就会降低。由于贮存的条件、收获时的成熟度等的不同，其寿命也不同。种子贮存超过一定时期，就丧失活力而不能发芽，这主要是由于酶活性下降、贮藏物质的消耗、胚内蛋白质的逐渐凝固，以及有毒代谢产物的积累等原因造成的。

（1）影响种子寿命的因素

影响种子寿命的因素，主要是温度、湿度、气体等条件，以及这些因素的综合影响。在室温条件下，湿度的影响是最重要的；但在高湿度下，温度是主要的。长江流域至华南各地，在普通的贮藏条件下，种子的生命活力都比华北及西北短，这与长江以南地区的温度高、湿度大有密切的关系。

种子的含水量，直接受空气湿度的影响，而受温度的影响较小。用洋葱种子为材料，分别在 26.7 ℃ 与 10 ℃ 两种温度下，及 44%~51%、66% 与 78%~81% 三种湿度下贮藏，试验结果表明：在高湿度（78%~81%）下，贮藏种子的含水量为 9%；在低湿度（51%）下，贮藏种子的含水量为 6%；但在高温（26.7 ℃）与高湿条件下贮藏 110 d 以后，洋葱的发芽率下降到 0。在低湿度及低温度（10 ℃）下，贮藏 25 d 后，洋葱种子发芽率降低不大。

所谓种子的发芽年限，是指种子在室温条件下贮藏仍具有发芽力的年限。如果在零度以上的低温及密封的条件下，种子寿命可以延长。洋葱种子在室温及一般湿度条件下通风贮藏，1年后其发芽率大大降低。

利用氧化钙或氯化钙等作为干燥剂，使种子贮藏在干燥的条件下，是保持其发芽能力的有效方法。一些农户常把种子贮藏在瓦罐、瓦缸、瓮中，里面盛放石灰，将种子放入布袋或纸袋内，放在石灰上面并避免与石灰直接接触，罐口用油纸封闭，放在房屋的干燥通风的地方，可以保持较长时期的发芽力。因为干燥而温暖的环境比潮湿而冷凉的环境好，湿度比温度对种子寿命的影响更为重要。因此，除了一般的罐装、布袋装、纸袋装等方法以外，还可用塑料薄膜包装防潮。此外，种子对干燥程度的要求与温度有关。当温度升高时，临界含水量要低些（5%~9%）；而当温度下降后，临界含水量可以高些（10%~15%）。

（2）洋葱种子发芽的特性

洋葱种子发芽温度较低，发芽适宜温度在 15~25 ℃，如在 25 ℃ 以上则发芽不良。百合科种子是蔬菜中寿命较短的一类，生产上一般都用当年采收的新鲜种子播种。

（3）洋葱种子的休眠与打破休眠

种子的休眠，通常是指种子在温、湿度及氧气都适于生长的条件下而不能萌发的状态。处于休眠状态的种子，虽具有生命活力，但不发芽，而需经过一段时间，待休眠解除以后，才能在适宜的温度、水分及氧气的条件下发芽。洋葱种子的休眠属于"被动休眠"。即在不适宜的环境条件下，表现为休眠状态，一旦遇到适宜的发芽条件，立即发芽。

3. 洋葱种子发芽的条件

种子完成休眠以后，在适宜的环境条件下即可发芽。从一粒干燥的种子发芽生长成为一株新的植物，一般包括4个步骤：吸水膨胀→酶系统的形成→生长开始及胚根外露伸长→幼苗的生长。

种子萌发的一个特点是这个时期的生长可以不靠外来的营养物质，而是消耗种子本身的贮藏物质作为能源。因此，种子萌发后，体积增加，但干物质并不增加，也就是说，种子发芽期主要是发生大分子物质的降解。

洋葱种子发芽的主要环境条件，包括水分、温度及氧气。

（1）水分

种子发芽时，要大量吸收水分使种子内的蛋白质从凝胶变为溶胶，同时原生质体积增大致种皮破裂，有利于吸收氧气进行气体交换。发芽时吸收水分的多少与种子的化学组成及种皮的透性有密切的关系。

种子吸收水分的作用有以下几个方面：

①种皮吸水使自身柔软，胚容易生长；胚或胚乳吸水后膨胀，致使种皮破裂。

②种皮吸水后，通透性增强，氧气容易透过，以供给幼胚呼吸的需要。

③种子吸水后，有助于原生质的活动和种子中贮藏物质的转化与运转。休眠种子的原生质吸水后从凝胶状态成为溶胶状态，代谢活动才能加强。

洋葱种子的含水量在10%左右（按种子干重%计算）。当种子浸入水中以后，即很快地吸水，在12 h内，吸水即可完成。因此，浸种催芽时，往往先浸水过夜，然后放入恒温箱中，这样可以加速发芽。

种子经过风干或干燥处理后，含水量降低，细胞液的浓度增加，渗透势降低导致种子的吸水力显著增加。种子直接浸入水中，可以吸收水分，在空气中贮藏时，也可以吸收空气中的水分，这一点在洋葱种子贮藏上很重要。

由于种皮组织结构的不同，以及半渗透性的不同，也影响到水分、气体以及盐类的吸收。有试验表明：拟脂能限制种皮透水，除去拟脂，可以加强透水作用。种子吸收盐类，决定于种子和盐类的离子特性。如果种皮是完整的，所吸附的盐类，大都附着在种子的表面，容易用水冲洗掉。

种子吸水量的多少，与种子的化学组成有很大的关系。但是，种子吸水并非愈多愈好，适于种子发芽的吸水量也有一定的限度，亦即有吸水的"适量"。种子播种在淹水的条件下，会大大抑制发芽，甚至引起腐烂。

据李曙轩、郑光华试验，洋葱种子在沸水中煮5~6 min后，确有生芽现象。但这种生芽，不是正常的胚的生长，而是由于胚乳组织经沸水煮后吸水膨胀把种子中弯曲的胚从发芽孔挤出来所致。不论是新鲜或陈旧而不发芽的种子，都有这种现象，这表明枯死种子在吸水过程的初期，也能够吸收一定的水分，以至种皮破裂，甚至胚根外露，但这只是一种假发芽现象。

（2）氧气

洋葱种子发芽过程中，不但需要水分，同时也要有氧的供给。休眠状态的种子，呼吸作用很低，需要的氧气量不多。到发芽的时候，呼吸作用旺盛，则需要充足的氧气，没有氧的供给，种子就不能发芽。当胚芽从种子中露出后，氧的消耗则大为增加。生产上，洋葱种子的氧分状况与播种的深度有关。如果播种时覆土过深，会导致氧气缺乏，妨碍种子正常的发芽；同时，也与土壤排水状况有关，如果播种后排水不良，土壤中不仅缺乏氧气，同时也降低了土温，种子更不易发芽，甚至在土中腐烂。

气体透过种皮时，内种皮起着重要的作用。因为外种皮为不活动的细胞，气体不易透过，但可以通过珠孔及种脐进行气体交换。内种皮为活细胞，当种子吸水后，气体容易透过内种皮，气体还可以溶解在水中与水分一起渗透到种子中去。

在生产上常利用浸种的办法促进种子发芽。利用温床育苗时，可在播种前浸泡 3~4 h，待种子吸胀后才播种，可提早出芽 1~2 d。

据试验，一般蔬菜种子的发芽，通常需要 10%以上的氧浓度，至少也要有 5%的浓度，而洋葱在较低的氧分压下也能发芽。二氧化碳对洋葱种子发芽有较强的抑制作用。当氧气浓度为 15%，二氧化碳浓度在 40%以上，才对种子发芽有抑制作用。但当氧气浓度降低到 5%以下，氧气越少，发芽率降低越显著。

（3）温度

洋葱种子发芽要求适宜的温度。最适宜的发芽温度为 15~25 ℃左右，发芽的最低温度可以低到 10 ℃左右。如果没有一定的温度，即使其他发芽条件适宜，也不能发芽。

洋葱的不同品种，甚至同一品种的不同种子，由于成熟度及种子大小等的差异，对发芽温度及其他外界条件的敏感性也可能不同。在一定范围内，温度增高，发芽的速度亦增加，但发芽率会降低；而较低的温度，虽然发芽速度较慢，而发芽率可能会增加。收获后进入休眠的种子，贮藏的时间越长，后熟度越大，发芽的温度范围也越大。洋葱如果经过一段时间的低温处理，反而有利于发芽。这主要是低温促进了种子酶的活动及物质的转化。

变温处理有助于洋葱种子的发芽，在自然界中总是白天温度较高，晚上温度较低。绝对的恒温环境，除了人为控制的情况以外，自然界实际上是几乎不存在的。

（4）光照

不是所有蔬菜种子的发芽都需要光，洋葱是避光种子，在有光条件下，光对发芽反而有抑制作用，可致使发芽不良，在黑暗中反而较易发芽。

4. 洋葱发芽过程中的物质转变

当种子成熟后，胚进入休眠时期，形成不溶性的大分子物质，贮藏于胚、胚乳或子叶等组织中。种子在休眠时，生理活性很低，呼吸作用及酶的活动也很低。但到发芽时，生理活性大为增加。种子中的贮藏物质，主要有淀粉、糖类、半纤维素、脂肪及蛋白质等，用来作为胚生长的营养物质。

种子中的这些贮藏物质不能以原来的形态从贮藏组织中向胚中运输，而要分解成为低分子的化合物以后才能被利用。在种子成熟时，物质转变的总趋势是由小分子物质合成大分子物质；而当种子发芽时，这些贮藏物质又要进行水解，形成小分子物质，运输到胚中，供给新的生长部位的合成之用。

洋葱种子有胚乳，贮藏物质可以贮藏在胚乳及子叶中。在生产上，种子如果子叶不全，或出苗后子叶被病虫危害，都会对幼苗的生长产生很大的不良影响。

洋葱种子的贮藏物质中，除了有机物质以外，还有一些无机盐。这些无机盐在种子发芽时，是以原来的形态向胚中运输，而淀粉、脂肪、蛋白质等则要水解成低分子化合物以后，变成可溶性的物质，才能运转到胚中去。

（1）贮藏淀粉的转变

淀粉是种子中广泛存在的一种碳水化合物。种子发芽时，由于淀粉酶的作用，淀粉降解成糖，然后从贮藏部位（胚乳或子叶）转运到生长部位中去，作为新的细胞及组织的生活物质及结构物质；同时，一部分作为呼吸原料被降解，为发芽提供能量。

以贮藏的形态存在于种子中的碳水化合物和半纤维素，发芽时，由于半纤维素酶的作用，也水解为糖。

（2）贮藏蛋白质的转变

当种子发芽时，种子中的贮藏蛋白质由于蛋白酶的作用，降解成为大量的氨基酸。在子叶或胚乳中都含有贮藏蛋白质，可水解为氨基酸，有时也变成酰胺态而运输到胚中，参与新蛋白质的合成。因此，种子发芽时，贮藏蛋白质逐渐减少，而结构蛋白质反而增加。

蛋白质水解后所产生的氨基酸，不能完全用来合成新的结构蛋白质。贮藏蛋白质的分解速度和界限与萌发幼苗对氮的要求程度，以及由外界所供应的硝态氮和氨态氮数量有极大的关系，所以萌发的幼苗对于贮藏蛋白质的水解有调节作用。

三、育苗生理

育苗是洋葱栽培的主要阶段之一。幼苗的强壮与否与植株的生长发育及产量的关系极大，如果育苗不好，是难以用生长后期的栽培技术弥补的。

幼苗在温床内生长的环境和露地环境有很大不同。如在冬季或早春利用温床育苗时，幼苗是在较高的温度下生长的，但定植到露地后，则会遇到较寒冷的环境。因此，在温床幼苗培育期间，要控制适宜的温度、湿度及光照条件，这样定植到露地后，才能很快适应外界环境。

1. 育苗环境与幼苗的生长发育

育苗期间的环境条件，包括温度、光照、水分及营养条件等，可直接影响幼苗的生长速度。

（1）温度的影响

幼苗生长的特点是绝对增长量很小，而生长速度很快。影响幼苗生长的诸因素中，温度与幼苗的生长速度有很大的关系。温度过低，生长缓慢或停滞，造成僵苗；而温度过高，生长过快，可造成徒长。

温度的高低，首先影响到幼苗的光合作用。温度高，光照强，则幼苗生长粗壮，叶色浓绿。但是若在高温而光照弱的条件下，由于光合作用弱，呼吸增强，消耗了幼苗体内的营养物质，反而培育不出壮苗。在弱光下，洋葱的光合作用不会因温度的增加而增加，而在强光下，温度升高到20~25℃以上，光合作用强度则大大增加。因此，在温室或温床育苗，当太阳光强时，所控制的温度可以高些；太阳光弱时（如阴天），温度应该低些。

在自然状态下，昼夜温度总是有差异的，育苗场所昼夜间温度差异，因热源、苗床严密程度及保温设备而不同。在目前普遍采用的温床和冷床，夜间的温度仍然比白天低，而洋葱对于温度的要求也总是日温要比夜温高些。

育苗期间昼夜温度的变迁，对幼苗的生长及发育有重要的影响。

（2）光照的影响

影响幼苗生长发育的环境条件中，除了温度以外，其次是光照。在光饱和点以下时，光照强度增加，洋葱的光合作用亦加强。因此，在冬季育苗时要尽可能地让幼苗多见日光，这是苗床管理中的重要措施之一。

光照的时间和强度，一方面影响到光合作用的强度和干物质的积累；另一方面影响幼苗的形态，主要表现在弱光下叶薄、色淡，含水量增加，叶上被覆物少；而在强光下叶厚，色泽浓厚，干物质含量高，被覆物增多，适应性强。

光波的长短对洋葱幼苗的生长及干物质的积累亦有重要的意义，在可见光的范围内，光合作用最旺盛的是黄、红光的范围，叶绿素对红光及黄光吸收多，对绿色光几乎不吸收。

（3）土壤营养和水分条件的影响

育苗期间土壤的肥力、排水性及通气性等物理化学性质，会大大影响到幼苗的质量。一般温床及冷床的土壤，都含有丰富的有机物质，团粒结构良好。当种子发芽时，虽然利用了种子内的贮藏物质，但发芽以后的整个育苗期间，仍要从土壤中吸收各种矿质营养及水分供给幼苗生长。

洋葱幼苗生长发育所需的水分和矿质营养，都是从土壤中吸收的。由于苗床中幼苗的密度较大，而且生长速度很快，因此，在单位面积和单位时间内从床土中吸收的矿质营养的总量是很大的。培育壮苗必须用肥沃的床土，床土所含氮、磷、钾三要素要全面，不可偏重氮素肥料，倘若氮肥过多，磷、钾肥缺少，则会引起幼苗的徒长。

土壤的物理性质直接影响到根系的生长发育和吸收机能，只有在疏松的土壤条件下，才能保证土温的提高。保持适宜的土壤湿度和空气条件，有利于根的发生和生长，也能促进幼苗地上部分的正常生长。

磷肥对幼苗的生长发育影响很大，苗床增施磷肥，可以促进根系的生长，使植株生长健壮，提高抗寒能力。

采用冷床或温床育苗，由于通风透光，苗床水分蒸发量很大，因此，床土要用保水力较好的土壤。若土壤湿度过低，则影响到幼苗的生长。但在育苗的初期，由于气温较低，温度的影响占着首要的地位，浇水会降低土壤和空气的温度。但当温度升高时，幼苗也逐渐增大，需要增加苗床的浇水次数和浇水量，否则会影响幼苗的生长发育。

四、生长与发育生理

1. 洋葱生长与发育的特点

生长是植物直接产生与其相似器官的现象。生长的结果，引起体积或重量的不可逆增加。发育是植物通过一系列的质变以后，才产生与其相似个体的现象。

洋葱如果没有适当的营养生长形成鳞茎，就很快进入生殖生长，会造成早期抽薹，达不到栽培的目的。

洋葱的生长与发育之间，营养生长与生殖生长之间，都有密切的相互促进、相互制约的关系。而经济器官鳞茎的形成，是在大量营养生长的基础上实现的，也就是要在经济器官形成以前，有繁茂的叶生长才能达到高产。

从植物个体的生长来看，不论是整个植株的增重，还是叶面积的增加，或鳞茎体积的增加，都有一个生长速度的问题。最普遍的规律是初期生长较慢，中期生长逐渐加快，当速度达到高峰以后，又逐渐缓慢下来，到最后停止生长。这个过程称为"植物的生长大周期"，就是一般的所谓"S"型生长曲线。

此外，在生长过程中还存在器官的生长速度及生长量的问题。对于不同的生长方向来讲，生长速度及生长量往往是不相同的。叶子的面积生长，它的长度与宽度的生长，往往不一致；鳞茎的体积的生长，它的长、宽、厚三个方向的生长速度也往往不是一致的。因而生长的结果，鳞茎形状也会改变。

生长过程中每一时期器官的长短及生长速度，一方面受到该器官的生理机能的控制，另一方面又受到外界环境的影响。我们可以通过栽培措施来控制鳞茎等的生长速度及生长量，达到优质高产的目的。洋葱在栽培上并不要求很快地通过春化及光照阶段。

水分及施肥水平，对于洋葱的发育不是决定性的因素，但对于发育的速度则有一定的影响。土、肥、水则对于产量的高低有更大的作用，尤其是在低产的情况下，土、肥、水往往是高产的限制因素。

2. 洋葱的生长发育时期

洋葱的整个生长过程，可分为2个生长时期，即营养生长时期和生殖生长时期。

（1）营养生长时期

包括幼苗期、营养物质积累期及贮藏器官的休眠期。这一时期是洋葱鳞茎的形成时期，生产上要把这一时期安排在气候最适宜的季节里，并保证充足的肥、水条件。

（2）生殖生长时期

包括花芽分化期、现蕾开花期及结实期。洋葱是两年生蔬菜，在播种的当年为营养生长，经过一个冬季，到第2年才抽薹开花、结实。

3. 环境条件与生长发育

洋葱生长发育及鳞茎的形成，一方面取决于植物本身的遗传特性，另一方面取决于外界的环境条件。

在生产上，要通过育种技术来获得具有新的遗传性状的新品种，同时，也要通过优良的栽培技术创造适宜的环境条件，来调节和控制生长发育进程。

主要的环境条件包括以下几条。

① 温度：大气温度及土壤温度；
② 光照：光的组成、强度及光周期；
③ 水分：空气湿度及土壤湿度；
④ 土壤：化学组成、物理性质及土壤溶液的反应；
⑤ 空气：大气及土壤中空气的特性，CO_2的含量，有毒气体的含量，风速及大气压；
⑥ 生物条件：土壤微生物、杂草及病虫害，以及作物本身的自行遮阴。

所有这些条件都是相互联系的，对于生长发育的影响也是综合作用的结果。例如，阳光充足，温度就随着上升；温度的升高，土壤水分的蒸发及植物叶面的蒸腾会增加。当葱叶生长繁茂以后，会遮盖土壤，降低土壤的水分蒸发，同时也会增加地表层空气的湿度，降低地表的温度，对土壤微生物的活动也有不同程度的影响。

栽培措施如翻耕、施肥、灌溉、中耕、除草以及密植程度等，也大大改变了土壤耕作层的温度、湿度以及作物群体的小气候。

因此，在生产上必须综合地应用农业生产上的各项技术措施，全面考虑各个环境条件的综合作用。

影响洋葱生长发育的主要环境条件是温度和光照。

（1）洋葱对温度的要求

在影响洋葱的生长发育的环境条件中，温度是最敏感的一个因素。洋葱对温度有一定的要求，主要体现为温度的三基点：最低温度、最适温度与最高温度。超出了最高或最低的温度范围，生理活动就会停止，甚至全株死亡。

洋葱的某些品种，可忍耐 5~10 ℃的低温，在个别情况下，能耐 1~2 ℃的低温。洋葱的最适温即同化作用最旺盛的温度为 15~20 ℃。事实上，在不同的发育时期，洋葱对温度有不同的要求。在种子发芽时，温度可以在 10~15 ℃或更低。幼苗时期生长的最适温度，往往比种子发芽时的温度低些。营养生长时期对温度的要求比幼苗期稍为高些，在营养生长的后期，即鳞茎开始形成的时期，温度又要低些。到了生殖生长时期，即抽薹开花时期，要求充足的阳光及较高的温度；到种子成熟时，所需的温度更高。

在研究温度对作物的影响时，还要注意到土温、气温及作物体温之间的关系。土壤的温度与气温相比是比较稳定的，距离土壤表面越深，温度变化越小，所以作物根的温度变化也较小。根的温度与土壤的温度差异不大，但是地上部分的温度则由于气温的变化而差异很大。在阳光直射的叶面，其温度可以比周围的气温高出 2~10 ℃，这是阳光照射引起灼伤（日烧）的原因。但当夜间气温低时，则叶子表面的温度比气温还要低些。

洋葱的根较耐寒。冬季土壤的温度受气温的影响较少，土壤的温度反而比气温高。当土温升高以后，根的生理机能即可开始恢复。利用塑料薄膜覆盖或冬季施用有机肥料，这些措施不仅增加了空气的温度，也增加了土壤的温度，因而对早熟栽培有明显的促进作用。

应当说明，温度对于作物的生长量及生长率的影响并不都是一致的。如果温度超过最适温度，生长的速度在短期虽会增加，但由于生长期的缩补，最后的生长量可能比最适温度下的生长量低。

（2）温周期的作用

自然环境的温度有两种周期性的变化，即季节的变化与昼夜的变化。在 1 天中总是白天温度高些，晚上温度低些，洋葱的生活也适应了这种昼热夜凉的气候环境。白天可以进行光合作用，而夜间不能进行光合作用，但仍然有呼吸作用。如果夜间温度低些，可以减少呼吸作用对能量的消耗。这种 1 天中周期性的温度变化，对作物的生长与发育是有利的，这种植物生长发育与温度变化的同步现象称为"温周期"。

一般来讲，光合作用适宜的温度比生长的适温要高些，在自然条件下，夜间及早晨，植物的生长往往要快些。

此外，昼、夜的高温也影响到开花及结实。仅仅是夜间的低温，就会产生与昼夜连续低温相同的作用，即在黑暗下的低温对成花有利。

在自然界中，温周期的变化与光周期的变化总是密切相关的。根据"生物钟"的解释，植物1昼夜间对于光强变化的反应，相当于温度变化的反应。从成花的生理意义上讲，高温相当于光照的作用，而低温相当于黑暗的作用。

洋葱要求在24 h内，有一定的节奏才能有正常的生长发育，这个内部的节奏（或"生物钟"）可以为温周期，也可以为光周期。温周期对植物开花的反应，有一个量的特性。

（3）春化作用

春化作用是一种温度处理所引起的对植物发育的影响。这种影响是诱导性的，而不是直接的。这里所讨论的是低温处理所引起对发育的诱导作用。

在洋葱阶段发育的理论中，春化作用是发育的第一阶段。通过春化阶段以后，还要通过光照阶段，才能诱导花芽分化，由营养生长过渡到生殖生长。

①春化的条件。

作物要经过春化的诱导才能开花结籽。洋葱是绿体植物，即在幼苗时期通过低温春化。绿体植物春化的主要条件是要求有一定大小的植株，或者称苗龄，如果没有达到一定的苗龄，没有一定的生长量，即使遇到低温，也没有春化的反应。

人工处理时，可以把一定大小的植株放在低温下一段时间，以此来促进发育。洋葱在0~10 ℃下，放置20~30 d或更长一些时间都能逐步通过春化。

还应说明，绿体春化时，应该要求植株带有根或叶，而主要的是要有生长点。有试验表明，当洋葱在春化处理时，把叶片全部或大部分剪除，会影响到春化的效果，亦即绿体春化时，有其一定的完整性，其中生长点是主要的。因为春化的影响只能以细胞有丝分裂的方式传递下去。多数的试验表明，春化处理的作用发生在生长点上，生长点的细胞分裂旺盛。

②春化作用的效果及生理。

洋葱通过春化阶段后，长日照和较高温度将促进花芽分化及随后的抽薹开花。花芽分化是通过春化作用的主要标志，同时也表现在营养生长的加快，尤其是初期生长出来的几片叶子的生长速度的加快。

生物化学研究表明，经过春化处理以后，生长点的染色特性发生变化，用5%氯化铁及5%亚铁氰化钾处理，已经完成春化的种子的生长点为深蓝色，而未经春化的种子生长点不染色，或者呈黄色或绿色。

春化作用还将导致酶促能力的变化，以及蛋白质、核酸与氨基酸含量等的变化。因为植物生殖器官的分化，与碳水化合物及氨基酸都有关系。

一般认为春化对光合作用无大影响，但由于春化处理使叶片萌生提早，有利于光合产物的积累。春化也会导致单位叶重、叶绿素含量的增加。洋葱的耐寒性及抗病能力，会因春化处理而有所减弱。洋葱以幼苗越冬的，由于春化而促进了发育，因而耐寒性也相应减弱。

春化作用所产生的刺激物质称为春化素，有的观点认为是激素性质的，有的观点认为也有营养性质的，因为整株植物的根、茎、叶等都参加到发育的过程中。

4. 光周期的作用

洋葱通过低温春化后，还要求有一定的光周期才能抽薹开花，洋葱鳞茎的形成，也要有一定光周期条件。

洋葱是长光性植物，在较长的光照条件下（一般为12~14 h以上）促进开花，而在较短的日照下不开花或延迟开花。

5. 春化及光周期的应用

在洋葱生产上，春化处理与光周期的应用是多方面的。主要表现在促进成熟、提早采收、选择适当的播种季节和加速品种选育等方面。

（1）利用春化处理，促进发育

洋葱的鳞茎，如果经过一段时期的低温处理，可以促进抽薹、开花。所以在生产实践上，应适当利用低温处理，达到促进洋葱提早抽薹的目的。

（2）决定播种季节

不同的洋葱品种，对低温春化及光周期的要求不同。为了获得高产，应该选择适当的播种期，使经济器官在最适宜的气候条件下形成，以提高产量和品质。

（3）品种的选择

洋葱的鳞茎形成要求较长的日照，但品种间有很大的差异。如在东北各省，夏季日照很长，要求每天 14 h 以上日照的晚熟品种可以很好地形成鳞茎。但这些晚熟品种如果引到江南地区，由于江南夏季的每天日照时数一般不会超过 14 h，故只适于栽培早、中熟品种，而不适于栽培晚熟品种。初夏播种而秋后采收的北方洋葱的晚熟品种，如引种到长江以南，春播以后，在炎热的夏季由于没有合适的光照时数，会导致洋葱只长茎叶，而不形成鳞茎。

五、鳞茎形成生理

洋葱鳞茎的形成，要求有一定的环境条件，其中主要是温度的高低及光照的长短。另外，与品种也有较大关系。洋葱鳞茎的形成，要求有较长的光照及较高的温度，此外，土壤及水分条件，也会影响到鳞茎的形成与产量的高低。

1. 叶的生长

洋葱的食用部分是鳞茎，洋葱叶的基本结构可分为管状叶片及叶鞘两部分，为扁平或折叠状。叶鞘为多层环状排列，由许多层叶鞘包裹成为茎状，故亦称为假茎。鳞茎是由叶鞘基部膨大而成，真正的茎是在鳞茎基部短缩的一段，称为鳞茎盘。洋葱叶的生长过程，先是细胞的分裂，而后来的增长，则是由细胞的膨大及胞间隙的形成与增大所致。在叶的生长发育初期，整个叶子都是分生状态，但是很快叶片的先端就停止伸长，然后只有叶的基部及叶鞘继续生长，栅栏薄壁组织到最后，只有叶鞘的基部为分生状态。洋葱的乳汁管和其他单子叶植物一样，叶子也可分为表皮、栅栏组织及海绵薄壁组织。在海绵薄壁组织中有分散的维管束，有 2~3 层的维管束海绵薄壁组织栅栏细胞，见图 4-5。

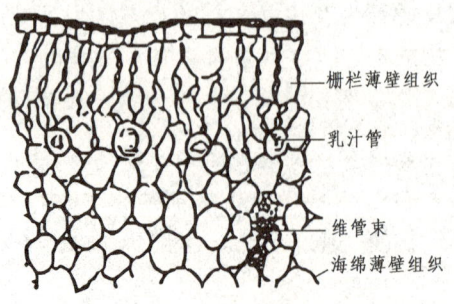

图 4-5 洋葱管状叶片的横切面

洋葱叶子的另一个特点是有乳汁管的洋葱管状叶片，其横切面见图 4-5。这种乳汁管，在叶片部，是位于栅栏组织与海绵组织之间，叶片的上下两面均有，而在叶鞘部分，则向外的一面才有。乳汁管细胞中含有一种有机硫的化合物，细胞破裂以后，可挥发出特殊的辛辣味。

洋葱叶片的上表皮（腹面）及下表皮（背面）都有气孔，但在叶鞘的表面，不管是腹面或背面，气孔很少或者没有。洋葱从播种出苗到采收，可以着生 20~30 片的叶子。但在生长过程中，外部老叶先后枯萎，内部嫩叶相继生长，因而在一个时期同一植株上，经常只保留有绿叶 10 片左右，有时更少。

2. 鳞茎的分球与发育

（1）幼芽（鳞芽）的生长

分球洋葱的鳞茎在幼小的时期只有一个幼芽（鳞芽）。当鳞茎膨大生长以后，幼芽也继续生长并分枝，每一次分枝都改变一次方向，于是幼芽的数目自 2~3 个到 7~8 个不等，一般为 3~4 个。鳞茎越大，幼芽所占鳞茎总重量的比例也越大，见表 4-3。

表 4-3 红皮洋葱鳞茎与肉质鳞芽的关系

鳞茎重/g	幼芽数/个	幼芽重/g			幼芽占鳞茎总重/%
		有绿色叶	无绿色叶	合计	
259.6	4.2	27.8	31.6	59.4	23
167.5	3.3	13.1	13.7	26.8	16
97.1	2.6	7.7	6.0	13.7	14
68.3	2.2	6.5	1.8	8.3	12
30.1	1.8	4.0	0.0	4.0	13

每一鳞茎幼芽的多少，关系到采种栽培时花茎的多少。所以在采种栽培时，利用较大的母球鳞茎繁殖，可以得到较多的种子。

（2）发育

这类鳞茎是由茎盘所生出的叶鞘基部膨大而成，但并不是所有的叶鞘基部都能够膨大，更不是在任何条件下均能膨大。

从发育形态角度看，洋葱在幼苗生长期间着生许多叶子，其中有的具有管状叶片及叶鞘，而有的只有叶鞘及退化的叶片。

在洋葱膨大生长的顺序上，首先是外侧的几片绿色叶片叶鞘基部的膨大。具有叶片的叶鞘，通常伸长生长到鳞茎的上面，只是叶鞘基部的一段组织膨大。

具有退化叶片的叶鞘，则不伸长到鳞茎的上面，因而全部叶鞘都可以膨大。这种叶鞘的膨大部分，称为鳞片，是鳞茎的主要组成部分，见图 4-6。

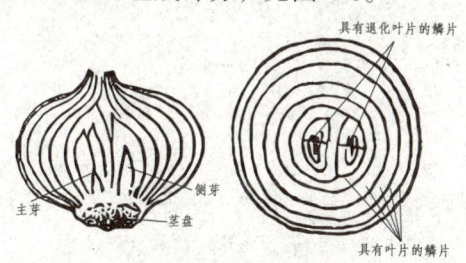

图 4-6 红皮洋葱的鳞茎结构

根据赵荣琛等的观察，一个中等大小的杭州"红皮洋葱"鳞茎，由 5~6 片加厚的鳞片所构成。这几片鳞片的厚度并不相等，其中以第 3 片叶（从外侧数起）为最大。

在鳞茎发育的后期，还有幼芽（或称鳞芽）的出现，其中 1 个为主芽，其余的为侧芽。这些幼芽位于鳞茎中最内层叶片的叶腋和最外层退化叶片的叶腋。

每一鳞茎幼芽的多少，视品种特性及鳞茎大小而不同。有的品种，幼芽的重量可以占全鳞茎重量的 10%~30%。鳞茎越大，幼芽所占的重量也越大，很小的鳞茎，如东北各地作为繁殖用的鳞茎小球，大都没有发达的幼芽。

3. 光周期与鳞茎的形成

在影响鳞茎形成的外界环境条件中，光周期的长短是决定性的条件，较长的日照有利于形成鳞茎，但这种光周期的临界长度因品种而不同。根据对日照长短的要求不同，将洋葱品种分为两类：即短日类型与长日类型。这里所说的短日类型与长日类型，是指其对鳞茎形成所要求的临界日照长度，因为所有品种的鳞茎形成，都要求较长的日照。在通常的温度下，这个临界长度约为 12~16 h，即在日照加长时，鳞茎更易形成。所谓短日类型的品种，不是短日植物，而只是说这些品种在相对较短的日照下，就可以形成鳞茎。

一般讲，在低纬度地区栽培的品种多属短日照类型，而在高纬度地区栽培的品种多属长日照类型，这在不同地区相互引种时有重要的意义。如在长江一带的早熟品种，一般在 12~13 h 日照下就可以形成鳞茎。如果将其引种到东北地区，在春季播种后不久就会遇到足够的日长，植株还没有生长到一定大小就形成鳞茎，这样成熟过早，鳞茎自然很小。相反，如果把东北地区的晚熟品种引种到长江流域或长江以南来栽培，则因这些品种形成鳞茎要求较长的日照（一般为 14 h 以上），而在长江流域夏季最长的日照也不过 14 h 或稍多一些，对于这些晚熟品种来讲，日照仍然不够长，因而不能形成鳞茎。

因此，洋葱品种相互引种时，最好是纬度相近的地区相互引种，而不要在纬度相差很大的地区相互引种。北纬 25 度的长江流域一带在 3 月下旬春分以后，自然日照时数就达到 12 h 以上，清明以后达到 13 h。因而南京、上海、杭州一带的洋葱，清明以后就开始形成鳞茎，5 月份自然日照在 14 h 左右，是鳞茎膨大的盛期。

光周期对鳞茎形成的影响，不是一两次的长日照处理就可以表现出来的。试验证明，在 24 ℃下，如果光照时数很长（每天 20~24 h），处理的次数少（5~10 次），可以刺激鳞茎的形成；如果日照时数较短（每天 12~14 h），则处理的次数就要多些。图 4-7 为洋葱鳞茎形成时光照与处理次数的关系。

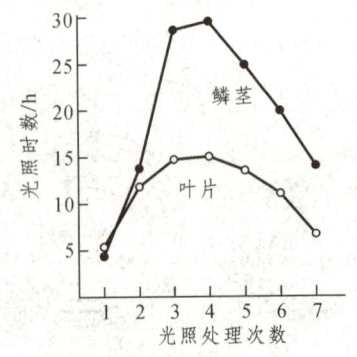

图 4-7　洋葱鳞茎形成时光照与处理次数的关系

鳞茎的膨大，不仅需要有一定的光周期，在光照的过程中，对光质也有一定的要求。试验表明，当洋葱植株每天光照 8 h 后，补充红光或蓝光到足够的长度，不会形成鳞茎，而当补充远红光时，可以加速鳞茎的形成。利用补充光照的试验还说明，红光与远红光对于鳞茎的形成有相互拮抗作用，而且这种拮抗作用是不可逆的。如果在长光期（每天 20 h 光照）的中期，用有色光或黑暗来处理，结果证明，用黑暗作为光中断，仍有大部分的植株可以形成鳞茎，而用红光来中断则不形成鳞茎。还需要指出，光周期对鳞茎形成的诱导作用有局限性。例如同一洋葱的两个分蘖，其中一个用长日照处理，可以形成鳞茎，而另一个分蘖用短日照处理，则不能形成鳞茎。

4. 温度与鳞茎的形成

鳞茎的形成除要求一定的光照时数，也要求有一定的温度。只有长日照但温度过低，即使鳞茎能够膨大，也很缓慢。不过在自然界中，较长的日照与较高的温度大都同时出现，所以，在长江以南地区，事实上不存在日照长而温度过低的现象。但在相同的日照长度下，温度的高低往往是鳞茎形成的主要因素。

这种光周期与温度的相互关系，不同的品种反应不同。洋葱可以分为早熟种与晚熟种，早熟品种不要求很长的日照时数，一般在 12 h 以上就可以开始形成鳞茎，在此情况下，温度就成为影响鳞茎形成的主要因素。而晚熟品种要求较长的日照时数，一般在 14 h 或以上才开始形成鳞茎，因而日照的长短是影响鳞茎形成的主要因素。在自然条件下，14 h 以上的日照季节，温度条件都能够满足鳞茎生长需要。

试验表明，在长日照下（24 h），温度高，鳞茎形成所需的日数较少；而温度低，鳞茎形成所需的日数较多。同时，温度高，鳞茎形成的界限日照时数较短；温度低，鳞茎形成的界限日照时数较长，见图 4-8。

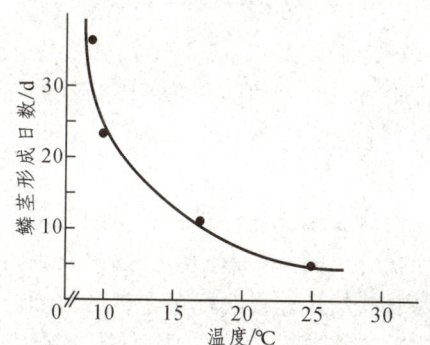 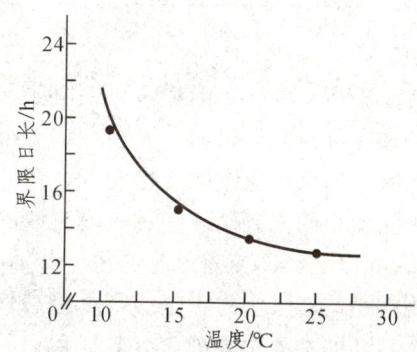

在 24 h 日长下，温度对洋葱鳞茎形成的影响　　在 30 d 内，洋葱鳞茎形成所必须的各温度临界日长

图 4-8　日长和温度对洋葱鳞茎形成的影响

如果已经满足光周期的日照长度要求，其他条件（如苗龄等）也相同，则高温可以促进鳞茎的形成。没有一定的温度，就难以确定最低的光照时数，但如果没有一定的光照时数，单纯的高温也不能引起鳞茎的形成。温度的高低除了影响光周期对鳞茎形成的刺激作用以外，还影响到植株及鳞片的生长量。

温度对于叶子的生长及鳞茎的膨大与成熟，都有促进作用，但所要求的温度范围不同，光周期的作用也有所不同。在短日照下，洋葱绿叶生长的适宜温度为 12~25 ℃；而在长日照下，鳞茎成熟的温度要求高于 20 ℃。如果在绿叶生长量很少，植株很小时就遇到高温及长日照的环境，则很快地就会形成鳞茎，不过这样形成的鳞茎很小，产量不高。所以，要获得高产，应在生长前期（绿叶生长时期）有一段较短的日照及较低温度（15~20 ℃）的气候条件，以促进绿叶的生长，后期再遇到高温、长日照的环境，以促进鳞茎的膨大与成熟。

5. 低温春化对鳞茎形成与抽薹的影响

在幼苗期间或鳞茎贮藏期间，温度的高低还可以影响到植株的发育及鳞茎的大小、结构，尤其是低温春化对抽薹的诱导作用。洋葱的鳞茎在贮藏期间，经过低温（5~10 ℃）处理，到第 2 年，不论在长日照或短日照下，都会抽薹开花；而在高温下（20 ℃）贮藏越冬的，第 2 年则不会抽薹开花。如果第 1 年生长在 10h 的日照下，鳞茎没有形成，这样的幼苗经过低温春化后，到第 2 年生长在长日照下可以抽薹开花；如生长在短日照下，则不会抽薹开花。在高温下贮藏越冬的（20 ℃），也不会抽薹开花，见图 4-9。

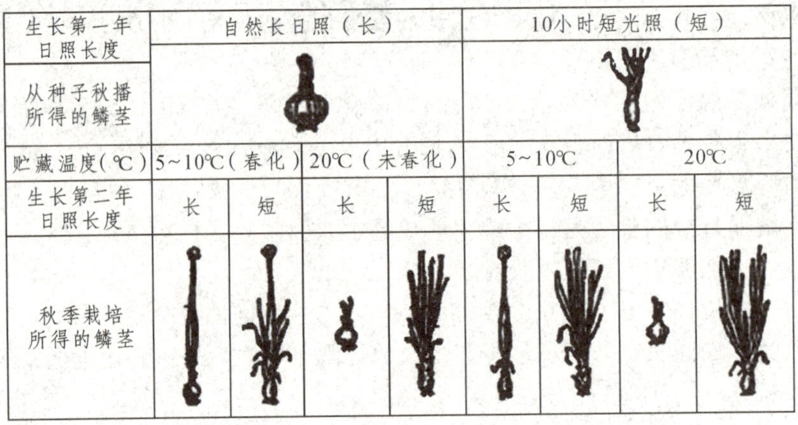

生长第一年日照长度	自然长日照（长）				10小时短光照（短）			
从种子秋播所得的鳞茎								
贮藏温度(℃)	5~10℃（春化）		20℃（未春化）		5~10℃		20℃	
生长第二年日照长度	长	短	长	短	长	短	长	短
秋季栽培所得的鳞茎								

图 4-9 洋葱鳞茎形成图解

在长江流域一带栽培的洋葱，一般要在秋季播种后的第 3 年才抽薹开花。因为它们都是以绿色植株通过春化的植物，要在一定大小的幼苗时期才能通过低温春化抽薹，抽薹的迟早还影响到鳞茎的大小及结构，影响到产量的高低。

以不同大小的洋葱幼苗经过一段时期的低温处理，到第 2 年统计结果：过小的幼苗（假茎直径 1 cm 以下）即使露地越冬也不会抽薹，而较大的幼苗（假茎直径在 1 cm 以上）则会抽薹。当然幼苗的大小除了以假茎直径来表示外，还要看叶的生长量。洋葱在越冬时幼苗的大小是关系到抽薹的主要因素，而播种期的早晚，又是影响幼苗大小的主要因素。因此，在生产上选择最合适的播种期是非常重要的，而具体的播种期，因各地气候条件而不同。

低温春化对于洋葱抽薹起到主导作用，如果没有一定大小的苗龄，没有通过低温春化，即使在长日照下也不会抽薹。

6. 氮素营养及土壤水分的影响

在影响鳞茎形成的条件中，光周期及温度是主要的。但是土壤营养及水分，尤其是氮素营养，会影响到根的吸收性能及叶的同化能力，从而影响到鳞茎的大小与产量。洋葱不同的品种之间，都有其各自的临界光周期。在这个临界光照长度以内，营养条件的变化，对鳞茎的膨大有重要的作用。

试验表明,氮对洋葱鳞茎形成的影响,施用时期尤其重要。在光照长度超过临界范围以后,氮不致影响鳞茎的形成。但在临界光照长度附近时,如果氮不足,会促进鳞茎的膨大(类似于延长光照的作用),而如果氮很多,反而会减缓鳞茎的膨大速度。

根据这个结论,如果光照时数在临界光周期附近时,增施氮肥,虽然可能减慢鳞茎形成的速度,但有利于生长出较大的叶面积,从而可以获得较大的鳞茎。植株大小、苗龄及贮藏物质的多少,对鳞茎的产量都有影响。因为在鳞茎形成过程中,由鳞片的形成到鳞茎的发育,受同化量及吸水量的影响很大。影响同化量的主要因素是光合强度及叶面积的大小;影响吸水量的主要因素是根的活动及土壤水分的供给。这两方面因素,都受温度的直接影响。

过酸的土壤会引起幼苗的死亡,而缺乏镁会引起叶尖过早变褐。土壤水分不足,会限制总的生长量,但对鳞茎形成的时期影响不大。

7. 鳞茎形成的生理机制

当植株开始形成鳞茎时,植株各部分的糖都有所积累,但碳水化合物的积累,不是引起鳞茎膨大的原因。不少试验表明,引起洋葱鳞茎膨大的原因,可能是一种激素物质。这种激素物质,在一定的光周期条件下,产生于叶子或植株的顶端,从上向下运转诱导鳞茎的形成。

从组织学上观察到,洋葱叶鞘基部的膨大是由最内层叶鞘的薄壁细胞横向生长而成为等径细胞引起的。这种细胞体积的增加与生长素有关,但还没有发现过生长素可以引起已经停止生长的细胞重新伸长生长。

曾有不少的试验研究洋葱鳞茎形成是否与生长素有直接的关系。把离体洋葱的幼苗切段放到1%的蔗糖溶液中,置于黑暗处,然后加入IAA钠盐(浓度为1×10^{-4} mol/L,pH为7.0),处理1~8 d后,会引起鳞茎膨大比率(即鳞茎直径/假茎直径)的增加,如图4-10。试验还证明,这种反应在25 ℃时最快,在20 ℃时反应大减,而在15 ℃下,几乎无反应。这也表明,温度对鳞茎的形成有一定的影响。

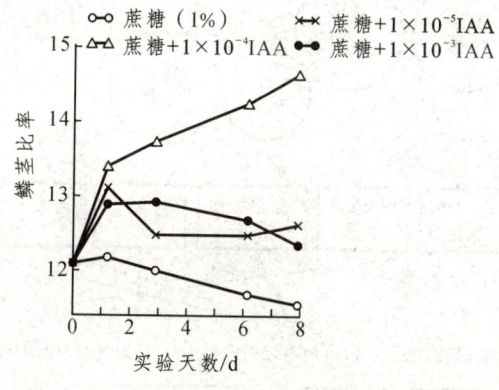

图 4-10　IAA 浓度对洋葱幼苗期切段的鳞茎比率的影响

除了用离体切段做试验外,对完整的洋葱幼苗植株做试验,也证明 IAA 对鳞茎膨大有明显的促进作用。生长在长日照条件下的洋葱,在开始处理的3~5 d内,其IAA的含量比生长在短日照下的显著增加,但过了实验天数5~7 d以后,又很快地下降。

以不同浓度的 IAA 及 IAA+蔗糖 1%,用注射针注射到洋葱叶子中空的部分,在短日条件下不能刺激鳞茎的膨大,但在长日照条件下,不论哪一种生长素处理均能形成鳞茎。外源生长素对洋葱鳞茎的形成没有直接的影响。用蔗糖溶液(1%、5%)注射叶片,在长日照下可以促进鳞茎的发育,在短日照下引起营养体的旺盛生长。但这只表明,碳水化合物作为营养物质对鳞茎形成起到一定的促进作用,而不是鳞茎形成的刺激因素。除了生长素以外,鳞茎的形成与赤霉素及核酸的代谢有关。近年来还证明,乙烯利可以刺激洋葱鳞茎的膨大。

当洋葱尚在生长初期(有真叶 4~5 片时),用乙烯利(5 000~10 000 g/mL)溶液喷洒处理 1 至数次,即使在较短的日照下,也可以加速鳞茎的膨大。但如在 3 月底以前用乙烯利的不同浓度作叶面喷洒,对植株的生长有明显的抑制作用,尤其是在高浓度的情况下(5 000~10 000 g/mL)抑制作用更为显著。与对照相比,这样处理,鳞茎也较小,产量低,虽然可以早些成熟,但并无实际应用意义。但如果在徒长的情况下,为了抑制徒长,加速鳞茎膨大,则有一定的应用意义。

试验还表明,在长日照处理的初期,洋葱植株内 RNA 的含量比 DNA 的高,但从叶的迅速生长期到鳞茎膨大期,RNA 的含量逐渐下降,而 DNA 含量则逐渐上升。

日照长短与核酸水平有关。即日照越长,DNA 明显增加,而 RNA 下降。温度越高,植株生长越旺盛,同时 RNA 以及 DNA 的含量也越高。因此,温度对鳞茎形成的影响,与光周期的影响是不同的。

洋葱的顶芽及叶片均有赤霉素物质(主要为 GA3)存在。在长日照处理后,其含量有所增加,到处理后第 10 d 左右,增加到最大值,但随即又下降,甚至比短日照处理的水平还要低。如果用不同的光照时数来处理,芽及叶片中赤霉素的含量,随着光照时数的加长而出现降低的趋势。生长素及赤霉素含量的降低,会影响鳞片及叶片的生长。

生长素、赤霉素及核酸的代谢,都受长日照的刺激。也就是说,光周期的刺激作用是通过激素物质及核酸代谢实现的。见图 4-11。

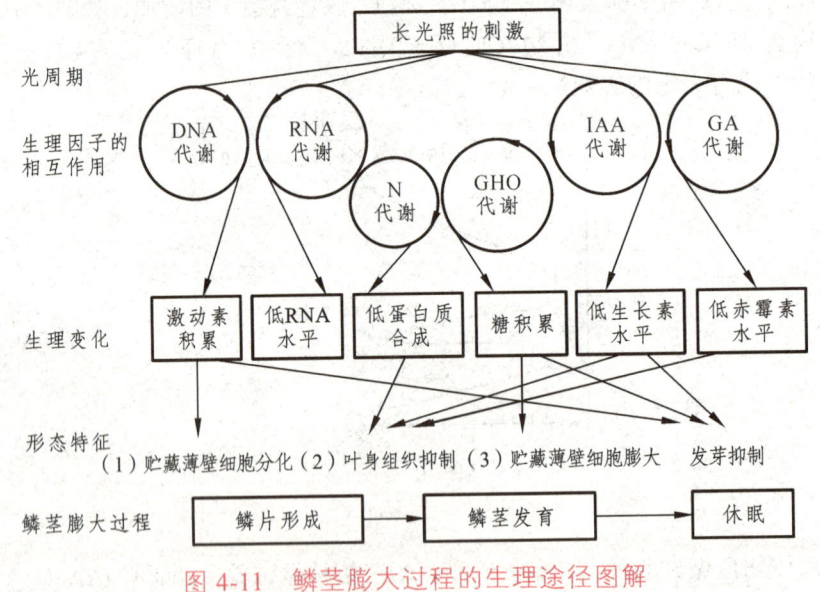

图 4-11 鳞茎膨大过程的生理途径图解

用 6 种生长物质在叶面喷洒,包括 IAA、NAA(萘乙酸)、2,4-D、激动素、TIBA(三碘苯甲酸)及 MH(马来酰肼,又称青鲜素)。其中只有 MH 超过 500 g/mL 时才会促进洋葱叶鞘的膨大,增加薄壁组织细胞的大小。这种由于 MH 处理所引起的现象,与长日照的效果差不多。在 MH 所引起叶鞘膨大的同时,随着在叶鞘及叶片中的糖含量也有增加,因而认为:

MH 所引起的叶鞘的膨大，主要是由于抑制了顶芽的分生活动，其次才是在叶鞘中糖的积累。当用 MH（0.25%）于洋葱采收前叶面喷洒，可以抑制采收后贮藏期间的萌芽。MH 之所以能抑制萌芽，是因为这种药剂进入葱组织后，向着生理活性最强的部分移动，集中以后就很少转移，有抑制细胞分裂的作用，从而阻碍组织的分化，导致核酸物质的合成能力也随之减弱。

8. 化学组成及转化

洋葱含有丰富的碳水化合物及各种维生素。分析结果表明，碳水化合物是洋葱鳞茎中干物质的主要成分。以鲜重计算，含有蛋白质 1.4%，脂肪 0.2%。在 100 g 的洋葱鳞茎组织中，维生素 A 的含量有 50 国际单位，硫铵素 0.03 g，核黄素 0.04 mg，尼克酸 0.02 mg，以及抗坏血酸 9.0 mg。但洋葱最主要的生物化学特点是含有辛辣味，可以增进食欲，同时有抗菌作用，因而是一种良好的调味蔬菜。

洋葱的碳水化合物中，有葡萄糖、蔗糖及果糖，此外，还有一系列水溶性的、主要是非还原的寡糖。但同一个鳞茎的不同位置，其含量也不同。在外层鳞片中没有寡糖，而在内层鳞片里可溶性的碳水化合物中，有一半以上是寡糖，尤其是在这些内层鳞片的基部含量较高。

洋葱鳞茎中糖的含量，在不同部位也不同。一般在鳞茎的上部含糖量较少，靠近茎盘处含糖量较多，外层鳞片含糖量较少，内层鳞片含糖量较多。据对杭州红皮洋葱的分析，亦是内部鳞片的可溶性固形物的含量较多，外部鳞片的较少，而每一鳞片的上端的固形物含量较少为 8.4%，而下端的较多为 10.5%。

在鳞茎形成过程中，叶片中的营养物质会运转到鳞茎组织中去，这也是普遍的现象。洋葱碳水化合物的含量，在植株迅速生长期积累在叶鞘中，到鳞茎形成初期，其浓度达到最大值，然后逐渐下降，直到鳞片加厚生长停止为止。不过每株碳水化合物的总量还是增加的。

由于长日照会引起鳞茎的形成，所以在长日照下，洋葱的碳水化合物的含量比在短日照下的高。而含氮化合物，在长日照下含量较低，则在短日照下含量较高，见表 4-4。

表 4-4 光周期处理对洋葱碳水化合物与氮化合物的影响

光周期处理	地上部重 /g·株	植株高/cm	碳水化合物		含氮化合物	
			干物质/%	mg·株$^{-1}$	干物质/%	mg·株$^{-1}$
长日照	8.3	34.0	26.03	153.4	2.59	15.36
短日照	6.5	31.2	20.81	94.3	4.13	18.72

其实，在鳞茎形成过程中，磷、钾等元素的含量也在变化。洋葱在衰老时，有大量的营养物质从叶片运转到鳞茎中去。所贮藏的磷元素，可能最先用于开花结籽的需要。当植株衰老时，叶片中的氮及钾，不似磷那样明显减少，而在鳞茎中，这两种元素也不似磷那样明显地积累起来。

9. 辛辣味

洋葱在生物化学上的一个重要特点是含有挥发性的辛辣味物质。这种物质，存在于叶组织的乳汁管中，它的提取液具有抗菌性质。这种化合物主要是二丙烯基二硫化物，以及少量的其他有机硫化物。当新鲜的鳞茎组织压破以后，会散发出辛辣味，但在组织未破损以前，则没有这种辛辣味。因此辛辣味的形成及转化是复杂的。

洋葱含有蒜氨酸的甲基及丙基的衍生物，它是引起洋葱辛辣味的化合物，只有在新鲜鳞茎组织破损以后才出现。如果用加热或冷冻干燥处理，就会破坏或者抑制酶的活性，减少洋葱的辛辣气味。洋葱的这种挥发物质的水提取液，经过煮沸后，其辛辣味及挥发性还原物质的含量会大为降低。

洋葱的挥发性辛辣味的物质含量及糖的含量，受品种、温度、土壤及贮藏条件等的影响。洋葱有较辣和较甜的品种，同一品种，由于生长条件不同，辛辣味的含量也不同，生长在土壤干燥及含硫量多的土壤中，辣味较浓。洋葱中较甜的品种，大都含水量较高，不耐贮藏。较辣的品种，大都含水量较低，较耐贮藏。

温度对洋葱辛辣味的影响也很大，生长在较高温度下的洋葱，辣味往往较强；而生长在较低温度下的，辣味较弱。从表4-5可以看出，生长在21~26.5 ℃下的洋葱，挥发性硫含量是生长在10~16 ℃的3倍左右。

表4-5　洋葱生长温度对产量及辣味的关系

温度/℃	鳞茎重/g·个$^{-1}$	挥发性硫/$\mu g \cdot mL^{-1}$	干物质/%
10~16	65	42.8	8.37
16~21	74	80.0	7.98
21~27	46	120.9	7.38

土壤的类型不同，也影响到洋葱的辣味，生长在泥炭土中的洋葱头的挥发性物质含量比生长在沙土中的高较多，见表4-6。

表4-6　土壤对洋葱鳞茎硫含量的影响

土类	含硫量/%	含水量	鳞茎重/g·个$^{-1}$	挥发性物质含量/$\mu g \cdot mL^{-1}$	干物质重/%
泥炭土	0.470	低	40.4	101.4	12.56
		高	51.8	85.8	12.9
沙质壤土	0.039	低	26.6	80.3	13.19
		高	60.1	74.9	12.84
沙质土	0.004	低	41.0	64.0	13.01
		高	50.0	59.5	12.83

土壤水分充足，可以增加鳞茎的重量，但其辣味及挥发性硫含量较少。这也表明，一个品种辣味的强弱，是对它的干物质的相对浓度而言。

土壤中的总含硫量较多，所生长的洋葱的挥发性硫含量亦较多，比较辣；而土壤中的总含硫量较少，所生长的洋葱的挥发性硫含量亦较少，因而辣味较弱。但土壤中的含硫量与洋葱组织中的含硫量，两者并不是完全成比例的。

如果要增加土壤中的含硫量，必须施用大量的硫酸盐（如 Na_2SO_4），否则影响不大。但这种方法对于洋葱辣味的影响，并不明显。所以在栽培上，即使要求有较浓的辣味，也不宜于施用大量硫化物。

六、高产栽培生理

根据洋葱的生长发育特点及其与外界环境的关系,在栽培措施上,要获得高产,首先应该选用适于当地日照及温度条件的品种,掌握适当的播种时期,增加密植度,应用施肥等管理技术,使叶在迅速生长期有旺盛的营养生长,而在鳞茎膨大期有充足的肥水。

1. 播种期的影响

洋葱以膨大鳞茎为食用部分,选择适当的播种期,是防止早期抽薹,获得高产的重要环节,播种期的选择非常重要。

播种季节的选择与品种也有关系,对于以种子繁殖的洋葱,这一点更为重要。南方的早熟洋葱品种,临界日照时数要求较短,成熟较早;而北方的晚熟品种,临界日照时数要求较长,成熟较迟。

长江以北地区,冬季长而温度低,洋葱幼苗不能露地越冬,需要春播。春播后不久,便是较长的日照,所以要选择长日照类型的品种。如果选用短日照类型的品种,则播种后很快就形成鳞茎,而此时植株的生长量还很小,不可能获得较高的产量。反过来,如果把北方的长日照类型的品种引种到长江以南,有可能在1年最长的日照时数也达不到这类晚熟品种的要求,因而不能形成鳞茎。即使勉强形成,而由于6~7月间气温高,不适宜于植株的营养生长,产量也不会高。

早期抽薹会影响到洋葱的产量及品质。早期抽薹的洋葱鳞茎,一般只有4~5层肉质鳞片,比正常的少1~2片,而且比较薄,因而它的重量只有正常不抽薹鳞茎的50%~60%。防止早期抽薹的有效措施,除了选择适当的品种以外,还要选择适宜的播种期。其次是利用施肥管理技术,控制越冬苗的大小。因为洋葱的抽薹,要有一定大小的幼苗,经过一段低温春化时期,在杭州、上海一带,其幼苗的假茎直径要在1 cm以上,并且品种间有差异。

为了防止早期抽薹,杭州、上海一带洋葱的适宜播种期为10月上旬,幼苗露地越冬时,假茎直径常在1 cm以下,到第2年5~6月间就不会抽薹。

洋葱通过春化阶段要有一定大小的幼苗,如果在越冬期间幼苗已生长到足够的大小,就有通过春化阶段的可能。为了防止早期抽薹,也可以在越冬前利用施肥、灌水来控制幼苗的生长量。氮肥不要施得过多,等到越冬气温回升以后,才重施1次氮肥作为催苗肥。应用生长调节物质来控制洋葱的抽薹,也有一定的效果。MH(青鲜素)能抑制抽薹,抑制顶端分生组织的生长。而CCC(矮壮素)则促进抽薹。用GA(赤霉素)的500 μg/mL溶液于抽薹前喷洒5次,可以增加其抽薹率,而用乙烯利的2 500 μg/mL溶液于10~11月间处理,会减少其抽薹率。但这些效果会影响产量,目前还没有达到实际应用阶段。

2. 播种材料的影响

洋葱通常用种子繁殖,只有东北北部的洋葱用鳞茎小球繁殖。在这些生长季节很短的地区,用鳞茎小球繁殖比播种好,产量也较高。

洋葱利用鳞茎小球繁殖时,鳞茎小球的大小也影响到产量及抽薹。如果用的鳞茎小球过大,在贮藏越冬期间就有可能通过低温春化,就会早期抽薹。如果用的鳞茎小球过小,虽然不会早期抽薹,但所得的鳞茎小,产量亦低。

3. 土壤肥力与水分的影响

土壤肥力对于洋葱的形成，不是一种刺激的因素，但对鳞茎的大小及产量，却有很大的影响。尤其是在临界日长附近时，影响更大。

从生态的意义上讲，洋葱叶表皮被有蜡质，水分蒸腾量较少，这是耐旱植物的特征。但它们的须根分布都很浅，吸水能力弱，所以在营养生长的前期，表土最好有充足的有机质，提高保水力，但到鳞茎发育的后期，又要有较干燥的气候，以促进鳞茎的成熟。

在长江下游，洋葱的地上部生长旺盛时期正是春雨季节，水分供应是充足的，但到鳞茎膨大期间，要注意排水。在洋葱的采种栽培上，开花结籽期常常遇到梅雨，这对种子的生产不利。但在天津、北京等地，清明以后是地上部开始生长的时期，而雨水并不多，要及时灌溉，以促进幼苗的生长；到鳞茎开始膨大时，要适当少浇水，保持有 10 d 左右的蹲苗期；到鳞茎迅速膨大时要大量灌溉；而当植株快要倒伏时，可以停止灌溉。

为了提高土壤的保水力，应增施有机肥。除施氮肥以外，还要有磷、钾肥的配合，尤其是栽培在泥炭土中，更要增施磷、钾肥，才能获得高产。磷、钾肥还可以使鳞茎充实，色泽优良而较早熟。在大量施用硝酸铵等氮肥时，洋葱的叶和鳞茎中的镁及铁的浓度也会较高。

洋葱的鳞茎产量，在很大程度上取决于地上部叶的生长量，要获得高产，必须在开始形成鳞茎前有较大的绿叶生长量，见图 4-12。

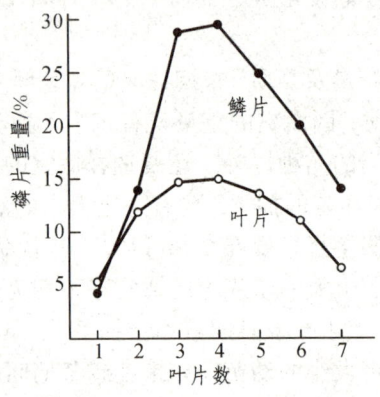

图 4-12 红皮洋葱不同叶位鳞片重与叶片关系

充足的肥力是保证叶生长的主要条件。要到叶的生长逐渐停止，鳞茎开始膨大，植株所同化的碳水化合物才用于鳞茎的发育。如果在植株营养生长最旺盛，而鳞茎正在开始膨大的时候损害叶部，对鳞茎的产量有很大的影响。

总之，在鳞茎开始膨大及膨大期间，加强施肥、灌溉，是保证有较大的叶面积，提高产量的重要措施。一般认为，在洋葱的生长过程中，有两个主要施肥时期：一个是所谓"催苗肥"，促进幼苗在春暖后迅速返青生长；另一个是所谓"催头肥"，促进鳞茎的膨大。

4. 合理密植问题

洋葱直立或斜立的叶子，有利于阳光照射到叶层的基部，密植增产的潜力很大。华东一带过去栽植洋葱大都保持行距 20~26.7 cm，株距 16.7~20 cm，每 667 m^2 栽 20 000~25 000 株。如果行距缩小到 10~13.3 cm，每 667 m^2 可栽 30 000 株左右，因而产量显著增高。

在一定密植株数范围内，不会影响单鳞茎的大小。但如密度超过一定范围，则植株个体之间相互遮阴，单个鳞茎的重量会比稀植的小。据赵荣琛等在杭州以红皮洋葱（品种"红伟"）的试验表明，当单株的营养面积从 0.04 m² 缩小到 0.02 m²，每 667 m² 产量逐渐增加，而单个鳞茎重量逐渐减少，见图 4-13。

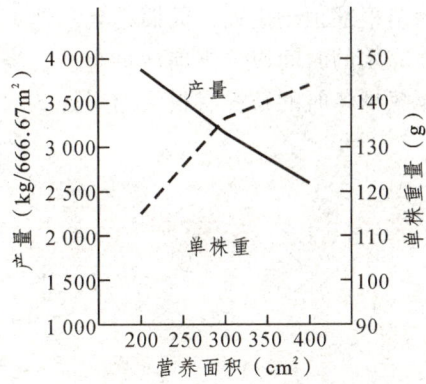

图 4-13　营养面积对洋葱产量及单株重的影响

当然，在各个密植条件下，都有鳞茎大小不等的范围。当密植度增加以后，大鳞茎的比例逐渐减少，而小鳞茎的比例逐渐增加。植株栽植方式及排列，对产量也有影响。

据试验，洋葱的产量与密植度的关系可用以下公式来计算：

$$\omega^{-\theta} = \alpha \cdot \rho + \beta$$

式中，ω 为单株重量，ρ 为密植度（每平方米株数），θ、α、β 为参数。

经试验，如 $\theta = 1.0$，则这种关系为渐近似的关系。以单位面积计算，大约 50 株/m² 达到最大的产量。如果再增加密植度，则细小的鳞茎不断增加，营养面积对洋葱产量及总产量并不增加，见图 4-14。

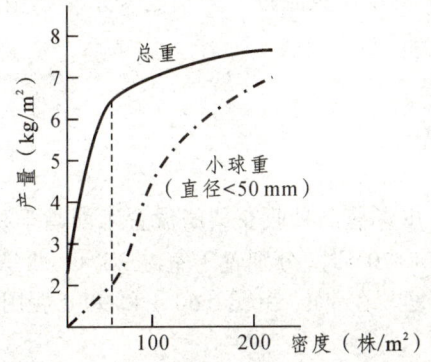

图 4-14　洋葱密度对鳞茎总重量及小球重的影响

合理密植必须结合品种特性、土壤肥力及间套作的具体措施。同时还要考虑定植的时期、定植的深度以及幼苗的选择等，才能得到预期的效果。

应该说明，洋葱的产量高低，有时并不取决于定植时的苗数，而是取决于成苗率，取决于缺株的程度。

长江流域一带，洋葱以幼苗于冬前定植露地越冬。北京、天津一带，大都于冬前把幼苗掘起来捆把，在土中贮藏越冬（也有在苗床里越冬，到翌春栽植的），当然也有在秋季栽植到露地越冬的。不管怎样，在定植后到成苗的一段时期，缺株的现象还是存在的。

缺株的原因，主要是幼苗栽植不得当，过深或过浅，土壤不平整，幼苗根部与土壤不接触；或者是栽植过迟，栽植后没有一段适于发根的时期。华北一带，如果移栽迟至立冬，这时气候严寒，土温低，新根不发生。江南一带洋葱如果移栽迟至冬至，栽后也正是一年中最冷的时期，土壤结冻，会把幼苗根部顶出土面，因而枯死。地下害虫的危害，也是缺株的一个原因。据调查，天津一带浇冻水的时间以大雪前后最合适，浇后使土地刚刚封冻，而且封冻了不再龟裂，这对于防止洋葱越冬时的缺株有很大的好处。

第二节　洋葱贮藏生理

一、洋葱鳞茎贮藏生理

洋葱鳞茎既是繁育洋葱种子的资源，又是鲜食、加工和利用的资源。洋葱鳞茎在不同的温度条件下，其内部的生化指标都会发生变化。为了更好地保留洋葱原有的食用、药用品质，保留洋葱原有维生素以及生物活性功能的成分，西昌学院洋葱研究课题组实验对比了室温（25 ℃）、5 ℃、15 ℃条件下不同贮藏时间内的可溶性蛋白（SPC）含量、可溶性糖（SSC）含量、过氧化物酶（POD）活性、超氧化物歧化酶（SOD）活性、过氧化氢酶（CAT）活性等生化指标，为洋葱鳞茎在栽培育种、贮藏、加工和利用方面提供参考。

（一）材　料

在西昌学院试验田内鳞茎肥大生长的后期，植株叶鞘的颈部倾倒，在倒伏植株达到30%~50%时，及时收获25个黄皮洋葱品种，分别是4个早熟型品种、16个中熟型品种和5个晚熟型品种。

（二）方　法

1. 试验设计

对25个不同熟性型的黄皮洋葱品种收获架藏放置于西昌学院实验室内7 d，用水分测定仪测定其鳞茎平均含水量60%~70%时，分别置于室温25 ℃、西昌学院人工气候实验室（5 ℃、15 ℃）内，每处理设3次重复。在7 d、30 d、60 d和90 d后用酶标仪测定其生化指标（取每种熟性型洋葱的平均值）。

2. 待测样制备

用取孔器取黄皮洋葱鳞茎内、中和外鳞片，混匀，称取 0.5 g。在预冷的研钵中加入 2 ml pH 7.8 磷酸缓冲液和少量石英砂于冰浴上研磨成匀浆，然后用 pH 7.8 磷酸缓冲液冲洗研钵 3~4 次，使体积定容至 6 mL。4 ℃ TGL-16 型高速离心机（离心力 4 000 g）离心 15 min，上清液4 ℃低温保存，用于其生化指标的测定。

（三）测定指标和方法

1. 可溶性蛋白（SPC）含量测定

采用考马斯亮蓝 G-250 染色法，其含量测定参照李合生主编的《植物生理生化实验原理和技术》中可溶性蛋白含量测定的方法进行。

2. 可溶性糖（SSC）含量测定

采用苯酚法，其含量测定参照李合生主编的《植物生理生化实验原理和技术》中可溶性糖含量测定的方法进行。

3. 超氧化物歧化酶（SOD）活性测定

其活性测定参照李合生主编的《植物生理生化实验原理和技术》中超氧化物歧化酶活性测定的方法进行。

4. 过氧化物酶（POD）活性测定

采用愈创木酚法，以每分钟 A470 变化 0.01 为 1 个 POD 活性单位（u），其测定参照李合生主编的《植物生理生化实验原理和技术》中过氧化物酶活性测定的方法进行。

5. 过氧化氢酶（CAT）活性测定

参照李合生主编的《植物生理生化实验原理和技术》中过氧化氢酶活性测定的方法进行。点样取液 50 μL 酶液加 3 mLCAT 反应液（0.5 ml，0.1 mol/L 过氧化氢，2.5 ml，0.1 mol/L pH7.0 磷酸缓冲液）240 nm 下比色，每隔 30 秒读 1 次，酶标仪测 5 次取平均值，以每分钟吸光度下降值表示酶活力大小（调零用缓冲液，对照用煮沸失活的酶液）。

二、洋葱鳞茎贮藏生理指标的变化

1. 不同温度处理对黄皮洋葱可溶性蛋白含量的影响（图 4-15）

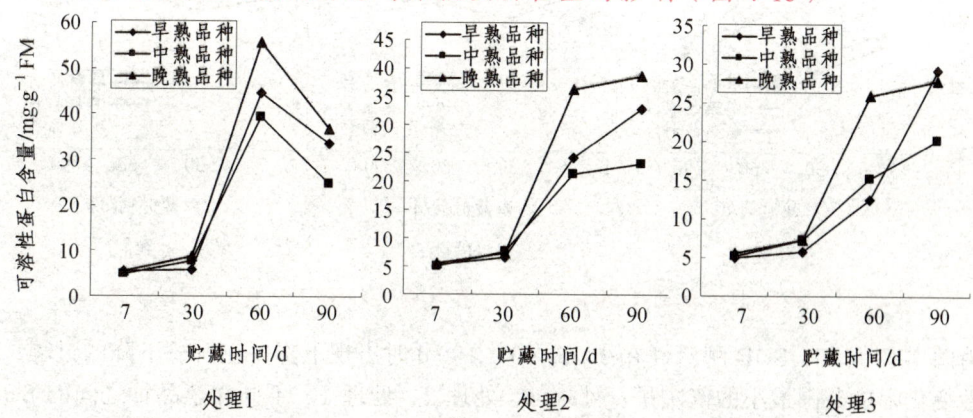

注：处理 1 为室温 25 ℃条件；处理 2 为 15 ℃条件；处理 3 为 5 ℃条件（下同）。

图 4-15 不同温度处理对黄皮洋葱可溶性蛋白（SPC）含量的影响

由图 4-15 可知，3 种类型的黄皮洋葱品种，室温时，在 30 d、60 d、90 d 时可溶性蛋白含量出现上升—上升—下降的变化；在 5 ℃ 和 15 ℃处理条件下出现上升—上升—上升的变化；可溶性蛋白含量增加的变化幅度依次为：处理 1＞处理 2＞处理 3；处理 3 条件下可溶性蛋白含量最稳定，晚熟型黄皮洋葱品种的可溶性蛋白平均含量最高。

2. 不同温度处理对黄皮洋葱可溶性糖含量的影响（图 4-16）

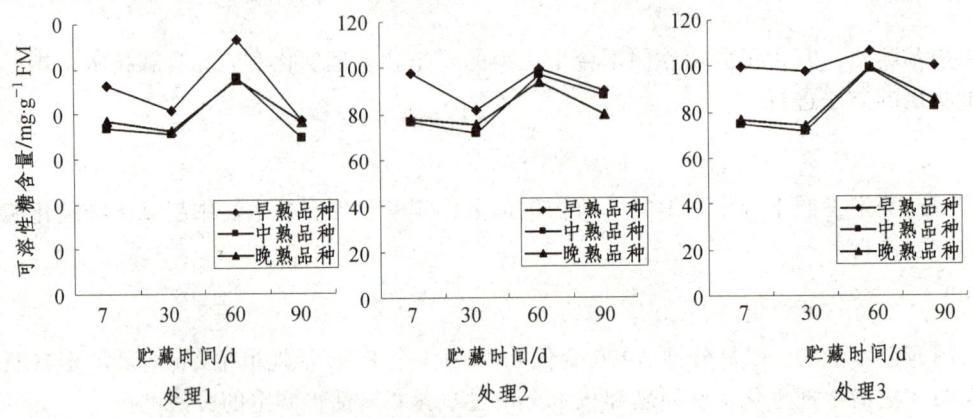

图 4-16　不同温度处理对黄皮洋葱可溶性糖（SSC）含量的影响

由图 4-16 可知：可溶性糖含量在贮藏 30 d、60 d 和 90 d 时，出现下降—上升—下降的变化；在 15 ℃和 5 ℃处理条件下可溶性糖含量有增高的趋势，其增高的变化幅度为：处理 3 ＞处理 2＞处理 1。早熟型洋葱品种的可溶性糖含量最高。

3. 不同温度处理对黄皮洋葱超氧化物歧化酶（SOD）活性的影响（图 4-17）

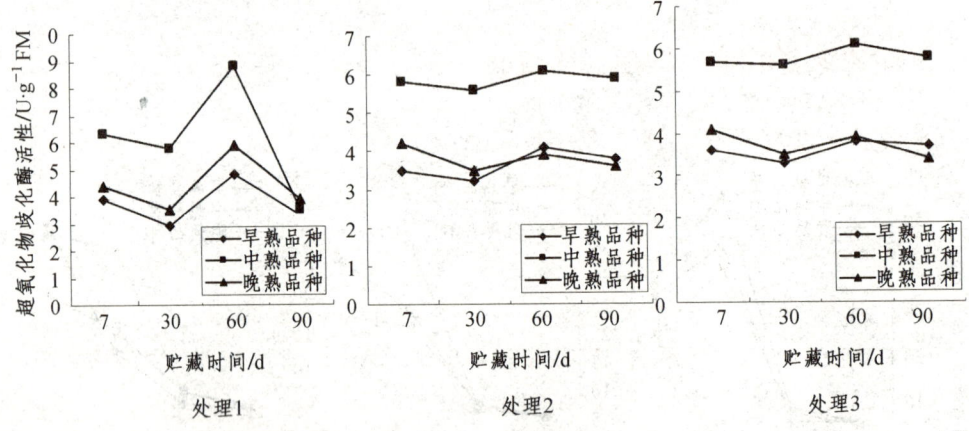

图 4-17　不同温度处理对黄皮洋葱超氧化物歧化酶（SOD）活性的影响

由图 4-17 可知：SOD 酶活性在 30 d、60 d、90 d 时出现下降—上升—下降的过程；SOD 酶活性变化幅度范围最小的依次是：处理 3、处理 2、处理 1。不同洋葱品种之间的 SOD 酶活性，中熟型洋葱品种最高，早熟型洋葱品种最低。SOD 是一种清除超氧阴离子自由基 O_2^- 的酶，它参与了鳞茎休眠解除的某些活动。在 5 ℃的条件下，SOD 活性最稳定。

4. 不同温度处理对黄皮洋葱过氧化物酶（POD）活性的影响（图 4-18）

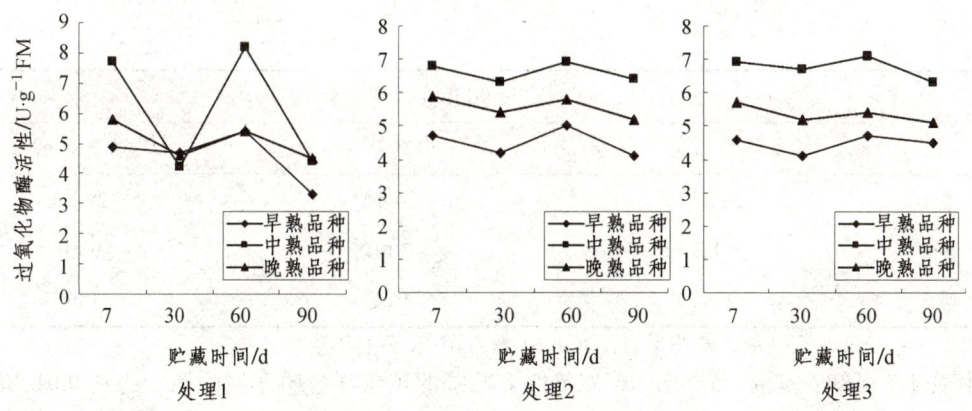

图 4-18　不同温度处理对黄皮洋葱过氧化物酶（POD）活性的影响

由图 4-18 可知：洋葱过氧化物酶 POD 酶活性在 30 d、60 d、90 d 时出现下降—上升—下降的过程；POD 酶活性变化幅度范围最小的依次是：处理 3、处理 2、处理 1。不同洋葱品种之间的 POD 酶活性，中熟型洋葱品种最高，早熟型洋葱品种最低。POD 是一种活性较高的酶，它参与了呼吸作用、光合作用及生长素氧化等一系列的活动。在 5 ℃的条件下，POD 活性最稳定。

5. 不同温度处理对黄皮洋葱过氧化氢酶（CAT）活性的影响（图 4-18）

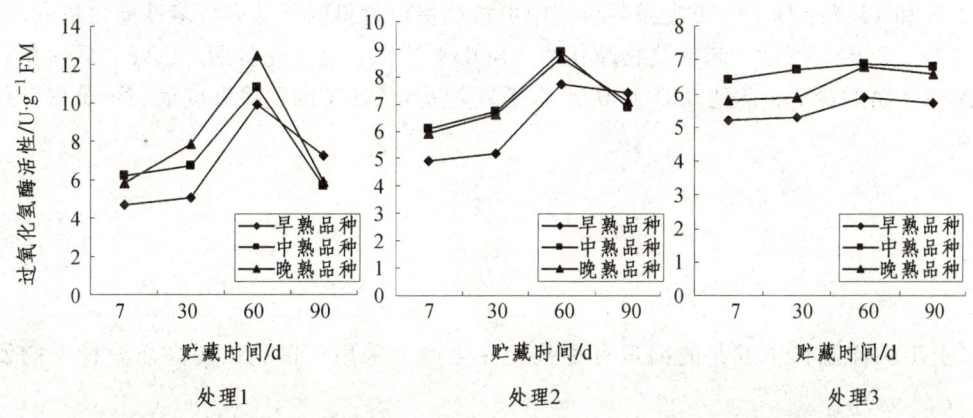

图 4-19　不同温度处理对黄皮洋葱过氧化氢酶（CAT）活性的影响

由图 4-19 可知：洋葱过氧化氢酶（CAT）活性在 30 d、60 d、90 d 时出现上升—上升—下降的过程；CAT 酶活性变化幅度范围最小的依次是：处理 3、处理 2、处理 1。不同洋葱品种之间的 CAT 酶活性，晚熟型洋葱品种最高，早熟型洋葱品种最低。CAT 是一种活性较高的酶，在 5 ℃的条件下，CAT 活性最稳定。这是 CAT 活性与洋葱的代谢强度，抗寒、抗病能力有密切的关系。

6. 不同温度处理对黄皮洋葱腐烂率的影响（表 4-7）

表 4-7　不同温度处理对黄皮洋葱腐烂率的影响

处理	贮藏 90 d 后鳞茎腐烂数/个		
	早熟品种	中熟品种	晚熟品种
处理 1	23 aA	24 aA	27 aA
处理 2	8 bB	7 bB	9 bB
处理 3	2 cC	1 cC	1 cC

注：表中不同大、小写字母分别表示在 0.01 和 0.05 水平差异显著。

由表 4-7 可知：室温、5 ℃和 15 ℃条件下贮藏的黄皮洋葱鳞茎腐烂数，达到 0.01 和 0.05 水平显著差异，表明在三种不同温度的贮藏条件下，黄皮洋葱鳞茎的贮藏品质好，腐烂率最少的依次是：处理 3、处理 2、处理 1。5 ℃的贮藏温度最有利于黄皮洋葱鳞茎的贮藏。

三、洋葱鳞茎的贮藏

黄皮洋葱鳞茎，在不同温度的贮藏条件下，其内部的生化指标：可溶性蛋白含量（SPC）、可溶性糖含量（SSC）、过氧化物酶（POD）活性、超氧化物歧化酶（SOD）活性、过氧化氢酶（CAT）活性发生了改变，可作为洋葱鳞茎贮藏性检测的指标。

在 5 ℃和 15 ℃条件下，黄皮洋葱鳞茎中可溶性蛋白含量的降低和可溶性糖含量的增加，过氧化物酶（POD）活性、超氧化物歧化酶（SOD）活性、过氧化氢酶（CAT）活性相对稳定，洋葱鳞茎腐烂最少，达到 0.01 和 0.05 水平显著差异，5 ℃的贮藏温度最利于黄皮洋葱鳞茎的贮藏。

（1）影响洋葱种子发芽的因素有哪些？在生产上采用何措施以提高洋葱种子的发芽率？

（2）影响洋葱生长发育的因素有哪些？在生产上采用何措施以促进洋葱的生长发育？

（3）影响洋葱鳞茎形成的因素有哪些？在生产上采用何措施以促进洋葱鳞茎的形成？

（4）影响洋葱鳞茎贮藏时间的因素有哪些？在生产上采用何措施以延长洋葱的贮藏期？

（1）调查本地市场上洋葱品质与价格的关系。

（2）查阅资料和调查研究，掌握本省（市、自治区）洋葱生产的情况。

第五章 洋葱育种

第一节 洋葱常规育种

一、常规制种技术

洋葱采种生产周期长，在正常情况下需要两年。种子寿命短，而且种子产量变化幅度大，常常会因种子产量的不稳定而影响种植面积。如何取得种子的稳产，改进采种后的贮藏条件，延长种子的寿命是至关重要的。另外，还必须指出，如果发生严重早期抽薹后，绝不能改变生产目的进行采种，也不宜连年采取提早播种的方法促使抽薹进行小株采种。从这些不正确途径获得的劣质种子，将会给生产带来极大的危害。

（一）开花特性

洋葱是雄蕊先熟的异花授粉作物，在开花后 2~4 d、雌蕊伸长到最大长度（约 0.5 cm）时，是授粉最好的时期，一般在 5 d 后即失去受精能力。洋葱开花时间是 6：00~18：00，陆续开放，9：00~16：00 花药开裂。花药里的花粉可保持 2~3 d，所以洋葱各个小花之间互相授粉的机会很多。但是，洋葱的花粉耐湿性很差，花粉粒吸水后能自行崩裂解体。所以，开花期降雨对采种不利，常招致减产。当种子将成熟时，如遇较长时间的降雨，往往会发生黑斑病、霜霉病和灰霉病，从而影响收成。

（二）采种方式

1. 春播 3 年采种法

这是高纬度地区适用的采种法，播种期在土壤化冻后愈早愈好。带播法采用带宽 40~60 cm，每带 7 行，行距 15 cm，池播法采用池宽 1 m，每池 6 行，第 1 真叶出现后间苗至株距约 5 cm，每公顷保苗 750 000~900 000 株。到小鳞茎形成，叶片停止生长，颈部变软时收获小鳞茎，晾晒几天后再在通风不漏雨处继续风干，然后除去干叶进行分级。供培育采种鳞茎用的小鳞茎，最好是直径约 1.5~2.0 cm，每公顷约可收小鳞茎 7 500~22 500 kg。小鳞茎的贮藏方法有温室贮藏法和冷热贮藏法两种。温室贮藏法是把干燥小鳞茎铺在室内架上，每层厚度不超过 25~30 cm，室内气温保持不低于 18~20 ℃。冷热贮藏法是把干燥小鳞茎铺在室内架上，每层厚度约 15~20 cm，开始时室温为 15~20 ℃，逐渐提高到 30~35 ℃，同时加强通风，约经 15~20 d 后，再降温到 18~20 ℃，一直到室外气温下降到 0 ℃以下时，使室内保持 1~3 ℃，一直到春天。春季栽植前 20~25 d，再使室温升到 25~30 ℃保持 2~5 d，然后降到 18~20 ℃，直到栽植。在整个干燥和贮藏期间，室内湿度应保持不高于 60%~70%。

对小鳞茎的上述贮藏法主要是为了防止第 2 年培育采种鳞茎时发生早期抽薹，并有防治白粉病的作用。关于贮藏温度与鳞茎抽薹的关系，前人曾做过大量的研究工作。许多人都指出在 25~30 ℃ 的条件下贮藏，能有效地防止或减少小鳞茎栽植后的先期抽薹。另一些人则考虑到长期保持较高温度，鳞茎失重较多会影响定植后生长，而主张用短期 30~35 ℃高温处理，其后贮于自然低温条件下。植株在高温下抽薹率可显著降低或不抽薹，不论高温是在整个从播种到小鳞茎长成期，或在贮藏的整个期间或前半期，或在从小鳞茎栽植到鳞茎成熟的整个时期。贮藏后期的高温贮藏除非温度达到 35 ℃，否则只能延迟抽薹而不能降低抽薹率。贮藏前期的 0 ℃处理也能降低抽薹率，但效果不及高温；贮藏后期的 0 ℃处理则增加抽薹率。贮藏后期高温有时引起发生畸形叶，贮藏温度愈高鳞片失重愈大。贮藏期内短期变温对抽薹影响见表 5-1。

表 5-1　贮藏期内短期变温对洋葱抽薹影响

鳞茎直径/cm	贮藏温度/℃	抽薹率/%
1.0~1.4	10	7.7
1.0~1.4	10（栽前 14 d 35 ℃）	0
1.5~2.0	20（栽前 5 d 0 ℃）	0
1.5~2.0	20（栽前 10 d 0 ℃）	4.0
1.5~2.0	20（栽前 15 d 0 ℃）	7.1
1.5~2.0	0	47.1
1.5~2.0	10	11.4
1.8~2.0	10	11.4
1.8~2.0	10（栽前 15 d 20 ℃）	0
1.8~2.0	20	0
1.6~2.0	10	42.1
1.6~2.0	10（栽前 15 d 20 ℃）	13.8
1.6~2.0	20	8.3
2.5~3.0	0	69.8
2.5~3.0	0（栽前 38 d 10 ℃）	80.0
2.5~3.0	10	84.3
2.5~3.0	10（栽前 15 d 20 ℃）	62.5
2.5~3.0	20	34.3
2.5~3.0	10（栽前 15 d 35 ℃）	30.0

洋葱用小鳞茎贮藏越冬的地方，普遍采用高温贮藏。

经贮藏后的小鳞茎，在第 2 年春季定植，株、行距为（10~15）cm×（20~30）cm，每公顷约 375 000~600 000 株，约需小鳞茎 1 500~2 250 kg。在地上部开始倒伏时收获，去杂去劣后晾晒 10 d 左右，量少时编辫后悬挂风干，量大则留 5~6 cm 长的假茎切去上部叶片，然后放在筐内或架上风干。带叶干燥和切叶后干燥的失重，去叶者在 3 d 内失重 3%~5%，经 9 d 失重 8%；不去叶者最初几天失重较大，失去的重量大于鳞茎与叶两者失重之和，说明不去叶的干燥效果较快。不去叶者鳞茎内干物质经 3 d、6 d、9 d 后，比去叶干燥者多，说明在干燥初期有可溶性固形物从叶流向鳞茎。到第 3 年春栽植采种鳞茎，到 6~8 月可收种子。

从播种到收获种子约需 26~28 个月。

2. 秋播 3 年采种法

这是国内大部分地区适用的采种法。第 1 年 9 月上旬到 10 月下旬播种（北方较早播种而南方较晚播种），较寒冷地区幼苗贮藏越冬。第 2 年夏季收获采种鳞茎，经去杂去劣后风干贮藏，无冻害地区在当年 9~11 月定植母鳞茎，不能露地越冬地区则贮至第 3 年春定植，当年 5~7 月收获种子。从播种到收获种子约需 21~23 个月。

3. 春播两年采种法

这是春播地区适用的一种采种法。这种采种法第 1 年培育采种鳞茎，按当地生产商品鳞茎的方法进行。第 1 年收获的采种鳞茎经贮藏过冬后，第 2 年春定植采种。从播种到收获种子约需 16~19 个月。

4. 夏秋播两年采种法

这种方法又称不结鳞茎采种法。第 1 年的播种期南方约从 7~9 月，使越冬时长成大苗，才能保证第 2 年全部植株抽薹开花结籽。无冻害地区就在露地越冬，越冬前定植或越冬后定植，或直播间苗；不能露地越冬的地区，在晚秋时采收，贮藏过冬，第 2 年春天定植。播种到收获种子约需 11~13 个月。

5. 种株连续采种法

利用采种株抽薹结籽后的基部鳞茎，收获风干贮藏，次年作为采种鳞茎定植，从所抽薹上收获种子，这种方法完全节省了培育采种鳞茎的过程，从上 1 次采种到下 1 次采种之间虽相隔 1 年，但占用土地的时间大约只有 4~9 个月，即从定植母鳞茎到收获种子这一段时间。另外，用这种采种法收获的前后两批种子，并不是亲子两代，而只是同一有性世代的两批分期收获的种子。

以上各种采种法中就前面的 4 种来比较，3 年采种法因经过多次田间和贮藏期的淘汰选择，其品种纯度、耐藏性、抽薹性、抗病性、抗寒性等方面都优于两年采种法；缺点是采种周期长，占地时间长，贮藏较费事，种子生产成本高。3 年采种法中春播和秋播主要应根据地区气候条件来考虑，凡是冬季不太寒冷可以露地越冬的地区，或冬季不太长、能幼苗贮藏室越冬的地区，为了相对缩短采种周期，降低种子生产成本，可以采用秋播法；生长季节短，冬季寒冷期长，幼苗贮藏越冬较困难的地区，则以采用春播法为宜。春播两年采种法和 3 年采种法相比，缺少 3 年采种法要对先期抽薹株的淘汰，缺少春播 3 年采种法对苗期抗病性和小鳞茎鳞茎颜色、鳞茎形状、耐藏性等的淘汰，缺少秋播3年采种法对苗期抗病性、耐寒性、耐藏性等的淘汰，所以在保持优良种性方面不如3年采种法。但其优点是采种周期较短，生产成本较低，还可以避免采种鳞茎贮藏期间发芽萎缩的损失。夏秋播两年采种法的缺点是十分明显的，它完全缺乏对先期抽薹株的淘汰，相反把不易先期抽薹株淘汰了。因而在开始采用这种采种法时，由于有一部分植株不抽薹而单位面积种子产量较低，如果连续采用这种采种法，则单位面积种子产量能逐步提高到与其他采种法相近，如果把这种繁殖出来的种子用于生产，就会使早期抽薹率大大提高，造成商品鳞茎的减产。

尽管通过提早播种期育成大苗越冬的方法，可以使开始采用这种采种法就得到较高百分率的抽薹株，从而得到不低的单位面积种子产量，最高每公顷产量达1327.5 kg，但是连续采用这种采种法总是会使先期抽薹提高的。这种采种法还由于植株不经鳞茎肥大就直接抽薹开花，从而完全缺乏对鳞茎性状的淘汰。这种采种法与前3种相比，唯一优点是采种周期最短，生产成本最低。根据上述比较，繁殖原种应该采用3年采种法，繁殖生产用种可采用春播两年采种法。至于夏秋播两年采种法是一种基本只考虑低生产成本，而不考虑种子质量的采种法，最好不用，更不要用这种方法连续采种。

种株连续采种法无需播种育苗，是一种简便、省工、生产成本低的采种法，但问题在于种子单产的高低和能连续采种多少次。据报道只提到第1次再生鳞茎采种时（即第2次采种），种株的生长势稍差和抽薹较晚。西昌学院报道第1次再生鳞茎不移植，在原地覆盖越冬，到次年的种子产量低于种子播种的采种量（即第1次采种），而第2次再生鳞茎的种子产量（即第3次采种）则更少。例如1998年第1次结实42 m²，收种子2 325 g，1999年第2次收种子769 g，只有第1次采种的33.08%。种子减产的原因主要是鳞茎小，越冬死亡多，病虫害较严重，第1次采种时因病虫害倒伏的花薹占总花薹的12.32%，第2次采种时为28.79%。种子的千粒重第2次采种也比第1次采种低。但种子用于生产栽培时的鳞茎产量，则第2次结实种子反较第1次结实种子稍高。据报道，调查10 m²的每平方米平均产量，第2次种子为4.89 kg，第1次种子为4.36 kg。虽然这一小面积的无重复试验结果不一定可靠，但从理论上分析也是只能影响播种品质，而在种性方面虽不能提高也应该不至于降低。因此，这种采种法的主要问题是种子产量和能连续采种多少次，估计加强对种株的培肥和病虫害防治，以及加强露地越冬保护或采取贮藏越冬春季重新定植等办法后，有可能做到用再生鳞茎繁殖1~2次，而不至降低种子单产。如果能做到这点，则可配合前3种采种法，作为一种辅助采种法，以增大繁殖倍数，降低种子生产成本。这样，虽然种子单产有所降低，但能连续采种多次。还可以采用这种采种法，使配制1代杂种时，每年有雄性不育系做母本，可以省掉用保持系授粉来繁殖雄性不育系。

除上述几种采种法外，还有一些仅在局部地区或特定品种采用的采种法。如多头洋葱的小母鳞茎采种法，就是把大鳞茎供商品用，小鳞茎供采种用。多头洋葱的4年采种法就是第1年育成小鳞茎，第2年育成直径3~3.5 cm的种用小鳞茎，第3年育成采种鳞茎，第4年采种。

（三）常规品种的采种技术

1. 采种鳞茎的选择和贮藏

（1）采种鳞茎的去杂去劣

生产商品鳞茎时对收获的鳞茎也要挑选分级，但是因为不用这些鳞茎采种，所以淘汰标准、贮藏要求等也不完全相同。供采种用的母鳞茎应该在田间先淘汰那些病株、假茎不倒伏株，收获后淘汰鳞茎色、形不符合本品种特性的鳞茎，淘汰裂鳞茎和颈部周围稍向内凹陷的鳞茎，然后按大小进行分级。因为单位面积种子产量在栽植母鳞茎数相同的情况下，与每鳞茎平均花薹数有关，每鳞茎平均花薹数与每鳞茎平均芽数有关，每鳞茎平均芽数与鳞茎的大小有关。据调查，鳞茎横径在 1 cm 以下只有 1 芽，随鳞茎横径的增大而芽数增多，如鳞茎横径 2.6~2.7 cm 平均每鳞茎有 2 个芽，鳞茎横径 3.6~4.5 cm 有 3.8 个芽，鳞茎横径 5.5~5.8 cm 有 6.5 个芽。因此，为了提高种子单产应该选用大鳞茎，或者按大小分级后在栽植时按大小适当采取不同的密度，种鳞茎分级也可以在栽植前进行。

（2）采种鳞茎的选择

留种用的母球可在生产田中选优株。如有条件，也可单独种植专供采种用的选种田，从优中选优，更有利于提高和巩固洋葱的优良经济性状。选留数量要比实际需要量多 30% 左右。一般每 100 m² 的采种田需要用母球 130~180 kg，在正常年份可收获种子 10 kg 以上。

选择采种用母球应注意以下几项标准：

① 鳞茎大小以中等偏大为标准。例如，"西葱 1 号"要选用 250 g 以上的鳞茎。

② 鳞茎外形要周正，而且具备本品种特性。叶片生长密集、叶色正常、叶鞘部分要细而短；这样的植株多耐贮藏，又不易发生早期抽薹。

③ 株形要紧凑、匀称，注意叶片和鳞茎的重量比例，挑选鳞茎生长充实、在单株重量上所占比例较大者。

④ 凡鳞茎生长畸形、组织松软、裂球、已有病虫为害或机械损伤、早期抽薹和品种性状不纯的，都不宜做种。

⑤ 如发现具备某种特异性状或特点突出的优株，要单独留种，这样可以从中培育出更好的优良品系。

⑥ 初选后进行贮藏，定植前再行复选，进一步清除腐烂变质、萌芽过早及商品品质显著下降的鳞茎。

⑦ 当年采种田种株上生出的侧球，仍可用来继续采种。

（3）采种鳞茎的贮藏

选留作为采种鳞茎的经晾晒风干后，留一段假茎切去干叶进行贮藏，母鳞茎铺于架上约厚 30~50 cm，或装在筐内。贮藏初期有时由于颈腐病而造成一部分鳞茎腐烂损失，因此初期每 7~10 d 应检查 1 次，剔除病腐母鳞茎，以免影响其他健全种鳞茎。为了减少病腐损失，应该避免在雨后收获鳞茎，至少应经 2~3 d 晴天后才能收获。收后必须充分晾晒风干，贮藏初期室内应保持良好通风，相对湿度保持 70%~80%。6~7 月收获母鳞茎的地区，到 9~10 月常常因鳞茎发芽而造成大量损失，发芽严重者鳞茎萎缩，既不能供采种也不能供食用。这是因为这些品种的休眠期较短，这时已通过休眠而气温还较高，不能抑制芽的萌发和叶片生长。采用 0~2 ℃ 的低温贮藏能抑制发芽，但要有机械冷藏设备。近年来发展起来的在塑料薄膜密封条件下，用气体调节法贮藏果实和蔬菜，也可以用于贮藏洋葱鳞茎。在鳞茎自然休眠期将结束前（约8月末9月初）密封于塑料薄膜帐内，用充氮快速降氧法或自然降氧法使帐内保持氧含量在1%~3%，二氧化碳含量在5%~10%，帐内放生石灰或无水氯化钙以吸收湿气，每月检查1次，则到1月初可以保持约70%完好鳞茎（包括一部分芽长约2~3 cm的鳞茎）。采用调节空气贮藏法贮藏采种鳞茎，虽然到春季定植时大约要损失一半以上鳞茎，但连续繁殖下去后代的贮藏损耗将会降低，因为那些易发芽的个体逐渐被淘汰而使品种的耐藏性得到提高。

减少种鳞茎贮藏期间发芽损失的方法，除上述应用气体调节贮藏法外，还可以采用春播两年采种法。4~5月播种到9~10月收获鳞茎，这样当鳞茎通过自然休眠期时已进入低温的冬季，就可以靠自然低温抑制发芽。春播两年采种法不仅能大大减少种鳞茎发芽的损失，同时还能减少腐烂损失。因为鳞茎收获期已过易发病的高温多雨季节，所以用于繁殖生产用种是十分有利的。减少种鳞茎贮藏损耗的根本办法是育成休眠期长的耐藏品种。

种鳞茎的贮藏不仅要求减少贮藏耗损，还要求能促进定植后的抽薹开花结籽，以提高单位面积种子产量。实验证明贮藏温度对种鳞茎栽植后的抽薹开花有直接影响。采种鳞茎在不同贮藏温度下，贮藏后的抽薹情况见表5-2。

表5-2　贮藏温度对种鳞茎抽薹数的影响

种鳞茎	贮温/℃	每株薹数/枝	芽的抽薹率/%	
			主芽	侧芽
1年生	0	2.5	100	4.1
1年生	10	4.4	97.1	25.0
1年生	20	3.1	87.6	17.4
2年生	0	6.7	80.4	32.1
2年生	10	7.0	100	37.0
2年生	20	5.7	95.4	41.0

直径在1 cm以下的小鳞茎不管贮藏在什么温度下都不易抽薹，直径在2.5~3.0 cm以上的小鳞茎只有贮藏在20 ℃以上温度下，定植后才很少抽薹。

贮藏在20 ℃以上者延迟抽薹降低种子产量，贮藏在0~5 ℃者也延迟抽薹降低种子产量，贮藏在10 ℃以下者促进抽薹。有学者雅罗斯比较了8种贮藏温度对抽薹的影响：

a. 全期0~2 ℃。

b. 全期5~8 ℃。

c. 前期0~2 ℃，2月1日后5~8 ℃。

d. 前期0~2 ℃，2月1日后10~15 ℃。

e. 前期0~2 ℃，3月1日后5~8 ℃。

f. 前期0~2 ℃，3月1日后10~15 ℃。

g. 前期0~2 ℃，3月1日后5~8 ℃，4月7日起田间盖厩肥。

h. 前期0~2 ℃，3~4月移到田间盖厩肥。

结果以 c、g、h 处理的种子产量最高，花茎发育以全期在 5~8 ℃最快。上述研究报告指出贮藏温度高于或低于 5~10 ℃都使抽薹延迟，花薹数减少，从而降低产量，如整个贮藏期都保持 5~10 ℃则腐烂、发芽萎缩较多，因此最好是前期低温贮藏，到定植前至少 10 星期保持 5~10 ℃。

2. 采种田的选择

洋葱规模采种时，首先要注意降雨量，开花期的降雨量在 150 mm 以下才适于洋葱采种。在土地条件方面，采种田以土质比较肥沃、保水力强的黏质壤土为宜，还要具备灌水和排水设施。因为干旱不仅影响籽粒饱满度、产量和发芽势，还会加重蓟马等害虫的发生和为害。因此，最好选择靠近河流或沟渠、地力又比较肥沃的地段。在周围环境方面，采种田不能毗邻大葱生产田，这不仅会使病虫害相互传播，而且大葱和洋葱能互相串花杂交，还会因早期抽薹植株的干扰而影响采种的内在质量。

3. 定 植

（1）密度和方式

在无冻害地区栽植时期秋植优于春植。秋植既可省掉长期贮藏管理的麻烦，又可避免由于发芽造成的损失，还能提早越冬后的抽薹生长，有利于种株的健全生长发育。由于秋植有这些优点，所以有些寒冷地区采取很费工的覆土越冬秋栽。不少人认为种鳞茎栽植后如处于高温长日条件下，则延迟或抑制抽薹。例如有研究发现，在 4 月 5 日栽植时解剖 95.2%的鳞茎已有花原始体，但同一批种鳞茎栽植后保持最低温度 20 ℃下，到 6 月 3 日调查抽薹者不到 23%。研究者指出这是由于贮藏期内形成花薹原始体的同时，常伴生营养生长锥，栽植后的环境条件决定花薹原始体与营养生长锥的发育竞争，最后产生花薹或不产生。有试验指出种鳞茎栽植后如完全处于日长 16 h 以上、温度 15 ℃以上条件下，则完全不抽薹。还有试验也指出种鳞茎栽植后的田间温度对抽薹有很大影响，5 月份平均温度为 10.2 ℃时，比 13.8 ℃花薹数多达两倍。总之定植后的高温长日能延迟抽薹期，减少花薹数，抽薹延迟还容易造成花期遭遇高温多雨，影响结实，因此春季栽植的时期在土壤化冻后愈早愈好。为了促使春栽种鳞茎较快生长，有时采用切伤刺激法，即切去种鳞茎上部一小半或纵切 1 刀深达鳞茎的一半，但在春季湿润地区，这种方法容易造成病腐损失。

种鳞茎的栽植密度和方式因手植、机械栽植、垄作、平作、畦作等耕作方法不同，各地相差很大。单株花薹数和种子随单株营养面积增大而增加，但其增加率远不及单位面积减少那样显著。曾有研究试验比较在 90 cm 行距下几种株距的花薹数和种子产量，其结果见表 5-3。

表 5-3 种鳞茎栽植密度与种子产量的关系

株 距（cm）	花薹数（枝/株）	单株产量（g/株）	产 量（kg/ha）
7.6	3.32	12.05	1500.00
10.2	3.47	13.20	1284.6
15.2	3.68	14.50	991.8
20.3	3.74	15.90	750.75
30.5	3.88	17.77	631.65

由此可见，通常在垄作的情况下可以采用垄距 60 cm，单行栽植株距 15~20 cm，或垄距 80~100 cm，双行栽植株距 20~25 cm；在平作的情况下可采用带植，带宽 100~120 cm，带间 40~60 cm，带内株行距（15~20）cm×（30~40）cm；在畦作的情况下，畦宽 100 cm，每畦 3 行，株距 25~30 cm，或每畦 2 行，株距 15~20 cm。一般来讲，南方植株地上部生长较繁茂，病虫害较多，密度宜较稀，北方可稍密。株行距还应根据种鳞茎大小适当调节。在合适的密度下，虽然是种鳞茎愈大花薹数愈多，采种量愈高，但是单纯从采种量和种子生产成本考虑，则选用最大鳞茎采种并不一定合算，往往用中等种鳞茎，适当增加密度，则可获得较高种子产量，成本也比较低。

（2）定植期

在华北中南部和中原地区多在 9 月份，例如，京、津地区在 9 月上中旬定植，华东地区则在 10 月份定植，攀西地区在 9~10 月定植为宜。

（3）定植方法

采种田在定植前，先行耕翻并普施基肥，一般每公顷施用混合粪肥 30 000~45 000 kg。如增施过磷酸钙，每公顷施用 375~525 kg，事先掺在基肥中，经过充分发酵和翻倒更为有利；复合肥和磷酸二铵可按每公顷施用 225~300 kg，在定植沟（或穴）内撒肥后，必须与土壤充分混合，不使肥料与母球直接接触。根据不同地区的耕作习惯，可以筑成平厢和高厢。采取穴栽或沟栽。掘穴和开沟深度约 10 cm，以盖土后不使母球裸露为准，行距 40~50 cm，株距 30 cm 左右。栽植过浅，越冬易受冻，翌年花薹易倒伏；栽植过深，则不利于发根。

4. 田间管理

栽后浇 1 次定植水，出苗后浇 1 次缓苗水，到入冬时再浇 1 次封冻水。为使种株安全越冬，可采取加风障、覆地膜或在土地封冻时盖草或粪土进行防寒，促使翌年提早返青。

种株越冬后到翌年早春开始萌动生长时，浇 1 次返青水。追肥每公顷约施硫酸铵 300~450 kg，秋植者分 3 次施用。第 1 次在栽植后半个月，可结合浇水追施腐熟的稀粪，或每公顷追施硫酸铵 150 kg 左右，此后适当控水。如不覆盖地膜，要加强中耕，彻底除草，以防花薹徒长。

晚霜过后，日平均温度达到 10 ℃以上，即可拔除风障。定植在冷闲田的种株，当外界平均气温稳定在 5 ℃以上时，即可撤掉御寒物。第 2 次在春季开始生长后，第 3 次在开始抽薹时。当花薹基本抽齐，已进入开花初期时，可结合浇水追施腐熟稀粪，或每公顷追施硫酸铵 150 kg 及适量的磷、钾肥。此后，根据植株生长和降雨情况进行浇水，使土壤经常保持湿润。在开花期过后，结合防治病虫害，可在稀释的药液中按 0.4%加磷酸二氢钾，以确保洋葱灌浆期对磷、钾肥的需要。春植者分两次施用，即春季开始生长后和开始抽薹时各追 1 次。氮肥过多则花薹数少，特别是在花芽分化期前后一段时期内（约 1 月~4 月），低氮能增加以后抽生的花薹数。通常认为在种子成熟过程中节制灌溉有利于种子成熟，但在较干旱地区没有控制灌溉的必要，相反应定期灌溉，一直到种子成熟。有试验指出，在较干旱地区约需灌溉 3~4 次，但收获种子前应停止灌溉，否则易引起花茎倒伏。在 6~7 月雨水较多、土壤水分充足地区，通常只要在鳞茎发芽、抽薹、始花期灌溉 2~3 次即可。

栽植后应随即中耕松土，但因洋葱根系较浅，发芽后宜浅不宜深。在干旱地区中耕时应适当培土以减轻倒伏，但在湿润地区培土过多，易引起病害发生，为防倒伏可用竹竿拉绳于垄畦两侧。花茎抽伸达一定长度后应停止中耕除草，防止折损花茎。在开花期，于上午9时前后露水已干时可用泡沫塑料（或用纱布包裹棉花）轻抚花序，进行人工辅助授粉。

在繁殖生产用种时，种鳞茎在冬藏前最好在40 ℃下加温8 h，可以抑制以后白粉病和霜霉病的发展。种鳞茎在定植前，也可用1 000倍液浸约30 min消毒。种株生长期间可喷射500倍代森锌液防治霜霉病、黑斑病等，用敌百虫防治葱蛆和蓟马。繁殖原种时如病虫害不严重则可以不防治，以便淘汰不抗病株，只有在很严重时才采取适当防治措施。有些地区洋葱采种困难，或历年种子产量极不稳定的主要原因，是花期和种子成熟过程中多雨造成的。花期降雨不仅冲去花粉，并且在高湿度下，花药不开裂，花粉很快失去生活力，从而影响受精结实率，降低种子产量。有试验指出，在花初开时连续1~2 d下雨对结实率影响不大，花开放3~4 d后连续下雨对结实影响也不大，但从开花第2 d起，连续2 d下雨就显著降低结实率。影响最严重的是从开花第2 d起，连续下雨3 d，或从开花当天起连续下雨4 d。但在此期间如果每天有5~6 h晴天，则损失可减轻。每天夜间降雨14 h、每天下午降雨4 h、隔24 h降雨的结实率与不降雨的对照无大差别。这些结果是通过人工降雨试验获得的，它与观察自然降雨所得的结果相符。另外观察到从开花到花药开裂所需的时间，发现是随温湿度而变的，在35~40 ℃下，内轮药需6~10 h，外轮药需3~20 h，在20 ℃下约需4倍时间。在相对湿度50%~76%之间，花药开裂所需时间差异不大，在90%湿度下需2~3倍时间，在100%湿度下则不开裂。花粉在100%湿度下，经6~12 h发芽率严重降低。曾有试验报道，未开药的花粉在高湿下，经24 h授精力减半。花期多雨造成种子减产的另一方面原因，是高温多湿诱发花腐病，使花很快变黑腐烂。从6月中旬到7月中旬，喷400倍三嗪剂4~5次，种子产量为不喷药对照区的213%。此外，花期多雨还减少传粉昆虫的活动，也影响结实。因此多雨地区，如果从始花期起到种子成熟止，采用塑料薄膜构成简单防雨棚，就可以大大提高采种量，如再配合药剂防治病虫害，就能保证稳定的种子产量，并使有些不能采种地区也能采种。南方多雨地区，可在开花期前按厢设高1.5~2 m的遮雨棚，仅在棚顶利用旧薄膜遮雨，四周能进风，不会造成高温危害，也不会影响昆虫的活动。有关试验资料表明，加防雨设施后，种子产量、千粒重和发芽率都会成倍提高。

5. 采 收

洋葱采种田里，不同种株之间开花期并不整齐，因此，必须多次、分批采收。当花球上已有少数蒴果开裂，而种子还未散落时，即应将花球剪下晾晒，使花球下部还没充分成熟的蒴果后熟。采收时，从花球以下30 cm处剪断，放在通风良好的地方后熟。后熟期间避免阳光曝晒，经过1周后剪掉花薹再行晾晒，干燥后脱粒，脱粒后适当晒种，使其充分干燥后装袋，挂在通风处保存。洋葱种球采收后，如遇到阴雨天，空气湿度大，迟迟不干，可放在芦席上或筛子上，薄薄铺1层，在通风处使其逐渐干燥，切不可烘干。当花球充分干燥后，反复揉搓种子脱落，脱粒后仍需摊开晾晒，直到充分干燥后再进行筛簸，去掉果梗、果皮、瘪粒及其他杂物，然后方可包装、贮藏。为了收集后熟期间脱落的种子，应在花球架下铺麻袋布，到花球干燥后揉搓脱粒。然后先经风选除去大部分轻的杂质，再把种子倒入水桶内搅拌后静置约10~15 min，待充实种子下沉后随水倒去漂在上面的杂质和不充实种子。水洗时间不宜超过30 min，以免种子吸水过多，影响发芽力。水洗应在晴朗天进行。干燥后的种子含水量最高不得超过13%，最好在8%以下。在流通空气下对风干种子在60 ℃下加热0.5~2 h，可使含水量降至 8%以下，而对发芽率无显著影响。在正常年份，每公顷的采种田可收种子 750 kg 以上，丰收年 1 500 kg 左右。

（四）防止混杂和提纯复壮

1. 坚持分级繁育制度

洋葱的繁殖系数由于种子发芽率、成苗率、越冬死亡率、种鳞茎发芽率、病腐率等因素影响，变化较大，变幅也很大，通常以按 1 000 倍计算较有把握。因此繁育分为原种（繁殖用种）和生产用种两级。繁殖用种应该采用 3 年采种法，并且为了保持不易先期抽薹使秋播时期稍稍提前，在越冬前淘汰一部分小苗或春播小鳞茎，在第 2 年淘汰先期抽薹株。为了保持丰产大鳞茎特性，原种的种鳞茎应选用大鳞茎，生产用种的种鳞茎可以用中小鳞茎。

生产用种一般采用 3 年采种法，如果原种的种性很好纯度很高，有时也可采用两年采种法。

2. 去杂去劣与选优

（1）3 年采种法在第 1 年越冬前淘汰生长缓慢或畸形植株，如越冬前大部分直径都在 1 cm 以上则淘汰 1 cm 以下植株，如大部分在 1 cm 以下则淘汰最小株约 10%。

（2）3 年采种法在第 2 年春淘汰先期抽薹株。

（3）3 年采种法对早熟品种应在鳞茎开始膨大期，淘汰开始膨大特晚的植株，对中晚品种应淘汰开始膨大过早和过晚的植株，以求发育一致。

（4）采种鳞茎收获前淘汰病株、粗颈株，对早熟品种淘汰晚熟株，对中晚熟品种淘汰熟期过早过晚株。

（5）采种鳞茎收获后根据鳞茎颜色、形状，淘汰不符合本品种特性株，淘汰颈部周围稍向内凹陷的颈腐病可疑株，淘汰病鳞茎和裂鳞茎。

（6）贮藏期间淘汰病鳞茎、单发芽鳞茎、萎缩鳞茎。

（7）种鳞茎栽植发叶后，淘汰发叶抽薹迟的植株，随时淘汰病株，凡叶片散开叶尖向下弯曲的也应淘汰。

（8）根据花薹的苞色、苞形等淘汰非本品种特性株。

（9）淘汰花薹数特少和花薹易倒伏的植株，淘汰花序畸形和花球易感病的植株。

3. 隔 离

注意隔离，防止杂交。在距洋葱采种田 1 000 m 范围内，不应再安排其他品种和大葱的采种田。对隔离范围内的洋葱生产田中的早期抽薹植株，尽早摘薹，以保证采种纯度。根据试验，1 个白皮品种栽植在上风向，1 个黄皮品种栽植在下风向，两区相隔 300 m，结籽后在不同位置各采 1 花序播种，计算后代鳞茎颜色分离情况，以测定距离与异交率的关系。结果显示，在黄皮品种区距白皮品种 300 m 的种株，所收种子长成的植株内有 6.06%的白皮株，而在白皮品种各株的后代内都没有黄皮株。因此，生产用种采种时与风向平行的隔离距离通常应保持 600~800 m，与风向垂直的隔离距离应保持 400~600 m，与原种应保持 1 000~1 500 m。

二、引　种

洋葱是蔬菜中品种区域适应性表现得较为明显的种类之一。同一品种在不同地区，不仅在产量、抗逆性等方面表现不同，而且有时根本不能形成鳞茎，或只能形成很小的鳞茎。因此在推广新品种时，必须特别注意品种的区域适应性。品种的区域适应性主要表现在对日照长短和温湿度的反应，因为不同品种鳞茎肥大对这3种因素的要求不同。下面分别介绍这3种因素与鳞茎发育的关系，以及引种推广时应注意的问题。

（一）光照长短与鳞茎生长发育的关系

研究光周期对植物生长发育影响的试验证明，洋葱鳞茎的开始膨大期和成熟期决定于日照长度。

1. 光照长短与鳞茎开始膨大期

李绵尔斯春播19个品种，播种期5月14日，采用4种光照长度处理，鳞茎开始膨大期的见表5-4。

表5-4　不同光周期鳞茎开始膨大所需天数

单位：d

编号	品　种	12 h	14 h	自然日照	24 h
1	达尼洛夫	—	—	65	43
2	荷兰扁血红	—	—	65	41
3	罗斯托夫	—	—	58	45
4	姆耶可夫斯基	—	—	56	43
5	姆斯切尔	—	—	47	43
6	褐洛卡	—	73	58	46
7	爱乐沙克来嘎	—	70	49	43
8	保加利亚卡巴	—	70	47	47
9	客查赫斯坦	—	66	49	47
10	布哈尔	—	66	49	46
11	阿尔查马斯	—	66	50	46
12	斯脱里哥诺夫	—	62	47	42
13	奚他乌斯	—	62	47	43
14	荷兰金黄	—	58	47	42
15	梨形红	—	55	50	47
16	改良红鳞茎	87	67	47	39
17	金鳞茎	85	66	50	40
18	早皇后	57	47	43	39
19	巴尔里他	57	47	38	35

注：自然日照约16.5~17.5 h。

从表 5-4 可见：
（1）不同品种各有鳞茎膨大所需的最低日照长度，低于此长度则鳞茎不膨大。
（2）高纬度地带的地方品种一般鳞茎膨大需要较长日照。
（3）光照加长则各品种鳞茎开始膨大所需天数都缩短。
（4）光照愈长则品种间鳞茎开始膨大所需天数的相差愈小。

2. 光照长短与鳞茎成熟期

光照长短不仅影响鳞茎开始膨大期，而且还影响鳞茎成熟期，见表 5-5。

表 5-5　不同光周期下鳞茎成熟所需天数

单位：d

品种编号	从开始膨大到成熟天数			从第 1 株成熟到完全成熟天数		
	14 h	自然日照	24 h	14 h	自然日照	24 h
18	50	33	27	27	11	12
19	50	35	30	7	20	12
16	57	38	32	—	38	10
17	58	41	34	—	26	15
13	—	45	31	—	26	8
12	—	44	30	—	26	11
1	—	32	30	—	28	8
5	—	31	31	—	—	8
4	—	35	29	—	—	12
14	—	44	32	—	—	7
7	—	42	29	—	—	8
2	—	32	33	—	—	7
15	—	51	25	—	—	11
11	—	41	26	—	—	9
3	—	39	30	—	—	6
8	—	70	34	—	—	—
6	—	—	58	—	—	—
9	—	—	65	—	—	—
10	—	—	71	—	—	—

表 5-5 是李绵尔斯对上述 19 个品种试验所得的数据。根据表 5-5 可以得到以下几点结论：
（1）所有品种从鳞茎开始膨大到开始成熟，所需天数都随光照延长而缩短。
（2）各品种缩短天数的多少，并不与鳞茎膨大所需最低光照长度相关，因此各品种成熟的顺序，并不完全与开始膨大的顺序相符。例如编号6、9、10三个品种的鳞茎能在14 h光照下开始膨大，但在自然日照下，生长到10月上旬尚未成熟；即使在24 h不断光照下，它们从开始膨大到成熟的天数也最长，而且在14 h光照下，鳞茎膨大所需天数相近的编号7、11这两品种，在24 h光照下从开始膨大到成熟，所需天数比前3个品种要短30 d左右。另一方面，编号1、2、5等品种开始膨大至少需要16 h光照，但在自然日照下从开始膨大到开始成熟所需天数，却在19个品种内是最短的。这说明促使鳞茎开始膨大和促使鳞茎成熟的生理和遗传基础是不同的。

（3）对大多数品种来讲，加长光期对缩短鳞茎肥大期所起的作用，是随光期的逐渐延长而降低的。例如编号16~19这4个品种，自然日照的鳞茎肥大期比14 h缩短21~39 d，24 h比自然日照只缩短7~17 d。

（4）同一品种内各植株的成熟先后是不一致的，这种差异随着光期延长而缩小，即光期愈长则同一品种内各植株愈趋于相近。

（5）各品种在成熟期一致性方面也有很大差异，这种品种间的成熟期差异，至少有一部分是由个体间遗传性差异造成的，同时也反映了品种在这方面的不同进度。曾有学者青叶高报道，光照长短对"金井早生"鳞茎生长发育的影响，所用短日照是8.5 h。他指出在长日下叶片的生长受抑制，在短日变为长日的30 d后心叶就停止生长，短日则能延长心叶的生长，增加叶数，延长鳞茎膨大前的生育时间，在其后有必要的日长时能形成大鳞茎。在鳞茎已经开始膨大后的初期如给予短日处理，则鳞茎成熟期延迟，鳞片数减少，鳞茎较小，腐烂鳞茎增多，如果鳞茎肥大过程的后期给予短日处理超过20 d，则萌发新叶，但不影响鳞茎内鳞片数。

另有研究光质对鳞茎形成的影响。用低光照长度需要12~12.5 h的品种，在植株发生第3真叶时给予处理。当每天给予8 h日光另加蓝光或红光补给光照时，植株继续生长叶片，而鳞茎不膨大，但用红外线补给光照时则鳞茎膨大。当植株给予11 h日光补给2 h蓝光，则有10%植株形成鳞茎，如果在11 h后先补给2 h红光，后补2 h红外线或先补2 h红外线后，补2 h红光，都没有鳞茎形成，这说明红光和红外线有拮抗作用。当日光8 h后，继以16 h红外线，则处理20 d后93.3%植株鳞茎开始膨大；而4 h日光后，继以20 h红外线，则仅33.3%的植株鳞茎开始膨大。这说明鳞茎的膨大发育与光合作用有关。当给予20 h光照，而中间有4 h为黑暗时能形成鳞茎，中间4 h为红光时，则不形成鳞茎，这说明红光具有抑制鳞茎膨大的作用。

3. 光照长短与鳞茎产量

大多数研究各种光照长度对鳞茎生长发育影响的试验，都是使植株的整个生育期处在一两种恒定光照长度下进行的。这样的试验所得的产量资料，对实际的引种推广没有多大参考价值，因为在实际栽培中，从播种到鳞茎收获的生育期内的光照长度是逐步变化的。在秋播春夏收的情况下是两头较长中间较短，在春播秋收的情况下是两头较短中间较长，在冬春温床或温室播种、夏季收获的情况下是由短到长。李绵尔斯的关于苗期不同光照长度对鳞茎产量影响的研究，提供了比较近似实际栽培情况的资料。他用37个品种于4月17日播种于温床，育苗期62 d，6月17日定植于露地，在育苗期间分以下3种处理：处理A指自然日照，处理B指10 h日照（从17点到次晨3点钟遮光），处理C指苗期前40 d在自然日照下，后

22 d 在 24 h 不断光照下，结果见表 5-6。

表 5-6 在不同日长下育苗的平均鳞茎重

单位：g

品　种	自然日照	10 h 日照	前 40 d 自然日照，后 22 d 24 h 日照
三位一体	0.7	20.5	1.1
且伏尔	0.8	19.4	0.8
达尼洛夫	1.4	26.1	1.9
救世主	1.2	21.7	1.3
改良黄鳞茎 15	1.7	25.0	1.8
山地丹佛	2.2	31.3	2.5
巨秋	2.5	32.3	3.8
斯脱里哥诺夫	2.3	25.6	2.1
早扁红	1.9	24.3	1.8
荷兰	1.9	29.3	1.6
红乌活斯且尔菲特	2.3	21.5	2.7
罗斯托夫	1.7	23.0	1.4
帕轧尔	1.9	17.8	1.8
偏闸	1.5	33.8	1.0
改良红鳞茎	2.9	34.2	2.2
奚他乌斯黄	3.0	20.7	1.0
姆斯切尔	1.9	29.6	0.9
红鳞茎	2.8	30.7	2.5
丹佛黄鳞茎	2.9	29.2	2.2
改良黄鳞茎 17	2.8	37.2	2.6
斯各宾	2.0	21.0	1.4
库土可夫	2.2	21.5	1.1
姆耶可夫斯基	2.3	28.9	1.3
阿尔查马斯	3.2	39.9	1.6
意大利	4.8	25.7	3.9
葡萄牙	3.2	41.2	2.8
巨洛卡	5.6	18.4	4.7
黄俄罗斯	3.0	23.2	1.8
荷兰金黄	4.0	21.8	1.8

续表

单位：g

品　种	自然日照	10 h 日照	前40 d 自然日照，后22 d 24 h 日照
别松诺夫	4.0	21.9	1.5
陶猪	4.0	21.4	1.0
罗斯托夫锥形	4.0	48.8	1.2
布哈尔	10.1	36.6	6.2
荷兰血红	8.5	41.3	1.2
客查赫斯坦	12.6	47.9	5.2
法国扁白	22.5	53.6	10.2
保加利亚卡巴	32.2	—	27.1

从表5-6可以得到以下几点结论：

（1）所有品种在短日照下育苗、长日照下生长形成的鳞茎，都大于长日照下育苗、长日照下生长。

（2）有些品种苗期较耐长日照，如"保加利亚卡巴""法国扁白""客查赫斯坦""布哈尔""巨洛卡"等，这些品种虽播在14 h以上长日条件下，仍能形成较大鳞茎，但大多数品种苗期长日只能形成很小的鳞茎。那些从播种后都在长日照条件下能形成较大鳞茎的品种，大多也是在自然长日照条件下，从播种到鳞茎成熟需时最长的品种，这些品种当苗期处在短日照条件下，与其他品种相比虽鳞茎增重不多，但其实际鳞茎重仍超过其他品种。

（3）育苗后期22 d的24 h不断光照，有大致等于或稍强于62 d 140~160 h光照，具有减小鳞茎重量的作用。前面已经指出长日照有抑制叶原始体分化、抑制叶片生长和促使鳞茎膨大的作用；短日照有促使叶原始体分化和叶片生长，以及抑制鳞茎膨大的作用。因此苗期的短日照条件，有利于根系和叶片的良好生长发育，使植株在得到鳞茎膨大所需最低日照长度前具备强大的吸收同化器官，能制造积累大量养分，从而能形成较大鳞茎。相反，苗期即处在长日照条件下，则在吸收同化面积很小时就停止了叶的生长，进入鳞茎膨大期，就只能形成很小的鳞茎。为了说明在不同日照长度下叶片和鳞茎的相对生长量，将李绵尔斯的试验资料整理成表5-7。

表5-7　不同日长下叶片与鳞茎的相对生长量

品　种	日长/h	单株重/g	叶重		鳞茎重		鳞茎重/叶重
			/g	占株重/%	/g	占株重/%	
达尼洛夫	12	34.75	26.75	76.9	5.90	16.9	0.22
达尼洛夫	自然	23.35	14.65	62.7	8.60	36.8	0.58
达尼洛夫	24	16.21	3.47	21.4	11.84	73.0	3.41
保加利亚卡巴	12	43.5	36.8	84.6	5.47	12.5	0.14
保加利亚卡巴	自然	31.6	17.4	55.0	13.63	43.1	0.78
保加利亚卡巴	24	23.5	7.75	32.9	14.30	60.8	1.84

注：该试验的播种期是5月4日；出苗期5月16日，调查日期是8月1日。

对于典型的低纬度生态型品种来讲,鳞茎在上述3种日长的重量恰好与表中的顺序相反,即日照愈长重量愈小。但从上表中可以看到:叶片生长量短日下大于长日下,鳞茎生长量则长日下大于短日下,植株总生长量短日下大于长日下等现象。

一方面,原产北方的品种,当引种栽培在纬度相差较大、日照较短的南方时,往往形成大量叶片而鳞茎可能始终不肥大;另一方面,原产南方的品种,当引种栽培在纬度相差较大、日照较长的北方,则往往只有很少的叶片时鳞茎就开始膨大,不久植株就停止生长,而形成很小的鳞茎。

(二)温度与鳞茎生长发育的关系

除日照长度外,温度也是影响洋葱鳞茎肥大的重要自然环境因素之一。但是由于在通常栽培条件下,高温时期往往与长日照相伴,低温常与短日照相伴,因而不易觉察到它的影响。

温度对鳞茎发育的影响归纳为以下几点:

(1)对鳞茎膨大的影响,是高温下所需的鳞茎膨大最低日长较短,低温下较长;在临界日长下则高温下膨大,低温下不膨大。在日长超过所需最低日长时,如温度相差较大则高温下鳞茎形成较早,温度过低(约10℃以下)则鳞茎不膨大;如温度相差不很大,则可能对开始膨大期的影响不明显,而表现在鳞茎肥大株比例上有差异。

(2)到鳞茎开始膨大这一期间,各叶片抽出的平均间隔天数,在高温下(约20℃)为12 d,在低温下(约14℃)为16 d,到鳞茎开始膨大时,高温下叶片数稍多;叶生长的最低温度为10℃,最适温度为17~25℃。

(3)温度对鳞茎成熟的影响是显著的,在高温条件下大多数植株能正常成熟休眠,即假茎组织趋向软化和叶片倒伏凋萎,而在低温条件下的植株多数不能自然成熟,需要控制土壤水分促其成熟,即使能成熟从开始膨大到成熟所需天数也较长。

(4)高温下随播种期的延迟(即日照增长)而叶片数减少,在低温下则叶片数差异较少,即高温长日比低温长日更能抑制叶的分化生长。

(5)鳞茎肥大与温度的关系在品种间也有差异,如日本的品种"爱知白"在11 h日长和15℃就能肥大,在长日照下则10℃就能肥大,属于低温肥大型;而多数长日照型品种则属于高温肥大型,需要较高温度。

分鳞茎洋葱对日长和温度的反应与普通洋葱相似。用15 h和10 h两种光照长度,以及高温(在21℃以上)和低温(2~5℃)两种温度处理的结果是:在温室内高温下,两种光照处理的植株都能形成鳞茎,但在短日照下,鳞茎肥大缓慢且较小;在室外低温下,即使在15 h长日照下也不形成鳞茎。

(三)湿度与鳞茎生长发育的关系

在空气和土壤湿度过高时,叶片徒长而易倒伏,这是在栽培过程中有时会碰到的现象,李绵尔斯的土壤湿度与鳞茎生长发育关系的试验结果见表5-8。

表 5-8　土壤湿度与鳞茎发育的关系

品　种	土壤湿度/%	膨大始日（日/月）	形成鳞茎株/%	成熟鳞茎株/%	鳞茎横径/cm
达尼洛夫	40	15/7	96.4	83.1	3.3
达尼洛夫	90	19/7	93.5	62.0	2.9
达尼洛夫	40	3/7	100.0	100.0	3.2
达尼洛夫	90	7/7	98.3	74.0	2.2
保加利亚卡巴	40	15/7	92.1	68.2	3.2
保加利亚卡巴	90	20/7	92.3	53.7	2.8
保加利亚卡巴	40	13/7	100.0	100.0	3.2
保加利亚卡巴	90	17/7	94.3	67.3	2.9

注：其鳞茎收获时期为 8 月 7 日。

从表 5-8 可见湿度对鳞茎的开始膨大、鳞茎株百分率和鳞茎大小等都有影响。

影响洋葱正常生长发育和鳞茎肥大还有其他因素，如土壤肥力等，但在栽培条件下是比较容易人为控制改变的，因此可以作为引种推广的限制因素。此外，环境条件对于洋葱生长发育的影响当然还涉及其他各种性状，如辣味强弱、含糖多少、耐藏性、抽薹性等，不过鳞茎成熟期和产量是评价品种适应性最重要的依据，因此也是引种推广时首先需要考虑的。

（四）引种应注意的问题

（1）引种或推广新品种前，一方面需要了解品种在原栽培地区或新育成品种的育种地区的播种期、定植期、鳞茎膨大期、鳞茎收获期、种鳞茎定植期、种子收获期等栽培物候期，以及这些物候的日长、温度和湿度；另一方面要了解引入地区或准备推广新育成品种的地区全年各月的日长和温湿度概况，以便比较分析。一般在纬度相邻近的地区间引种或推广新育成品种大多能适应，因为日长差异较小。但如果温湿度相差很大，则也可能显著影响生长发育和产量，通常是从温度较高或湿度较低的地区，引入温度低、湿度高地区，则延迟成熟降低鳞茎耐贮性，相反引种则提早成熟、鳞茎缩小、降低产量。

（2）北种南引而纬度相差较大时，如发现引入地区的最长日照时数，短于该品种鳞茎膨大所需的最短日长时数，则可以预期引入后鳞茎不会膨大，从而不能作生产栽培，只能作为育种的原始材料，例如用作杂交亲本。如果引入地区的最长日照时数，长于该品种在原产地鳞茎开始膨大的日照时数，但短于原产地的最长日照时数，则可以预期引入栽培时鳞茎的膨大期将延迟，至于鳞茎的成熟期或能否正常成熟，则与日长和温湿度的差异程度有关，较难预测。这种引种如果引入后播种期与原产地播期相似，则鳞茎有可能大于原栽培地区，但早期抽薹率可能会增加。

（3）南种北引而纬度相差较大时，大多数鳞茎缩小，产量降低，如引入地区的温度比原栽培地区低很多，则鳞茎成熟期延迟。

必须指出，上述各点只是进行生产性引种或推广新品种时需事前注意的。如果引种的目的，只是为了获得可能作为杂交育种亲本的原始材料，或为了获得可能通过选择驯化而分离出适应于当地栽培系统的原始材料，当然就不一定要考虑以上各点了。例如"黄伯慕大"品种如在日照长度中等的高温夏季栽培，在夏末得到 3 类植株，约一半形成小鳞茎，另一半内有些保持绿色未成熟，有些长成大鳞茎。这些材料如继续在秋冬季栽培，则到次年春夏时，小鳞茎可长成单头大鳞茎。部分绿色未成熟株可长成单头大鳞茎，部分绿色未成熟株长成无薹或有薹的多头鳞茎，大鳞茎也长成有薹或无薹的多头鳞茎。这说明在一种栽培条件下表现基本一致的品种群体，在同一栽培条件下生长时，可能显示很大的个体间异质性。长日品种如"帝国黄 49 号"等虽在委内瑞拉这样低纬度地区播种也有个别植株能形成鳞茎，"甜西班牙"品种则有 0.9%植株能形成鳞茎。这说明一个原来在日照较长地区栽培的品种中，个体间所需的鳞茎膨大最低日长还可能有较大差别，从而提供了通过选择驯化，获得适应当地栽培条件品种的可能性。但是即使是进行原始材料引种，如果能对以上论述的内容，结合具体工作任务多加分析考虑，对于正确估值和利用所引入的材料是有益的。

三、品种选育

（一）品种资源

洋葱品种的分类法最普遍的是按皮色分为白、黄、红等几类，这种分类法虽然最简单，但实用价值不大。因为属于同一皮色的各品种在其他特性方面差异很大很复杂，对栽培、应用、品种选育等都没有多大的指导意义。其他根据鳞茎形状，分蘖性强弱，风味的甜辣等单一性状的分类法，或多或少存在相似的缺点。由于洋葱品种的地区适应性很显著，不仅有很多品种是以地名命名的，并且很多研究者都把品种按分布地带或区域归类。这种分类法的优点在于，属同一类群的品种在主要生长发育特性方面有较多相似之处，而不同类群之间则性状的差异较多或较大，因而对栽培、应用和育种都有较大的实用价值。

（二）丰产性选育

1. 产量构成性状

洋葱的单位面积产量，由株数、早期抽薹率、植株成鳞茎率和平均鳞茎重等性状构成。

（1）株数和鳞茎重

单位面积栽植株数，在不同地区由于环境和垄作等栽培方式的差别，而造成的差异，往往大于品种间差异。在同一地区同一栽培方式下，其合理密度主要与鳞茎横径相关，即鳞茎横径相似的品种一般可采用相同密度，因为地上部的叶片多少、高度和开展度的品种间差异，对合理密度的影响一般不是很大。鳞茎横径既是一个影响密度的性状，同时又是平均鳞茎重的构成性状之一。由于鳞茎重可用公式 $W=1/6\pi D^2 H$ 估算，式中 W 代表鳞茎重，D 代表鳞茎横径，H 代表鳞茎纵茎，因而两个鳞茎横径相同品种的鳞茎重，就大致与它们的鳞茎纵或鳞茎形状指数成比例。鳞茎横径本身又是由鳞片数和鳞片平均厚度这两性状构成的。洋葱每个鳞茎的鳞片数，在品种间的变幅约 5~20 片，鳞片厚度的变幅约为 0.2~1.0 cm，可是无论是鳞片数还鳞片厚度，都非常容易受到环境条件影响而改变，从而使鳞茎横径和鳞茎重的遗传力都很低。麦考勒姆估算 10 个群体的鳞茎重、横径、鳞茎形状的遗传力，采用半同胞后代对母本的回归法和母本半同胞间的相关法，结果是鳞茎重和鳞茎横径的遗传力很低或近于 0，鳞茎纵茎的遗传力低至中，鳞茎形状的遗传力中至高。中村直彦估算鳞茎重的遗传力为 0，鳞茎形状指数的遗传力为 0.32。有关鳞茎重和鳞茎形状等遗传的研究报道不多。

除上述遗传力报道外，F_1 的鳞茎形状常为双亲的中间形。鳞茎形状指数低对中和高为不完全显性；当用鳞茎形状指数低的雄性不育系做母本，希望获得鳞茎 F_1 时，应该用鳞茎形状指数高的作父本。中村直彦还指出鳞茎形状指数、鳞茎重和花序数等性状未发现正反交差异。卡尔嗄诺夫研究认为圆球的自交后代 97.9%为圆球；长卵鳞茎的自交后代有 63.8%为长卵鳞茎，36.2%为圆球。加藤彻认为最终收获时鳞茎的大小与开始膨大时苗的大小呈正相关。

（2）早期抽薹率

洋葱早期抽薹现象的轻重也像其他蔬菜一样，一方面取决于品种对花芽分化和花序发育所需条件的遗传特性，另一方面与实际生育环境对这些要求的符合程度有关。选育不易先期抽薹的品种，也就是要获得具有这样遗传性的品种。它的花芽分化和花序发育所要求的条件，在当地环境下，在鳞茎充分发育以前，是不能充分得到满足的。因此，首先需要了解洋葱花芽分化和花序发育，一般要求什么样的条件，然后才能根据品种和个体对这些条件需求差异的鉴定结果进行选择，而获得所需的品种。关于洋葱的抽薹曾进行过不少研究，前面已介绍了有关抑制抽薹和促进抽薹的方法和资料，这里再就花芽分化和抽薹所需条件做进一步说明。

① 花芽分化和花序发育，所要求的条件基本相似而稍有不同，主要是一定的温度和日长。个体的营养状态，特别是苗或鳞茎的大小，影响对条件的反应。土壤湿度和养分供应，通过影响个体营养状态也对花芽分化有一定影响。

② 植株必须获得一段时期的较低温度后才能分化花芽。

洋葱必须在体内营养物质累积达某一阈值后，才开始诱导花芽分化的生理生化反应。试验用剥去鳞片法证明体内营养物质含量对花芽分化发育的关系，其结果是：剥去鳞茎后的鳞茎生长锥虽贮于适温下也不能形成花芽，在花芽已开始分化后剥去鳞片时，则阻碍花序的继续发育而导致死亡；花芽已分化发育的鳞茎栽植后陆续除去新生绿叶，虽仍能抽薹，但生长缓慢。通常生产栽培中早期抽薹率，往往随第 1 年的播种期愈早而愈高，就是因为播种愈早则苗愈大营养物质累积愈多的缘故。关于第 1 年的播种期与第 2 年的早期抽薹率关系的试验结果见表 5-9。

表 5-9　不同播种期和苗径的早期抽薹率

播种期（日/月）	苗径/cm	调查数/株	早期抽薹率/%			
			6日/5月	16日/5月	26日/5月	10日/5月
25/8	>0.9	790	0.1	19.9	39.3	41.8
25/8	0.6~0.9	778	0.0	3.2	8.0	8.8
25/8	0.4~0.6	621	0.0	0.0	0.0	0.0
4/9	>0.9	321	0.0	7.2	15.9	20.6
4/9	0.6~0.9	681	0.0	0.8	2.0	3.2
4/9	0.4~0.6	578	0.0	0.0	0.0	0.0
14/9	0.6~0.9	260	0.0	0.0	0.4	0.4
14/9	0.4~0.6	564	0.0	0.0	0.0	0.0

上述试验材料是在3月19日起苗时分级的，于3月21日定植，当时还调查了20~50株各级苗的平均单株重量和10株平均株高，其结果见表5-10。

表5-10　不同播种期和苗径的株重与株高

播种期（日/月）	苗径/cm	单株重/g	株高/cm
25/8	>0.9	8.0	18.4
25/8	0.6~0.9	5.0	18.3
25/8	0.4~0.6	1.7	15.7
4/9	>0.9	6.5	14.5
4/9	0.6~0.9	3.3	14.3
4/9	0.4~0.6	1.6	10.8
14/9	0.6~0.9	2.1	8.8
14/9	0.4~0.6	1.4	8.2

从上表可见洋葱对低温感应期大致是从叶鞘直径0.6~0.9 cm或株重2.0 g开始的。试验还证明株高不及茎径和苗重与抽薹率密切相关，实际苗龄、株高或叶数与抽薹率的关系不如茎径或苗重紧密。

③ 诱导花芽分化的最适温度范围大约是4~10 ℃，温度高于或低于最适温度则花芽分化率降低。但能诱导花芽分化的温度范围与苗或鳞茎的大小有关，鳞茎或苗愈大则反应范围愈广，见表5-11、表5-12。

表5-11　小鳞茎在不同贮藏温度下的平均抽薹率

贮藏温度/℃	鳞茎横径/cm	品种			平均抽薹率/%
		爱本尼什尔	黄鳞茎	红会舍尔斯特	
-1.1	1.9~2.8	2.20	33.37	40.36	25.31
0.0	1.9~2.8	9.14	42.70	68.10	39.38
4.4	1.9~2.8	40.98	79.98	84.38	68.45
10	1.9~2.8	35.02	68.64	78.86	60.84
15.5~21.1	1.9~2.8	1.58	18.51	24.58	14.89
-1.1	1.5~1.8	0.18	4.69	8.25	4.37
0.0	1.5~1.8	0.34	4.88	9.12	4.78
4.4	1.5~1.8	2.05	21.58	26.60	16.73
10	1.5~1.8	1.33	14.07	20.56	11.99
15.5~21.1	1.5~1.8	0.08	2.70	6.25	3.01
-1.1	0.9~1.5	0.00	0.11	0.10	0.07
0.0	0.9~1.5	0.00	0.00	0.37	0.12
4.4	0.9~1.5	0.00	1.25	1.13	0.79
10	0.9~1.5	0.06	0.88	0.30	0.41
15.5~21.1	0.9~1.5	0.08	0.08	0.20	0.12

表 5-12　小鳞茎贮藏温度对抽薹率的影响

品　种	鳞茎重/g·个⁻¹	贮藏温度/℃						
		-3	3	10	15	20	30	40
别松诺夫	0.7	0.0	0.4	0.6	0.0	—	—	—
别松诺夫	2.0	2.9	3.4	8.1	0.0	0.0	—	—
别松诺夫	5.0	10.1	72.6	43.6	27.6	0.0	0.0	0.0
别松诺夫	7.7	27.6	—	80.5	48.0	—	—	—
别松诺夫	11.0	52.1	—	82.4	78.5	32.0	—	—
罗斯托夫	1.0	0.0	0.0	0.0	0.0	0.0	—	—
罗斯托夫	2.0	0.0	6.4	0.0	0.0	0.0	0.0	—
罗斯托夫	6.7	2.5	53.8	39.2	17.0	2.4	—	—
罗斯托夫	12.0	8.3	87.5				0.0	—
罗斯托夫	15	15.8	89.9		56.3		9.7	—
克拉斯诺达尔	0.9	4.2	4.5	2.7	0.7	1.5	—	—
克拉斯诺达尔	2.5	20.4	30.0	33.3	22.4	6.5	5.9	6.3
克拉斯诺达尔	6.0	60.8	80.5	37.5	73.0	39.1	38.4	18.8
克拉斯诺达尔	10.0	79.5	94.0	97.6	85.7	59.0	53.3	39.5
平均抽薹率/%		—	20.3	43.6	30.4	31.5	12.8	13.4	9.2

据试验，北方品种的诱导花芽分化最适温度是 3~5 ℃，南方品种是 8~12 ℃。但从上面两个试验资料和其他一些报道来看，似乎品种间在诱导适温方面的差异并不明显，差异主要表现在开始感应期的苗大小和相同苗径下的感应温度范围。例如"罗斯托夫"的开始感应期为小鳞茎达 2 g 重，而"克拉斯诺达尔"达 0.9 g 时已能感应，"红会舍尔斯菲耳特"在鳞茎径 0.9~1.5 cm 已感应，而"爱本尼什尔"的同等大小鳞茎则近于无感应。开始感应期苗大小的品种间差异大约是 0.6~1.0 cm。就感应的温度范围来讲，"罗斯托夫"的 6.7 g 鳞茎在 3~15 ℃ 之间的抽薹率，与"克诺达尔"的 6.0 g 鳞茎在 3~40 ℃ 范围内的抽薹率相近，"爱本尼什尔"的 1.9~2.8 cm 鳞茎在 4.4~10 ℃ 间的抽薹率，与"红会舍尔斯特"同样大的鳞茎在 1.1 ℃ 与 15.5~21.1 ℃ 抽薹率相近。但是这种感应温度范围的差异也可能是品种的纯度不同造成的。

④ 诱导花芽分化所需的低温天数是与温度相联系的，即温度愈适所需天数愈短。

最适温度不仅可以从相同天数下不同温度的不同抽薹率来判断，也可以从不同温度下达到相同抽薹率所需的天数来判断。实户良洋等用"泉州黄"和"今井早生"两品种的茎径 11~12 mm 苗，给予 5 ℃，9 ℃，日温 17 ℃、夜温 12 ℃ 三种温度处理（处理前都在 18 ℃ 下育苗），经 20~70 d 检查花芽分化百分率，结果如表 5-13。

表 5-13　苗期不同温度和天数处理的花芽分化百分率

单位：%

品　种	5 ℃			9 ℃			日温 17 ℃夜温 12 ℃	
	30 d	40 d	60 d	20 d	30 d	50 d	30 d	50 d
泉州黄	0	50	100	—	25	100	—	25
今井早生	75	100	—	75	100	—	—	50

表中可见"泉州黄"在 9 ℃下经 50 d 100%的植株已分化花芽，在 5 ℃下则需 60 d，在日温 17 ℃夜温 12 ℃下则需 60 d 以上；"今井早生"9 ℃下仅需 30 d，在 5 ℃需 40 d，在日温 17 ℃夜温 12 ℃下需 50 d 以上。这个试验结果和表 3-12 所列举数据同样证明 9 ℃左右是最适温度。在最适温度下各品种花芽分化所需的诱导天数约 30~70 d。有人认为北方品种需 50~70 d，南方品种需 30~50 d，但缺乏试验论据，在冬季自然低温条件下一般品种约在 2~4 月间可以看到已分化的花芽。例如加藤检查 2 月 25 日采集的 5~10 mm 苗的花芽分化率为 2.5%，到 3 月 27 日采集同样大小的苗的花芽分化率则达 31.6%。这也说明在自然低温条件下，由于温度不是最适于诱导花芽分化的，从而往往需要较长时期后才看到花芽分化。

⑤ 花芽分化后温度对花序发育的影响。据试验，花茎在 5 ℃开始生长，在 10~15 ℃加速，在 20~25 ℃以上停止，但植株营养状态和其他环境条件良好时，即使高于这个温度也能生长。贮藏后期的高温贮藏除非高达 35 ℃，否则只能延迟但不能降低抽薹率，贮藏后在 0 ℃相近的低温下能增加抽薹率，贮藏期以后田间温度 10~15 ℃有利于抽薹。尽管贮藏前期和后期的高低温对抽薹率的影响，各研究报道不很一致，但都认为花芽分化后较高的温度（10~15 ℃）有利于花茎生长发育，过高则有抑制或延迟花茎生长的作用。从花芽开始后到花薹抽出在通常条件下约需 2~3 个月。

⑥ 光照长短对花芽分化和花薹生长的影响随时期而不同。有试验从 3 月 19 日到 5 月 24 日在 20 ℃ 8 h 下育苗，选苗径 6~7 mm 株给予 24~19 ℃下 8 h 和 24 h 两种光照长度处理 21 d 到 6 月 14 日，其后给予 9 ℃恒温和自然日长 40~90 d。结果在 8 h 下者需 9 ℃经 60~70 d，有 50%植株分化花芽，在 24 h 下者需 90 d 才有 25%植株分化，这说明在花芽分化前的短日较有利于花芽分化，不仅分化率较高而且平均每株的花芽数往往较多。另一试验是从 4 月开始给予 8 h 日照以抑制鳞茎肥大，到 5 月 8 日选苗径 10~11 mm 的苗移入 9 ℃恒温室内，分组给予 8、12、16、24 h 30~70 d。结果在 8、12、16 h 下需 50~60 d 有 50%植株分化，在 24 h 下者经 30 d 有 75%分化。这说明在低温诱导期内的长日有促进花芽分化作用。在花芽分化后对花序的发育和花薹的抽伸来讲，也是长日较为有利，短日不仅抽薹较迟，花薹较短，而且有时出现畸形花序形成气生鳞茎，试验结果见表 5-14。

表 5-14　光照长短与花薹发育的关系

材料	光照处理 时数/h	光照处理 时期	株数/株	有花芽率/%	抽薹率/%
"优胜者"小鳞茎	11.5	17/3~26/1	60	65	0
"优胜者"小鳞茎	11.5 16.5	17/3~6/5 6/5~26/1	57	65	21
"斯到克28"种子	11.5	9/8~23/2	22	82	0
"斯到克28"种子	16.5	9/8~23/2	19	84	11
"斯到克28"种子	11.5 16.5	9/8~8/9 8/9~23/2	22	77	61
"斯到克28"种子	11.5 16.5 11.5	9/8~10/3 10/3~8/9 8/9~23/2	22	77	0
"斯到克28"种子	11.5 16.5	9/8~10/3 10/3~23/2	22	82	11
"斯到克28"种子	11.5	2/3~23/2	20	58	0

关于先期抽薹性的遗传，琼斯等认为不易抽薹为不完全显性，花冈保则称后代表现随亲本组合而异。可以设想一种性状涉及上述内外多方面因素的关系，它的遗传必然是多基因控制的。

鉴定早期抽薹性的强弱对于品种来讲，通常采用统计早期抽薹率，但必须使各品种从播种育苗起都处在相似环境条件下，并用同样大小的苗。一个品种内从最早抽薹株到最晚抽薹株中间的延续日期，在某种程度上反映该品种早期抽薹性方面的个体差异。对于个体先期抽薹性强弱的鉴定，到目前为止还只能根据田间观察，分为抽薹和不抽薹或记载其抽薹日期；花芽分化期的解剖鉴定由于经鉴定后的鳞茎不能再繁殖后代，所以不适用于个体鉴定。

（3）植株成鳞茎率

植株成鳞茎率指单位面积内植株最终能收获商品鳞茎的百分率。植株成鳞茎率一方面受缺株率的影响，另一方面受鳞茎肥大成熟情况的影响。田间缺株率除受栽培管理措施影响外，也与品种的种性有关。显然，对病虫害抗性强的品种在同样栽培管理条件下的缺株率会较低，对高温、低温、干旱、湿涝等不良环境条件抗性较强的品种，缺株率也会较低。在成活植株内鳞茎有大有小，有些可能达不到商品鳞茎的标准，而只能归入未成鳞茎株类。这种个体间鳞茎大小的差异除受环境条件影响外，也是品种内株间遗传性差异的反映。因为通常所谓品种的鳞茎膨大最低日长，指品种内大多数植株而言的，实际在株间还有各种不同程度差异，因而即使各植株接受的栽培环境条件完全相同，它们的鳞茎不会达到同样大小。在比较鉴定各品种的成鳞茎率时，必须尽量使各品种得到相似的环境条件和用同样大小的苗，因为同一品种在不同条件和苗大小的差异很大。据赖俊铭等试验"荸荠扁"品种不同处理下的缺株率、鳞茎重和产量，详见表5-15。

表 5-15 "葶荠扁"不同处理的缺株率

处理		苗径/cm	缺株率/%		鳞茎重 /g·株$^{-1}$	产量 /kg·ha^{-1}
方式	播期（日/月）		31/5	3/8		
秋栽	25/8	>0.9	26.4	32.7	93.2	50 850
秋栽	25/8	0.6~0.9	26.4	37.3	108.0	54 435
秋栽	25/8	0.4~0.6	61.7	69.2	86.7	21 645
秋栽	4/9	0.6~0.9	19.1	36.6	99.3	50 175
秋栽	4/9	0.4~0.6	39.0	51.4	97.2	2 529
秋栽	14/9	0.4~0.6	82.0	84.8	79.7	655
春栽	25/8	>0.9	5.6	20.0	56.3	2 436
春栽	25/8	0.6~0.9	20.0	42.2	54.5	1 680
春栽	25/8	0.4~0.6	23.6	37.8	50.3	1 692
春栽	4/9	>0.9	28.1	40.0	66.0	2 142
春栽	4/9	0.6~0.9	10.0	26.9	65.8	2 604
春栽	4/9	0.4~0.6	25.8	39.3	49.8	1 632
春栽	14/9	0.6~0.9	42.2	44.4	49.6	1 488
春栽	14/9	0.4~0.6	40.9	52.7	39.1	1 002

从表中可见秋栽由于越冬死亡而使缺株率高于同级的春栽苗，在同一播期内一般都是小苗的缺株率大于大苗，平均单鳞茎重与苗径大小为显著正相关，产量与缺株率为显著负相关。

2. 杂交育种法

（1）亲本选配和杂交技术

从产量构成性状看，如果想通过杂交育种育成丰产品种，就应该在亲本选配时除了注意抗病虫性外，使鳞茎大而较易先期抽薹亲本与鳞茎较小而不易先期抽薹亲本相配；或使花芽分化晚，但株重增长较慢的亲本与株重增长较快但花芽分化也较快的亲本相配；或使株重增长较慢但鳞茎相对增重率较高的亲本与株重增长较快，但鳞茎相对增重率较低的亲本相配；或使鳞茎开始膨大早，成熟也早的亲本与开始膨大晚成熟也晚的亲本相配；或使鳞片数多的亲本与鳞片肥厚多的亲本相配；或使大形扁鳞茎多的亲本与高鳞茎多的亲本相配；等等。对于可能作为杂交亲本的品种或植株就需要分别对其构成丰产性状作出鉴定，以便相互配组，取长补短。

洋葱花茎高度随品种和地区而异，矮株仅 60~80 cm，高株可达 140~180 cm。每株花薹数少者仅 1 个，多者可达 20 多个，一般为 3~7 个。每一花序的花数最少者只有数十朵，最多者可达 2 000 朵以上，但一般在 400~900 朵。花白色至淡绿色，雄蕊 6 枚分为两轮，花柱 1 枚白色，柱头不膨大而尖，子房 3 室，每室有两个胚珠；在内轮雄蕊基部有蜜腺。当花冠张开时雄蕊尚未开裂，不久内轮雄蕊伸长开裂散粉，然后继以外轮雄蕊，但每轮的花药往往不同时开裂，偶尔也有外轮药先开裂的，花的散粉约 24~48 h，花的开放期约 4~5 d。花药开裂与温湿度有密切关系，在 35~40 ℃时从开花到内轮药开裂约需 6~10 h，外轮药约需 13~20 h，在 30 ℃下约延长 3~8 h，在 25 ℃下约需 35~40 ℃下的 2 倍时间，在 20 ℃则约需 35 ℃下的 4 倍时间。如以积温计算则内轮药的开裂，约需 15 ℃以上的积温 200 h。相对湿度在 50%~70%时在 35 ℃下内轮药开裂约需 5~9 h，在 90%则约需 2~3 倍时间，在 100%下则不开裂。开药花粉在湿室中经 3~4 h 即失去发芽力，未开药内花粉在湿室中经 24 h 受精力减半。从花蕾内取出的花粉不能发芽，但开放花的未开裂药内花粉则有发芽力，正常花粉在室内经两天失去生活力，在干燥器内经 3 天失去生活力。新鲜花粉在 15%糖液内的发芽率为 41.3%，贮 6 天后为 4.8%。洋葱是雄蕊先熟植物，在柱头成熟以前同一花内的花粉已经散尽。花柱在花初开时长仅 1 mm 左右，约经两天花粉散尽后才达到它的成熟长度，约 5 mm。柱头有效期为 6~7 d，北方品种可达花开后 10 d。单一花序的开花期约两个星期，1 个植株的花期约延续 1 个月左右。

根据花器结构和开花习性可知洋葱是异花授粉植物，传粉昆虫主要是蜜蜂和蝇类，但由于同一花序内有陆续开放的花朵，所以在自然授粉情况下仍有一部分为同株（同花序）自交种子。琼斯等研究认为，"爱本尼什尔"品种的自然授粉结籽率（按每花 6 粒种子计）为 32%，而去雄自然授粉为 19%，两者之差除部分可能是由于去雄操作的机械损伤外，可以说明在通常自然授粉情况下有一部分种子是由同花序内授粉而得的。其他试验指出，套袋自然自交结籽率有些品种为 0%~3%，有些为 7%~8%，如把同株两个花序套在同 1 袋内则稍增加，同品种两株的花序套在同 1 袋内则可达 5%~26%，不同品种的第 2、3 花序套在同 1 袋内的结籽率为 8%~37%，不套袋自然授粉结籽率为 30%~80%。

由于 1 个花序的花数很多，下部花常常不能结籽，而如果任其陆续开放，则又增加去雄授粉的工作量，所以通常杂交前先行疏花。疏花是每天早晨和午后各进行 1 次，摘除初开花，估计一直到一两天内同时约有 50 朵开放时为止，这时除保留最大花蕾约 50 个外，其余小花蕾全部摘除。然后对保留花蕾进行去雄（或在花初开时进行），去雄后的花序与父本花序套在同 1 袋内。如果父母本不是相邻栽植，则可把父本花序带长梗剪下与母本花序套在同 1 袋内。这样几天内父本花仍能陆续开放供给花粉，为了使花粉容易落在去雄花的柱头上，应使袋内父本花序稍高于母本花序，并每天摇动纸袋数次。这是通常所用较省工的杂交法，但结籽率较低。也可利用授粉蝇传粉法，这种方法为了保证蝇身不带非需要的花粉，需进行人工培养。但授粉蝇需要放入特制的袋内，这就增加了不少工作量和设备，所以实际很少采用。也可用两头开口袋，授粉时解开上端袋口用鸡毛做成的授粉刷授粉，但人工授粉应每天进行 1 次，连续几天才能得到良好结果。如果目的只在获得较多杂种种子，而允许混有一部分自交种子在内时，则为了省工可以 1 次疏花，保留几十朵大小相似花蕾后套袋，到开花时不去雄授以父本花粉。纸袋可留在花序上到种子将近成熟前才取下，然后带花梗剪下花序把同 1 株或同 1 组合花序缚在一起，把花序套在 1 布袋内，挂在通风处使其后熟，干燥后脱粒。

（2）后代选择法

1 个丰产品种要求早期抽薹率低、成鳞茎率高和平均单鳞茎大而重，而前两性状是随品种内个体间一致性提高而提高的。因此对于杂交后代的株选标准，主要就是不易早期抽薹、成熟早、鳞茎较大单株（仅就丰产性而言）。就洋葱的大多数品种来看，品种内个体间在丰产性方面的遗传多型性是很普遍的，也就是说现有品种不经杂交仅经过选择，就能育成丰产系统的潜力是很大的。因此各地在繁育生产上现用品种的过程中，只要按上述株选标准严加选择，一般都能迅速提高品种的丰产性而成为新的丰产系统或品种。

对杂交后代或一般品种的选择方法步骤大致如下：

① 第1年秋播地区提前秋播，春播地区如果能秋播贮藏小苗越冬则行秋播，具体播期根据当地生产经验，估计能使第2年将有一半以上植株能先期抽薹，但仍有一小部分植株不会先期抽薹。春播地区小苗贮藏越冬有困难，不能秋播者仍行春播，但原来是春播当年收获商品鳞茎者，应改为第1年养成小鳞茎贮藏越冬，第2年收获大鳞茎。

② 第2年定植前按苗大小分成数级，分区栽植；能露地越冬地区则应在秋季定植，以便淘汰不耐寒个体，减少将来育成品种的越冬死亡率。春播地区则冬季贮藏小鳞茎时不采取高温贮藏，而贮于较有利于花芽分化条件下，春季定植时也按小鳞茎大小分级分区栽植。到鳞茎成熟时先在大苗区内选择未先期抽薹、鳞茎最大、正常成熟（假茎细、地上部自然倒伏）和其他性状良好的植株，如果大苗区已全部先期抽薹，则可从次1级苗区内选择。选得的母鳞茎按一般方法贮藏。

③ 第3年春栽植采种母鳞茎于一隔离区内，开花时或任其株间自由授粉，或分株套袋自交。如果采用混合选择法（较常用于对一般栽培品种的选种），则把株间自由授粉所得种子分成两份，用一份与原品种种子按当地正常播种期，在当年秋季或第4年春季播种，到第4年夏或第5年夏比较鉴定1次选择的效果；另一份根据需要继续按以上步骤进行两次选择，它的播种期可以仍用第1年相同时期，或再提早数日。如果采用分株系选择法（较常用于对杂交后代的选择），则把各株的自交种子在当年秋季或次年春季播种，按上述步骤进行第2次（即对F_2）选择。根据试材的具体表现在$F_2 \sim F_4$把主要经济性状和生长发育特性相似的选株或选系合并后所收自由授粉种子进行品种比较试验。

据赖俊铭等的研究，天津"荸荠扁"品种8月25日播种的大苗内，选留未先期抽薹的大鳞茎，在隔离区内自由授粉采种，与原品种比较的结果是早期抽薹率降低56.4%~77.7%。

早期抽薹率的选择效果=（一般材料抽薹率−选育材料抽薹率）/一般材料抽薹率。

选择不早期抽薹大鳞茎留种，不仅能显著降低后代的早期抽薹率，而且能显著提高后代的平均单鳞茎重、大鳞茎百分率和单位面积产量，降低缺株率。1次混选不早期抽薹株的选择效果见表5-16。

表5-16　1次混选不早期抽薹株的选择效果

材料		鳞茎大小比率/%						鳞茎重 /g·个$^{-1}$	产量 /kg·ha^{-1}
		大鳞茎		中鳞茎		小鳞茎			
		数量	重量	数量	重量	数量	重量		
普种	大苗	7.7	17.8	34.6	48.9	57.7	33.3	43.3	10 350
普种	中苗	8.7	18.5	54.4	62.6	36.9	18.9	47.3	9 000
普种	小苗	1.4	4.0	33.6	51.5	65.0	44.5	35.0	6 450
选种	大苗	50.0	68.0	33.3	26.6	16.7	5.4	78.0	26 340
选种	中苗	30.4	46.0	53.1	47.3	16.5	6.7	71.0	22 100
选种	小苗	12.5	21.2	61.6	66.9	25.9	11.9	59.1	16 650

仅仅经过1次选择,就得到这样显著提高,可见即使单纯通过选种在育成丰产品种方面的潜力也是很大的。

3. F_1代杂种优势利用

(1) 洋葱的杂种优势

洋葱是最早育成和在生产上应用1代杂种的一种蔬菜,1代杂种一般能增产20%~50%,它的应用价值已被生产实践所证明。表5-17是吴光举等所配1个组合的4年产量对比。

表5-17　F_1与父母本的产量对比　　　　　　　　　单位:kg/ha

品　种	第1年	第2年	第3年	第4年	平均产量
斯托克登G36×本地黄皮	71 005.5	64 140	54 829.5	38 893.5	57 217.5
斯托克登G36	56 182.5	39 172.5	44 170.5	40 086	44 902.5
本地黄皮	55 528.5	56 344.5	41 530.5	32 964	46 591.5

4年平均比中亲增产27.9%,比高产增产20.9%。郝斯菲尔特等用9个自交系所得36个组合,在2个地点的试验结果,测定产量和其他6种性状的杂种优势,详见表5-18。

表5-18　36个F_1和亲本的7种性状对比

性状	试验地	中亲	F_1	高亲	$\frac{F_1-MP}{MP}$	$\frac{F_1-BP}{BP}$
产量	A	247.4	344.9	288.5	39.4**	19.5**
	B	473.1	601.4	536.6	27.1**	12.1**
生育期	A	109.1	103.4	113.7	-5.2**	-9.1**
	B	113.1	109.6	116.8	-3.1**	-6.2**
鳞茎重	A	63.0	83.6	71.1*	32.7**	17.6*
	B	101.3	116.3	109.3	14.8**	6.4**
鳞圈数	A	6.1	5.9	6.5	-3.3	-9.2**
	B	5.6	5.6	6.1	0.0	-8.2**
坚实度	A	80.2	80.2	81.1	0.0	-1.1**
	B	84.4	84.9	85.5	0.6	-0.7
心芽数	A	1.9*	2.2	1.7	15.8**	29.4*
	B	1.7	1.8	1.5	5.9**	20.0**
贮藏损耗	A	48.72	46.53	36.15	-4.5	28.7**
	B	49.80*	38.00	36.71	-23.7**	3.5

注:*表示差异显著,**表示差异极显著

产量、生育期和鳞茎重的杂种优势无论与中亲或高亲相比都是显著的,平均每鳞茎心芽数的优势也是显著的,但这对品质是不利的。

另一试验是用10个品种轮配,在3个地区栽种F_1,测算产量、成熟期、鳞茎重、鳞片数、鳞片厚、坚实度、心芽数和贮藏损耗率等8个性状的配合力,结果指出各性状的GCA

变量组分，都大于 SCA 变量组分，说明基因的加性效应对非加性效应的重要，但非加性效应的变量虽较小也仍然是显著的，因而对洋葱采用杂交育种和 1 代杂种利用两种育种法都是有效的。产量的 GCA 最高的品种"M2399"，同时也是鳞茎重、鳞片数和鳞片厚的 GCA 都较高的品种，而成熟期则较长，说明这些性状都是产量构成因素。有些品种性状的配合力在 3 个地区的表现较为一致，另一些品种的性状表现不同，这说明不同基因型的反应范围的差异。这些都是可供选配亲本时参考的。

洋葱品种间自然杂交的 1 代杂种，不仅增产效果不稳定，并且往往增产不显著和一致性差。这种现象除了与一般品种群体内个体间的遗传多型性有关外，还与自然授粉情况下双亲间杂交率不高有关。在隔离网罩内两个亲本间的杂种率，根据后代性状鉴定，一个组合为 24% 和 28%，另一组合仅 5% 和 16%。沙夫申柯试验 3 个黄鳞茎品种"依登""琼生"和"马尔可夫"和同一个红鳞茎品种"红蝴蝶"隔行栽植时的杂种百分率，分别为 29.3%、7.6% 和 1.0%。其他试验证明在田间自然授粉情况下，有些组合 25%~60% 为杂种种子。

由此可见，即使已经选得了优良的亲本组合，可是如果亲本未经自交纯化，又采用自然授粉法生产种子，则生产的 1 代杂种种子往往不能保证增产。但是采取人工去雄授粉法生产杂种种子显然是不切实际的，因为洋葱每 1 朵花最多只能结 6 粒种子，人工交配制种的工作量太大，生产成本太高。因此，利用雄性不育系作母本和能育自交系作父本，已成为目前洋葱配制 1 代杂种的主要途径。

目前生产上所用的 1 代杂种几乎都是单交种，如果所用亲本的性状能保证配成杂种在主要经济性状方面无显著分离，则 3 系杂种的产量常高于单交种。

（2）选育自交系的自交法

为了获得自交种子一般采用套袋法。琼斯等关于不同套袋自交法的结籽情况见表 5-19、表 5-20。

表 5-19 "沃州褐"品种的套袋结籽情况

授粉方式	株数/株	花序数/个	种子数/粒·序$^{-1}$
自然授粉（对照）	9	24	712
套袋、风摇	9	10	157
套袋缚于支柱	4	8	54

表 5-20 "爱本尼什尔"品种的套袋结籽情况

授粉方式	株数/株	花序数/个	花数/朵·序$^{-1}$	种子数/粒·序$^{-1}$
自然授粉（对照）	19	45	525	1000
套袋、手摇	10	21	517	205
套袋、风摇	16	28	525	99
苞裂前套袋、风摇	11	23	846	85

试验结果指出，套袋时期应在花序内第 1 朵花开放时，袋要小而紧包在花序上。试验还指出，不同品种不同系统的套袋结籽率相差很大，一般是不易先期抽薹品种的套袋结籽率较

高。套袋自交的结籽率虽只有自然授粉的 20%，但每序还能得到 100~200 粒种子，可以设想如果把同一株的第 2、3 花序套在 1 个纸袋内，则结籽率还可能提高一些，这要比人工自交获得等量种子节省不少工作量。

（3）洋葱雄性不育性的遗传规律

洋葱雄性不育性的遗传规律经琼斯等研究后，认为是属于核胞质型的，也就是说不育性是由隐性核基因 ms 和 S 型不育细胞质双方控制的。凡细胞质为 F 型者（或用 N 符号）不论带哪一种核基因都是能育株，Ms 核基因具有恢复育性作用，因而凡带有 Ms 基因者，不论其细胞质为 F 型或 S 型也都是能育株。由 1 对核基因和两种细胞质配合而成的 6 种基因型中，5 种都是能育的，只有一种是不育的就是 Smsms。由于能育株内包含有 5 种不同基因型，因而以不育株为母本能育株与父本交配所得的后代，则表现为如下的育性分离情况：

$Smsms \times FMsMs \longrightarrow SMsms$　　　　　完全能育

$Smsms \times FMsms \longrightarrow SMsms+Smsms$　　约 1/2 能育 1/2 不育

$Smsms \times Fmsms \longrightarrow Smsms$　　　　　完全不育

$Smsms \times SMsMs \longrightarrow SMsms$　　　　　完全能育

$Smsms \times SMsms \longrightarrow SMsms+Smsms$　　约 1/2 能育 1/2 不育

其后许多人在其他地区，对其他品种内发现的不育株研究的结果，一般都符合于这一假说；只是发现有些不育性的不育程度较差（例如有少量能育花粉等），有些不育性易受环境条件影响，有些不育性后代往往不能得到 100% 不育株。关于这些现象一般认为是由于 ms 基因有 ms_1、ms_2、ms_3 等许多个，它们的不育性强弱和稳定程度是不同的，另外，可能还有修饰基因。例如巴尔哈姆等指出"意大利红"的"13~53"雄性不育系在两种光照长度（9.2~14.5 h 和 14.5~17 h）和 3 种温度（10~15.5 ℃、15.5~21 ℃、21~26.5 ℃）条件下的不育性表现，结果是光照长度对 Smsms 株无影响，但在 21~26.5 ℃温度下花药内约有 1% 的形态正常花粉；但对于 SMsms 株则温度不同即表现不同程度的能育性。克尔研究认为，在 98 个系统内，有 48 个 14 ℃下比在 23 ℃下有较多不育株，有 3 个系统则相反，有 47 个系统对温度无反应，有些系统在 7 月份的露地温度条件下为不育，在 100% 湿度条件下为能育，有些系统始花期不育后变能育，有些系统则相反。尽管有些材料的不育性程度较差或不稳定，但已经得到一些能稳定遗传的不育系，这些系统虽经多代回交，它的不育性程度和不育株率并未改变。

（4）优良雄性不育系的选育法

要育成优良的雄性不育系，首先要有雄性不育株。在洋葱采种田内巡视检查是获得原始雄性不育株的主要途径。方法是在开花期间晴天的中午前后，用手掌逐株接触花头，观察掌内有无花粉，如发现某 1 株接触后掌内无花粉，再观察它的花序和花的形态。一般雄性不育株的花丝较短，花药皱缩不开裂，药色较浅呈灰褐色或幼年期呈透明状带绿色，花序和花有时也与能育株不同。发现这样植株后应收集该株上的花药进行显微镜检验，凡药内无花粉或虽有花粉而极少形态正常者即为雄性不育株。由于雄性不育性有强弱，又有些受环境条件影响而变，因此对这些初步鉴定的不育株，一方面从始花期到终花期分几次观察，另一方面进行人工授粉自交（如属花粉败育性不育）以检验自交结籽率。通过这种检验选择不育性最强而稳定的原始不育株。

洋葱品种自然出现不育株的频率相差极大。据彼得试验，"司各脱郡洋鳞茎"第 1 年检查 9 500 株发现 80 株不育株占 0.84%，第 2 年检查 14 020 株发现 135 株不育株占 0.96%。据试验另两个品种出现不育株的频率都为 0.03%。考巴皮指出欧洲洋葱品种的不育株率为 0.03%~4.4%，在 1 个品种的自交后代内发现有 2.9%。披拿试验 8 个品种的不育株频率为 0.15%~2.29%。吴光远发现"南京黄皮"品种内的不育株率第 1 年为 1.71%，第 2 年为 4.89%，第 6 年为 0.10%。卡查柯伐研究 11 个品种出现不育株的频率为 0.2%~33.3%。哈及新指出在 42 个品种内有 6 个品种不育株率达 20%~24%，21 个品种为 0.8%~10.4%，15 个品种内未发现。可见高者达 20%~30%，低者仅万分之几，但是一般品种只要检查几千株，总是能发现的，因此通过田间检查获得原始不育株并不困难。如果希望提高出现频率以利选择，则可以采用自交或人工引变，当然也可以通过引种。从其他地区引入雄性不育系直接利用，或作为原始不育株用以转育成所需的优良不育系。

从上述雄性不育性的遗传规律可知，利用原始不育株育成不育系的关键，还必须找到基因型属于 $Fmsms$ 的能育系作为父本，才能在后代获得 100%为不育株的不育系。具有 $Fmsms$ 基因型系能育系即称为保持系。育成不育系的过程也就是筛选保持系的过程，一旦找到了具有优良经济性状的 $Fmsms$ 基因型植株后，一方面把 $Fmsms$ 株自交繁殖成保持系，同时用 $Fmsms$ 作父本与不育株交配所得的后代就成为不育系，再连续回交几代就能育成一个经济性状与保持系相似的优良不育系。因此在发现原始不育株后，就应该用经济性状适合于做 1 代杂种亲本品种的能育株作父本，分别与不育株交配，同时各父本自交繁殖后代。当年秋季（秋播地区）或次年春季（春播地区）同时播种各杂交组合和自交系的种子，到第 3 年春分别栽植各系统的采种母鳞茎，并进行隔离以防止系统间自然杂交。到开花时检查各杂交组合，凡全部植株或近于 100%植株为雄性不育株的 F_1 组合，即表示该组合的父本属 $Fmsms$ 型。这时就根据该组合的父本株号找到它的自交系，然后用该组合内的不育株和该自交系内能育株进行回交，同时父本自交。这样回交和自交几代，就育成了所需的优良不育系和它的同型保持系。由此可见，最初与原始不育株交配的能育株愈多，则从中筛选出 $Fmsms$ 型株的概率愈大，因此不育株上每 1 花序应该分别和不同父本交配，这样如果有 10 株不育株就可以配 30~70 个组合。在筛选保持系时不要集中在 1 个品种内选用父本，因为 F 型细胞质和 ms 核基因在不同品种内存在的频率是不同的，有些品种内可能 $Fmsms$ 型株的频率很低，因而多用几个品种可能较易碰到 $Fmsms$ 型。例如米尔研究认为，"列琴斯勃格"品种内 S 型胞质个体少，90%为 $Fmsms$ 个体，"郝尔斯嘎"品种内则 $Fmsms$ 型株很少，"北荷兰血红"品种则比"列琴斯勃格" ms 频率较低而 S 频率较高。在实际工作中往往不易得到 100%不育株的组合，在这种情况下应该用几个不育株率最高组合的父本自交系，分别与各组合内的不育株回交，同时，各父本进行自交。这时每一父本自交系内应该选用约 10 株作父本，分别进行测交和自交。因为这些自交系的亲本大概是 $Fmsms$ 基因型，自交系内应该是 3 种基因型成 1∶2∶1 存在。

通常育成 1 个具有优良经济性状的雄性不育系和它的保持系，大约需要经过 6~7 代，这对于洋葱这样一个世代要跨 3 年的作物来讲，实在是太费时日了。因此缩短育种周期就比其他作物显得更为重要，在这方面除了采取尽可能减少回交代数和配合力测验与不育系选育同时进行等方法外，缩短每一世代的周期长度也是一重要的途径。种子 9 月初播种在日温 16 ℃、夜温 13 ℃、日长 10h 条件下，12 月中旬移苗，使生长在长日和 9 ℃下，到 4 月温度提高到 18 ℃，5 月温度提高到 21 ℃以上，这样 7 月中旬能收种子，并指出进一步调节光强、日长和温度，则有可能在 3 年内繁殖 4 代。其实我国北方大部分地区 9 月初播种，在自然条件下大部分的大苗到次年 7 月间也都能抽薹结籽，而华南地区于 10 月播种后，次年 6 月能收种子，

9个月完成一世代。根据前面介绍的花芽分化和花序发育所需条件来看，华南地区1年的自然气温变化情况，很接近于加速个体发育的最适温度条件的，所以北种南引容易抽薹开花。如果在播种后加强光照强度和营养条件促使幼苗迅速长大，花芽分化后加强光照强度，适当增加日长，促进花序发育和花薹抽伸，抽薹后适当提高温度促进开花结实，则有可能8个月完成1世代。问题在于在自然条件下如连续繁殖，则夏季一般高温长日时期不利于花芽分化和花序发育。因此想实现3年内繁殖4代或2年内繁殖3代，必须有能控制光照和温湿度的温室或人工气候室。在育成优良雄性不育系后，就可以用作不育系与另一选定能育系交配，生产所需的1代杂种种子。作为父本的能育自交系，应该是与不育系经过配合力测验证明有最高配合力的。

（5）1代杂种制种法

采用雄性不育系配制1代杂种需要3系配套，即不育系（A）、保持系（B）和恢复系（C）。在1代杂种制种圃内栽植A系和C系，从A系植株上收获的种子即为1代杂种，从C系植株收获的种子供第二年制种圃内栽种恢复系之用。制种圃内A系和C系的栽植行比和栽植方式，在行距90 cm的情况下，以8行A系与2行C系配植的效果最好，但在东西各1行C系株中间配植24行A系时，中间8行的种子产量虽统计上显著低于两侧8行，而实际的种子产量差异并不很大。当然具体的行比和栽植方式，应该通过试验才能确定，因为各地的气候条件、栽植方式、所用亲本系的花粉量和传粉昆虫活动情况都对结实情况是有影响的。生产杂种种子可用夏秋播两年采种法，因为亲本是已经多代选择和纯化的系统。

除制种圃外，为了繁殖不育系供第2年栽植制种圃之用，需另设1隔离区栽植A系和B系，栽植方式大致与制种区相似，从A系植株上收获的种子即为不育系，从B系植株上收获的种子供第2年栽植保持系之用。关于雄性不育系的繁殖问题，有一种设想是利用气生小鳞茎进行无性繁殖，这样可以不用保持系而仅用两系配套生产1代杂种。要利用气生鳞茎繁殖不育系，首先要采取人工措施，促使花序上产生气生鳞茎。通常所用的方法是在苞片开裂前把花序上的花蕾留部分小花梗后剪除，然后套袋保湿，就可能形成气生鳞茎。试验施用多种生长素的结果与对照（蒸馏水）的差异不大，说明去蕾这一操作的本身就能促使气生鳞茎的产生，且去蕾时期愈早愈好。不同品种的反应不同，如"甜西班牙"处理后平均每花序能产生16.7个气生鳞茎，而"早黄鳞茎"则仅有0.9个。建部民雄指出"泉州平型"的不育系处理后，到6月底调查产生的气生鳞茎数，第2年的结果是不育系12株，每1花序上鳞茎数的变异幅度是0~70个，平均27个，对照（不处理）为0，第3年的结果是不育系11株的变幅为9~120个，平均为53.7个。可见品种系统和个体间形成气生鳞茎能力的差异很大，这是有利之处。但是气生小鳞茎极易腐烂，6月下旬播种到晚秋收获时只剩45%，其中较大者次年春全部抽薹，中鳞茎的一部分和小鳞茎则未抽薹。建部民雄认为用气生鳞茎繁殖雄性不育系在实践中还有一定困难需要研究解决。

（6）1代杂种种子生产技术

洋葱是世界上最早育成和在生产上应用1代杂种的蔬菜作物，其杂种优势明显。但由于其花器小，单果种子少，人工杂交制种成本高，在生产上目前主要应用化学杀雄剂制种和雄性不育系制种这两种方法。

① 利用化学去雄剂制种。由于育成优良雄性不育系所需时间太长，因而有不少人做过杀雄剂的研究，如考尔·柯马尔和米尔等。所得的结果是虽然应用萘乙酸、三碘苯甲酸和二氯

异丁酸钠（FW450）都能引起雄性不育，但只能达到部分不育，只有用500~100 g/mL的马来酰肼（MH）才能得到完全不育，但花的发育不良。米尔等的试验结果指出，在5月16日（有10%植株抽薹）和6月7日两次喷2%赤霉酸，每株用药量为2.5 ml，结果在处理的37株内有26株永久不育，6株暂时不育，5株能育，但永久不育株的平均每株种子产量只有1.7级（0级为无种子，5级为最好，试验中的对照能育株为4.2级）。由此看来，应用杀配子剂去雄法于实际制种，还存在一些问题需要继续研究解决，这种方法在生产上尚未大面积应用。一些单位利用一定浓度的吲哚丁酸、萘乙酸、马来酰肼等在洋葱初花期喷施，能诱导母本植株花期不育，以达到去雄目的。据研究，以0.1%的MH喷雾效果最好，可进一步扩大试验，应用于生产。

② 利用雄性不育系制种。利用雄性不育系制种，需要至少两个隔离区制种。

a. 雄性不育系及保持系繁殖隔离区：在这个隔离区内繁殖雄性不育系及其保持系，最好采用春、秋播3年采种法，这样才能保证亲本的纯度。育苗、苗期及第2年的管理同常规品种采种法。定植时将严格去杂去劣的不育系种株和保持系按（4~8）:（1~2）的行比隔行栽植，栽植密度及方法同常规品种采种法，注意隔离距离。花期应放蜂促进授粉，蜂源不足时，要进行人工辅助授粉。种子熟后严格分行采收。不育系上采收的种子仍为不育系种子，保持系上采收的种子仍为保持系种子。

b. 1代杂种及恢复系的繁殖隔离区：在该隔离区内繁殖1代杂种种子和恢复系种子，也有的单位为了保证恢复系的纯度，防止恢复系混杂退化劣变，单独设恢复系隔离区繁殖恢复系。若在同一隔离区内繁殖，不育系可用春、夏秋播两年采种法，恢复系采用春、秋播3年采种法。即恢复系提早播种，以确保父本纯度，然后将不育系和恢复系按（4~6）:1的行比隔行定植，定植株行距及定植后的管理同雄性不育系及其保持系的采种。采收时要严格分行采收，不育系上采收的为1代杂种种子，恢复系上采收的仍为恢复系种子。如恢复系单独隔离采种，则1代杂种采种隔离区内，恢复系和不育系均可采用春、夏秋两年采种法培育种株。

4. 青鲜素对洋葱化杀效果研究

洋葱杂交优势明显，表现在产量高、品质好、耐贮存。因此，要提高我国洋葱单产量，配制优良杂交种是十分必要的。但因洋葱是多年生作物，生长周期长，我国又缺乏种质资源，要利用洋葱的雄性不育系配制杂交种难度大，时间长，而探索应用化学杀雄剂配制洋葱杂交种能克服上述不足，应是1条可行之路。西昌学院洋葱课题组试验利用青鲜素作为化学杀雄剂，采用0.02%和0.05%两种浓度，在抽薹初期，开花初期和盛花期各喷药1次，并对洋葱的杀雄效果，对雌蕊的损伤及结实率进行考查，以期为生产上采用化学杀雄配制杂交种提供参考。

（1）材料与方法

① 供试材料：西昌红皮洋葱。

② 化学杀雄剂：青鲜素，又称马来酰肼，简称MH。

③ 试验设计：完全随机，重复6次。

④ 试验方法：试验在西昌学院试验田进行，将试验分为套袋和不套袋两组试验，套袋组主要测验青鲜素的化学杀雄效果，未套袋组主要测验青鲜素对洋葱胚珠的损伤及对结实率的影响。每组试验包括6个重复，每重复含3个处理（即抽薹初期、开花初期和盛期）喷药0.02%、

0.05%的青鲜素和未喷药（对照），每个处理挂牌调查 6 株，总计处理 216 株，在抽薹开花前套袋，未套袋组安上网室与大田隔离。

（2）结果与分析

① 套袋组试验的杀雄效果。在收获后，调查单株的每穗小花数和每穗结实籽粒数，根据单株结实率算出处理的平均结实率，见表 5-21。

表 5-21 不同浓度的青鲜素处理的结实率（套袋组）　　　　　　　　单位：%

浓度	重复Ⅰ	重复Ⅱ	重复Ⅲ	重复Ⅳ	重复Ⅴ	重复Ⅵ	平均结实率
0（对照）	30.16	44.56	18.68	26.34	24.04	32.32	29.35
0.02%	15.71	10.45	9.38	9.46	10.78	12.20	11.33
0.05%	4.81	3.72	3.40	2.78	3.75	4.10	3.71

从表 5-21 看出在套袋条件下结实率对照最高，0.02%的青鲜素处理次之，0.05%的青鲜素处理最低，这说明 0.05%的青鲜素的化学杀雄效果最好。对套袋组的结实率材料进行方差分析和 F 测验表明，不同浓度间的结实率差异达到 5%的显著水平，进一步用 LSD 法对结实率作多重比较得表 5-22。

表 5-22 青鲜素不同浓度的杀雄效果的差异显著性（LSD 法）

浓度	平均结实率/%	差异显著性	
		5%	1%
0（对照）	29.35	a	A
0.02%	11.33	b	B
0.05%	3.71	b	B

多重比较结果表明，青鲜素的两种浓度处理后，洋葱的结实率与对照的差异达到极显著，即喷施青鲜素后，结实率极显著地降低，化学杀雄效果明显，其中 0.05%浓度的杀雄效果优于 0.02%浓度处理，但两种浓度的化杀效果的差异未达到 5%的显著水平。

② 未套袋试验组的结实率。未套袋组仅设网室保护，在收获后单株调查每穗小花数和结实籽粒数，根据单株结实率算出处理的平均结实率，见表 5-23。

表 5-23 不同浓度的青鲜素处理的结实率（不套袋组）　　　　　　　单位：%

浓度	重复Ⅰ	重复Ⅱ	重复Ⅲ	重复Ⅳ	重复Ⅴ	重复Ⅵ	平均结实率
0（对照）	64.25	50.24	97.14	73.25	88.89	52.28	71.04
0.02%	10.27	15.25	9.55	12.80	23.72	18.65	15.04
0.05%	77.55	31.16	40.04	38.98	45.34	54.20	47.88

对未套袋组结实率作方差分析和 F 测验表明，不同浓度处理的结实率差异达到 5%的显著水平，用 LSD 法进一步作多重比较得表 5-24。

表 5-24　青鲜素不同浓度的结实率的差异显著性（SSR 法）

浓　度	平均结实率/%	差异显著性	
		5%	1%
0（对照）	71.04	a	A
0.05%	47.88	a	AB
0.02%	1.04	b	B

表 5-24 的多重比较结果表明，0.05%的青鲜素处理的结实率与对照的差异不显著，两种不同浓度处理的结实率差异达 5%的显著水平，但未达到 1%的极显著水平，而 0.02%青鲜素处理后的结实率显著地低于对照，这表明 0.05%的青鲜素对洋葱雌的胚珠损伤较小。

（3）讨论

本试验结果表明采用青鲜素的 0.02%和 0.05%两种浓度处理对洋葱的化学杀雄效果与对照相比，差异达到极显著水平，其中以 0.05%浓度化学杀雄效果最佳，套袋自交结实率为 3.71%，此浓度可作为化杀制种参考。但此次试验浓度仅涉及 0.02%和 0.05%，因此 0.05%是否是青鲜素作为洋葱化学杀雄的最佳浓度，应该增加浓度处理作进一步的试验。另外，通过不套袋组的结实率试验表明，用 0.05%青鲜素处理后的洋葱结实率为 47.88%，比对照略低，但差异不显著，说明用 0.05%的青鲜素进行化学杀雄是洋葱化杀制种的参考浓度。当然，利用化学杀雄进行洋葱的杂交制种技术是十分复杂的，涉及杀雄剂的浓度、施药次数、施药时期、施药方式等，西昌学院洋葱研究课题组将继续进行更深入的探讨。

（三）耐藏性选育

1. 耐藏性的构成性状

洋葱是一种重要的贮藏供应蔬菜，其耐藏性是一项很重要的经济性状。但耐藏性也像丰产性一样是由几种性状构成，并受多种因素影响的复合性状。要想育成耐藏性很强的品种，就需要对它的主要构成性状和影响因素有所了解，以便进行杂交亲本的选配和选种材料的选择。

（1）鳞茎抗病性

抗病性的强弱和病原菌的传播情况以及环境条件结合在一起，表现为个体鳞茎的易否生霉、腐烂或品种系统的病鳞茎率高低。造成鳞茎在贮藏期间霉烂损失的病害主要是颈腐病（或称灰霉病）和炭疽病。颈腐病是各地造成贮藏鳞茎腐烂的主要病害，病原菌为 *Botrytisallii. B. Squamosa*、*byssoidea* 等，主要通过假茎伤口侵入。试验指出有色品种一般比白色品种抗病，抗性与有色鳞茎外皮所含的某种水溶性有毒物能防止病原菌侵入有关，当有色鳞茎一经侵染后就并不比白色品种能抗病。有试验指出辛辣味强的品种抗性较强，这可能是抗性与辛辣物双硫化丙烯（$CH_2CHCH_2SSCH_2CHCH_2$）的含量有关。另外，由于病原菌能从假茎开口处侵入，因而假茎粗的鳞茎较易感染。有试验测验 67 个品种，未发现一个有高度抗性。

炭疽病在有些地区也是造成贮藏损失的重要病害，病原菌为 *Colletotrichum circinans*，侵染鳞茎外皮呈黑色烟斑，在高温多湿环境下病菌繁殖迅速，严重时造成鳞茎萎缩和提早发芽。一般认为也是有色品种比白色品种较为抗病，在抗病品种上病斑仅限于颈部而不易发展。有色品种对颈腐病和炭疽病的抗性可能与所含槲皮色素糖苷物和原儿茶酸有关。在研究色素与抗性关系的试验中发现,产生色素的基因 W 和 Wy 也同时控制原儿茶酸的产生。

试验还发现在有色品种内的外层鳞片疏松不紧的品种或个体,一般较易感染。

(2)休眠期

贮藏期间个体鳞茎萌芽期的早晚或品种萌芽率的高低,是休眠期长短的表现。在同样的贮藏条件下,南方品种一般比北方品种由于休眠期较短而萌芽较早。休眠期的长短与鳞茎的隐藏鳞片数和开放鳞片数的比值成正相关,即隐/开值愈大休眠期愈长。南方的甜味品种无论在隐藏鳞片数上,或在隐/开比值上都少于北方的辣味品种;南方品种比值约变动于(0.7~2.7):1 的范围内,北方品种的比值则在(4.0~8.5):1 的范围内。隐藏鳞片的开始形成期与环境条件的关系,在土壤湿度充分、气温较低或日照较短的条件下,叶片生长旺盛而隐藏鳞片的形成延迟;在相反条件下则隐藏鳞片提早形成,同时新叶停止发生而鳞茎开始膨大。洋葱鳞茎隐藏鳞片与开放鳞片数和比值见表 5-25。

表 5-25　洋葱鳞茎隐藏数与开放鳞片数和比值

品种	鳞茎横径/cm	鳞片数/枚·个$^{-1}$		隐/开
		隐藏	开放	
雅典	6.0-8.4	5.5	7.1	0.7
卡巴	5.5-5.8	8.0	5.5	1.4
斯克维尔	5.5-6.5	10.2	3.8	2.7
索洛青	4.9-6.2	12.2	3.2	3.8
维辛	3.5-5.0	5.0	3.7	1.3
帕扎尔	4.8-6.2	17.0	2.0	8.5
柴帕洛集	2.0-2.5	6.0	1.3	4.6

青叶高认为"泉州黄"和"今井早生"在鳞茎开始膨大后(5 月上中旬)给予短日处理超过 20 d,则产生新叶而隐藏鳞片数减少,贮藏过程中萌芽早而腐烂率增加。

可见休眠期的长短,是受影响鳞茎肥大成熟的同样条件所制约的,长日、高温、干燥有利于鳞茎的肥大成熟,在这样条件下形成的鳞茎的休眠期也较长。高纬度地区品种之所以一般休眠期较长,除了鳞茎膨大期具备这种条件外,也是长期自然选择的结果,因为休眠期短的鳞茎,难以保存到次年栽植采种繁殖后代。肥厚的鳞片,特别是隐藏鳞片多,本来就是植物度过环境条件不适于生长时期的养分贮藏器官,是起源于生理上休眠需要的一种器官变形,所以休眠期的长短也与鳞茎的贮藏物含量呈正相关。曾有研究测定 60 多个洋葱品种和杂种的干物质含量的结果,显示含干物质百分率高的品种,有耐藏而不易发芽的趋向,只有两个品种例外。试验指出可溶性固形物含量高与萌芽晚之间的相关极显著,高干物质含量与高含糖之间,高干物质含量与高蔗糖/单糖比之间,高干物质含量与耐藏性之间都存在正相关。曾有研究者分析大量材料后指出,甜味和半甜品种的含糖量和干物质百分率比辣味品种的低,这说明南方品种大多较耐藏的原因,而北方品种大多为辣味品种。有试验认为,品种的含糖量与10月末的腐烂率和发芽率存在相关，其相关系数 r = 0.6，P＜0.001；鳞茎形状指数与含糖量也存在相关，其相关系数 r =0.81。

福斯开脱等指出"阿沃瓦黄鳞茎44"是从"勃列海姆黄鳞茎"中选出的，后者贮藏到4月初的萌芽率为34.7%，而前者仅为3.9%，说明通过品种内选择就可以显著提高耐藏性而获得不易发芽系统，选择休眠期长的个体，后代能显著降低贮藏损失。华列特等认为"卡耳莱特"（可溶性物质含量 5.42%~6.62%）与"红西印度"（15.83%~16.34%）的 F_2 代的可溶性物质含量为 8.69%~9.64%，估计约有4~10对基因控制可溶物含量，低含量似为部分显性，向高和低含量选择的遗传力为 71%~73% 和 76%~81%。花冈保用"札幌黄"及其他品种的雄性不育系做母本与另一些品种杂交，结果有一半组合的 F_1 耐藏性在两亲之间，另一半组合的 F_1 则耐藏优于亲本。从这些资料分析中，可以得出以下几点结论：

① 无论是在现有品种内或在杂交后代中，通过选择都能获得耐藏性强的系统。
② 耐藏性呈数量遗传，但选择效果是较高的。
③ 选配亲本合适时能在后代中获得超过双亲耐藏性的系统。

（3）抗萎缩失重性

抗萎缩失重性的强弱是用贮藏期间个体或品种的分期失重率来表示的。在同样贮藏条件下，一般也是南方品种比北方品种抗萎缩失重性较差。伍德门等认为耐藏性与收获后最初 2~5 d 的水分损失率呈相关，即不耐藏品种具有较高的水分损失率和总水分损失量。但他测定一些品种后认为，耐藏性与干物质含量并无关系，如"白里斯本"与"恩云吕拉爱斯"的干物质含量相近，而前者是试验品种内最不耐藏的，后者是最耐藏的，看来这可能只是少数特殊的情况。另外，抗萎缩失重性还与鳞茎外部的组织结构有关，北方品种一般具有较多较厚的外部干鳞片，并且鳞片的包被较为严密紧实，有利于减少鳞茎水分的表面蒸发。假茎粗的个体之所以不耐贮藏，也与假茎断口的蒸发失水较多有关。但是贮藏期间严重的萎缩失重，通常都发生在鳞茎开始萌芽之后，由此可见休眠期的长短也间接影响抗萎缩失重性。洋葱鳞茎在贮藏期间的损耗，除了表现为霉烂、发芽和萎缩失重外，有时还有裂鳞茎和发根等现象。裂鳞茎是因为鳞茎内部已经分头，外部只有 1~2 层鲜鳞片包被，贮藏期内这 1~2 层鳞片干缩后就呈现了裂鳞茎分头现象。发根主要是由于贮藏场所通风不良，鳞茎间空气湿度太高的缘故，与品种的休眠期长短似无明显关系，因为即使是收获后不久的鳞茎，在高湿度下也能迅速发根。

综上所述，影响耐藏性的性状或因素可以归结为以下几点：

① 贮藏损耗包括霉烂、发芽、萎缩失重、裂鳞茎和发根等几种现象引起的损耗，这些方面的损耗值是随品种的耐藏性、贮藏期的长短和贮藏条件而变化的。
② 构成品种或个体耐藏性的主要性状是抗病性、休眠期和抗萎缩失重性，这3种性状与品种的某些组织结构和生理生化性状有密切关系。假茎细、鳞茎顶紧密和干鳞片多、厚而紧包的鳞茎，一般抗病性较强、休眠期较长和抗萎缩失重性较强。隐藏鳞片数多和开放鳞片的比值较大者，一般休眠期较长较耐藏。有色和辣味强的鳞茎一般较抗病耐藏。干物质或可溶性固形物或糖含量较高的鳞茎，一般休眠期较长和抗萎缩失重性较强。
③ 抗病性、休眠期和抗萎缩失重性不仅在品种间有差别，而且在同一品种的个体间也有

很大差别，这种差别一方面是受遗传性控制的，另一方面也受品种或个体的生长发育条件的影响。同一品种在长日、高温、干燥和沙性土壤等条件下长成的鳞茎，都具有较强的抗病性、抗萎缩失重性和较长的休眠期。但在同样栽培条件下长成的鳞茎间的贮藏性差异，其遗传性差异则占较大成分，因而选择效果是较高的。

2. 耐藏性鉴定法

耐藏性的直接鉴定法就是在实际贮藏条件下，分几次调查统计损耗或保存率。通常在鉴定品种或系统的耐藏性时，每品种至少应有100个正常成熟的鳞茎，计数和称重后分别用容器盛装保存在同样的贮藏条件下，其后分期调查霉鳞茎率、萌芽鳞茎率、裂鳞茎率，同时每次剔除上述淘汰鳞茎后称量剩余健全鳞茎的重量，换算出平均单鳞茎重的失重率。对于上述各类废鳞茎也可以用重量损耗来表示，就是用各类废鳞茎数乘开始贮藏时的平均单鳞茎重，再换算成重量损耗百分率。这种鉴定法比采用一个总的重量或鳞茎数损耗率，能更好地反映各品种在耐藏性方面的差异和特点，有助于研究了解各种育种原始材料的特性，对新育成的品种也可提供改进贮藏方法和贮藏条件的参考。

对个体耐藏性的直接鉴定就用个体保持良好状态时期的长短来表示。

直接鉴定结果的可靠性，取决于鉴定时的贮藏条件与实际生产中的贮藏条件的相似程度。在多品种进行比较时，每一品种的鳞茎数往往不会很多，且需分装贮藏，而有别于生产上的大量堆藏。因此，对于准备推广的新品种，最好能完全按照生产贮藏条件大量贮藏，并且贮藏材料的生长发育条件也应该和一般生产栽培一致。因为任何一项的变化都可能影响耐藏性，从而使鉴定结果不能正确地反映品种或个体的耐藏性。例如，供贮鳞茎的成熟度对耐藏性就有很大影响。郝依耳研究认为，在同1天内收获的3种不同成熟度的鳞茎贮于同样条件下，结果是地上部已倒伏黄萎的一组在生理失重、腐烂和总损耗方面都比另外两组低，另外两组是一组地上部绿色直立，一组绿色倒伏。

耐藏性的间接鉴定法主要是用折光仪鉴定可溶性固形物的含量，或用比重法鉴定总干物质的含量。有试验指出，用折光仪测定鳞茎的可溶性固形物含量时，所得结果不仅随年份和时期而不同，并且也随取样部位而不同，一般有从顶部向基部和从外部向内部逐渐增加的趋势。从外向内第4或第5鳞片的折光度与整个鳞茎可溶性固形物含量的测定结果相关性最显著。测定的可溶性固形物与干物质量的相关系数 r 分别为 0.65 和 0.84 都达到显著水平。凯尔主张用比重法测定总干物质含量，他认为比折光仪法快而同样可靠。彭轧认为直接应用比重鉴定法进行高干物质含量个体的选择法，即选取在比重为 0.93 或 0.96 溶液内下沉的鳞茎，各品种的下沉百分率是不同的。以上两种鉴定法中比重法较为实用，这不仅是因为比重法方法简单适于鉴定大量材料，同时也因为折光仪法总要使被鉴材料受到损伤，影响它的贮藏保存和繁殖后代。在品种选育过程中所用的鉴定法即使它有最高的精确可靠度，但如果不能使被鉴定材料仍保有繁殖能力，就只能用于品种或系统的比较，而不能用于株选比较。经过比重鉴定后鳞茎带水潮湿可能影响以后的贮藏性，因此最好利用干燥设备迅速把经过鉴定的鳞茎吹干。用 40.5~48 ℃ 的热空气吹装在网眼布袋内的鳞茎 16 h，比装在麻布袋内室外自然干燥的贮藏效果较好。

3. 耐藏性选育方法和程序

（1）选育方法

无论是对于杂交后代或现有品种，都可采用混合选法或单株选择法，但是比较起来则以先单株后混合的选择法效果较好。

（2）选育程序

① 第 1 年从田间鳞茎收获时起到第 2 年结束贮藏时止，在品种内或 F_1 内选择较多的优良鳞茎。

② 第 2 年对各采种株分别进行自交。

③ 第 2 年秋或第 3 年春分区播种栽培各 S1 系统。

④ 第 3 年田间淘汰不良自交系，从收获时起到次年结束贮藏时止，在选留的 25~30 个自交系内，选择最优良鳞茎数 10~200 个。

⑤ 第 4 年把每 1 采种株的一半花序进行自交，其余花序任其自然杂交。

⑥ 第 4 年秋或第 5 年春分区播种各 S2 系统及其自然杂交种子。

⑦ 第 5 年田间淘汰不良自交系，约选留 10~15 个系统，选留系统如在鳞茎形状、鳞茎色、成熟期等重要经济性状方面有不同，则把相同者合并成几个系统，贮藏期间淘汰不良鳞茎。各自然杂交系统长成的鳞茎先淘汰不良系统，然后在选留系统内去杂去劣，混贮，经贮藏期间淘汰不良鳞茎后混合采种，供生产试验或初步推广之用。

⑧ 第 6 年把自交系合并成的几个系统进行隔离栽植，使系统内自由授粉，分系采种。

⑨ 第 6 年秋或第 7 年春几个选系分区播种。

⑩ 第 7 年根据各选系表现选留最优的 1 个或几个，系内去杂去劣，准备次年繁殖推广。

（3）各代选择步骤

以上过程中除了按照其他性状进行选择外，对于耐贮性的选择，每 1 代最好按下列步骤进行：

① 在收获时根据目测鉴定选择假茎细、成熟良好、鳞茎大的无病株。倒伏期的选择是效果明显的，在 5% 最早倒伏的 61 株内随机选 14 株（用 E 代表），在 5% 最晚倒伏的 52 株内随机选 14 株（用 L 代表），在全群体内随机选 14 株（用 R 代表）。每系分为 7 株 2 组，每株留 4 个花序，其中 2 个去雄，其余 2 个采粉后 7 株混合给另外 7 株交互授粉，其结果如表 5-26 和表 5-27。

表 5-26 系统母本株的性状指标

	茎长/cm	茎粗/cm	六月的倒伏期/天	倒伏期选择差	鳞茎形状指数（纵茎/横茎）/%
E	15.5	2.25	4.3	-8.3	62.2
L	15.9	2.56	19.4	6.8	67.6
R	17.0	2.45	12.5	-0.1	64.1
原群体	15.8	2.44	12.6	—	64.9
标准差	0.62	0.34	3.63	—	5.81

表 5-27　系统后代的性状实际指标

	茎长/cm	茎粗/cm	倒伏期	倒伏期实际反应	倒伏期理论反应	鳞茎形状指数(纵茎/横茎)/%
E	15.5	2.24	10.5	-4.40	-6.47	64.0
L	18.2	2.55	19.3	6.8	5.30	74.4
R	17.1	2.40	14.9	0.00	-0.08	73.0
5%差异显著	1.61	0.23	2.29	—	—	5.30
(E+L)/2	16.85	2.40	14.9	—	—	69.20

可见在当地正常收获期选择成熟良好的个体，可使后代在成熟一致性方面和成熟期方面得到显著的提高，从而间接提高耐藏性。

② 收获后对上述初选株除去地上部进行比重鉴定，按计划最后选留株数的 2~3 倍，选取比重最大鳞茎。

③ 根据贮藏期间病害感染情况淘汰不良株。

④ 根据贮藏期间萌芽早晚和叶片生长速度等淘汰不良株。

⑤ 贮藏后期根据萎缩失重情况、裂鳞茎以及其他性状淘汰不良株。

⑥ 定植后根据采种株的抗病性、生长发育情形、抽薹结籽情况淘汰不良株。

（四）抗病性选育和远缘杂交

洋葱对病虫害抗性的品种间差异大多不大，很少有近于免疫的高度抗性品种，因此通过品种间杂交育成对多种病害有高度抗性的品种比较困难。此外，大葱对花叶病毒、黄矮病毒、锈病、黑穗病、白腐病、红根病、葱蝇等病虫害有远高于洋葱的抗性，韭葱和蒜对锈病近于免疫，不少葱属野生种具有洋葱所缺乏的抗病性和抗逆性，因此关于抗病育种方面，前人所做的工作大多是属于远缘杂交方面的。洋葱×大葱的杂交，授粉 100 朵花得 30 粒种子，其中 13 粒发芽；大葱×洋葱的杂交，得到 13 株 F_2 植株和 F_1 与两亲本回交的后代；洋葱（洋葱×大葱）的回交后代高度不育；大葱（洋葱×大葱）的回交后代有些株能育；洋葱×大葱和洋葱×韭葱能得到杂种。综合有关报道都说明洋葱和大葱正反交还是比较容易得到 F_1 植株的，但 F_1 常高度自交不育，花序似洋葱而较大，花期、开花方式和种子发育呈中间性，叶形比较似洋葱多少带扁形，对多种病害有抗性，多年生似大葱，生长比亲本旺盛，但鳞茎不肥大或仅稍肥大。回交后代和双 2 倍体后代的抗性变化很大，双 2 倍体的性状似 F_1，而易与两个亲本回交获得后代。国外有一种供生产绿葱栽培的品种称为"培尔兹维尔"就是洋葱×大葱的双 2 倍体。双 2 倍体比亲本结籽少，不育性主要由于开花后 5~8 d 内胚胎退化。3 种可能的克服办法是：

①在双 2 倍体的分离后代内选择。

②选择没有不育基因的亲本。

③用双亲的同源 4 倍体交配。

除洋葱×大葱的杂交外，有人做过分鳞茎洋葱×大葱的杂交。其 F_1 生长非常强健，常绿性鳞茎不肥大，分蘖性在两亲本之间。用 F_1 做母本与双亲回交未得后代是由于 F_1 的卵没有生活力，但 F_1 的花粉有 6.2%~9.7%能染色，所以作为父本和两亲回交都能得到后代，分鳞茎洋葱 F_1 的回交后代有些株像 F_1，有些株像分鳞茎洋葱。用分鳞茎洋葱×大葱的双 2 倍体与分鳞茎洋葱回交所得的后代内有 42%植株抗红根病，但都没有膨大鳞茎。用秋水仙素处理 F_1 所得双 2 倍体比亲本和 F_1 都生长旺盛，对红根病有高度抗性但无鳞茎，花粉平均有 64.3%能染色（分鳞茎洋葱为 63.6%，大葱为 88.6%），与分鳞茎洋葱的回交结实率为 15.1%。

（五）其他性状选育

涉及性状遗传规律的实验报道不多，即或有一些，也是初步的实验观察，只能作为一般参考。在各种性状中研究比较多的是鳞茎色泽。鳞茎色泽主要是指外部干鳞片的色泽，至于内部鲜鳞片的色泽一般是白色的，有些紫红色品种的内部鳞片稍带淡紫红色，有些黄褐色品种的内部鳞片稍带淡黄色。鳞茎色泽虽然也因地区环境条件不同而稍有深浅变化，但主要是受品种的遗传性控制的。据研究，控制色素遗传的有下列基因：

I——有不完全的抑制色素产生作用

i——没有抑制色素产生作用

W——产生红色素

W^y——产生黄色素

w——无色

I 对 i 为显性，W 对 W^y 和 w 为显性，这 3 基因属同一等位基因系。抑制基因与色素基因之间的遗传是独立的。从而认为红色品种包括 $WWii$、WW^yii 和 $Wwii$ 三种基因型，黄色品种包括 W^yW^yii、W^ywii 两种基因型，白色品种包括 $WWII$、$WwII$、$wwII$、$wwIi$、$wwii$ 五种基因型，白鳞茎红颈品种包括 $WWII$ 和 $WwIi$ 两种基因型，乳色品种为 W^yW^yIi 型。其后研究者们发现许多不能用这种假说解释的遗传分离现象，芽奈尔综合前人的研究指出有下列基因控制：

C——基本色素基因，所有 cc 型个体不论带其他什么基因都是白色

R——红色基因

r——黄色基因

I——抑制基因，对 i 为不完全显性，II 为白色，Ii 为淡黄色

由于还存在修饰基因，因而有时 $IICCRR$、$IiCCRR$、$IiCCRr$ 这 3 种基因型都是近于白色，难以区分，但带 RR 者颈部常稍红色。$iiCcRr$ 型红色株的自交后代分离为 9 红：3 黄：4 白。$IiCcRr$ 红色株 $iiccRr$ 型白色株的后代分离为 3 红：1 黄：4 白，通常外表白色的个体，实际可能属于两类不同的基因型，即一类是有 cc 基因的，另一类是带 II 基因的。若要区别这两类基因型的白色株，可以使鲜鳞片暴露在浓氨气中，$IICC$ 或 $IICc$ 型变黄色，而 cc 型不变黄。爱尔先菲等通过 12 个品种或系统之间杂交研究，认为鳞茎色由 I、C、G、L、R 这 5 个显性基因控制，都是独立遗传的，另有影响色素深浅的修饰基因。琼斯用黄色巴西品种"皮拉培阿"分别与 3 个美国黄色品种杂交，所得 3 种 F_1 都是浅红色鳞茎，而且 3 个 F_2 系统都分离为 9 浅红：7 黄，证实了前人已经报道过的还有互补基因存在的假说。蓓蒂研究认为，鳞茎色受 4 对基因控制，C_1 和 C_2 为基本色素基因，R_1 和 R_2 为互补基因，$C_2R_1R_2$ 为红色，F_2 分离为 207 红：49 白。可见鳞茎色泽的遗传是相当复杂的，已有的研究还是不够深入的。在繁殖两个紫红品种时，1 个品种的后代内出现 0.2%白鳞茎和 0.4%黄鳞茎；另 1 个品种的后代内出现 0.7%白鳞茎和 3.1%黄鳞茎，几个黄鳞茎品种的后代内有 0.1%~1.8%的白鳞茎和红鳞茎。

单独栽培黄色品种,保证没有异色品种自然杂交的情况下,后代出现极少数白鳞茎。这些现象究竟是由于突变,还是由于较复杂的基因互作,还有待于进一步研究。表5-28为洋葱或分鳞茎洋葱×大葱的其他性状遗传资料,表5-29为洋葱品种间杂交的其他性状遗传资料。

表5-28 洋葱或分鳞洋葱×大葱的其他性状遗传资料

性状	F_1	控制基因
花叶病毒抗性	抗病	
黄萎病毒抗性	抗病	多基因
黑穗病抗性	抗病	
红根病抗性	抗病,不抗病	单基因,较复杂
葱蝇抗性		
夏枯×常绿	常绿	两对基因
鳞茎肥大×不肥大	不肥大或稍肥大	
花期早×晚	中间	

表5-29 洋葱品种间杂交的其他性状遗传资料

性状	F_1	控制基因
霜霉病抗性	抗病,不抗病	
易抽薹不易	不易为不完全显性,随亲本而异	
成熟期早晚	中间偏早	
鳞茎大小	随亲本组合而异	
耐藏性	中间或优于亲本	
黄花药×绿花药	绿药	Ya, ya
露药×不露药	不露药	Ea, ea
叶表无粉蜡×有粉蜡		G_1, g_1
缺叶绿素×正常	正常	$Aa、Y_1u_1、y_2y_2、Vv、Pypy$
可溶性物含量	低含量为不完全显性	多基因

(六)攀西地区黄皮洋葱品种筛选初报

攀西地区是国家级蔬菜种植基地之一,洋葱种植以西昌为主,由于气候、土质适宜,经济效益好,因此洋葱是西昌地区利用小春田创收增收的重要经济作物。但种植的品种单一,95%以上都是红皮洋葱。而近年来,市场上红皮洋葱的价格不断下跌,黄皮洋葱的价格却相对稳定。为改变洋葱种植品种单一状况,适应市场变化的需要,迅速引进黄皮洋葱品种并进行品种筛选,选出适宜攀西种植的优良黄皮洋葱品种已是当务之急。为此,西昌学院洋葱研究课题组从美国、以色列、日本及国内云南等引进大量优良的黄皮洋葱品种并进行品种比较试验，以期筛选出适宜攀西地区种植的优良品种，从而改变洋葱的品种结构，使洋葱生产更适宜市场变化的需要。

1. 材料和方法

（1）供试材料

以色列 60APAD（NO：1）、以色列 95（NO：2）、以色列 9ELAD（NO：3）、以色列 688（NO：4）、以色列 929（NO：5）、1号早熟（NO：6）、2号早熟（NO：7）、3号大高（NO：8）、美国红（NO：9）、美国 504（NO：10）、日本 203（NO：11）。

（2）试验设计

采用随机区组设计，重复3次，每重复含11个处理，共计33个处理。

（3）试验方法

2001年9月14日播种，2001年11月13日移栽，每小区长3 m、宽2 m，每行13株、16行，每小区共208株，黑膜覆盖。

（4）研究内容：田间观测记载洋葱的膨大期、熟性、鳞茎形状、抽薹率等性状，室内考查株高、鳞茎鲜重、纵径、横径、颜色、颈粗、叶片数、单株生物产量、产量等9个性状。

（5）统计方法

方差分析的数学模型为：

$$X_{ij} = \mu + \zeta_i + \beta_j + \varepsilon_{ij}$$

其中 μ 为总体平均数、ζ_i 为处理效应、β_j 为区组效应、ε_{ij} 为随机误差。方差分析时处理固定、区组随机，多重比较采用SSR法。方差分析结果见表5-30。

表5-30 黄皮洋葱品比试验主要性状的F测验

变异来源	单个鳞茎重	株高	横径	纵径	叶片数	颈粗	抽薹率	产量
区组	1.85	1.16	1.03	0.05	0.11	1.64	7.59*	1.85
品种	16.49**	17.52**	26.29**	13.5**	0.64	9.45**	1.44	16.49**

注：*表示差异达到5%的显著水平，**表示差异达到1%的显著水平。

2. 结果分析

（1）单个鳞茎重

根据11个品种的单个鳞茎重方差分析和F测验（表5-30）知：品种间的差异达到1%的极显著水平，进一步采用SSR法进行多重比较得表5-31。

表5-31 单个鳞茎重差异的新复极差测验

代号	鳞茎重平均数 /g·个$^{-1}$	差异显著性 5%	差异显著性 1%
NO：11	320.22	a	A
NO：10	309.08	a	A
NO：6	307.05	a	A
NO：3	263.18	ab	AB

续表

代 号	鳞茎重平均数 /g·个⁻¹	差异显著性	
		5%	1%
NO：2	232.65	bc	ABC
NO：1	231.21	bc	ABC
NO：5	209.13	bcd	BC
NO：9	191.73	cd	BC
NO：4	146.90	de	CD
NO：7	101.27	e	D
NO：8	74.50	f	D

由表 5-31 看出：日本 203、美国 504、1 号早熟的单个鳞茎重显著高于其他品种，其中日本 203 的单个鳞茎最重，为 320.22 g，这三个品种鳞茎重有以下关系：日本 203＞美国 504＞1 号早熟；3 号大高的单个鳞茎重最小，为 74.50 g；2 号早熟次之，为 101.27 g。

（2）株高

根据 11 个品种的株高方差分析和 F 测验（表 5-31）知：品种间的差异达到 1%的极显著水平，进一步采用 SSR 法进行多重比较得表 5-32。

表 5-32　株高差异的新复极差测验

代 号	株高平均数（cm）	差异显著性	
		5%	1%
NO：4	80.83	a	A
NO：7	80.40	a	A
NO：8	78.12	a	A
NO：9	68.82	b	AB
NO：1	67.27	bc	BC
NO：2	63.19	bc	CD
NO：3	62.15	bc	CD
NO：10	60.34	bcd	CD
NO：6	56.60	cd	CD
NO：5	52.81	d	DE
NO：11	44.31	e	E

由表 5-32 看出：以色列 688、2 号早熟、3 号大高的株高平均数显著高于其他品种，极显著高于除美国红以外的其他品种，其中以色列 688 的植株平均数最高，为 80.83 cm，这三

个品种株高平均数的大小关系如下:以色列 688>2 号早熟>3 号大高;植株最矮的是日本 203,为 44.31 cm,以色列 929 次之,为 52.81 cm,美国 504 属于中等偏低。

(3) 鳞茎横径

根据 11 个品种的鳞茎横径方差分析和 F 测验(表 5-30)知:品种间的差异达到 1% 的显著水平,进一步采用 SSR 法进行多重比较得表 5-33。

表 5-33 鳞茎横径差异的新复极差测验

代 号	鳞茎横径平均数/cm	差异显著性	
		5%	1%
NO:10	9.12	a	A
NO:11	8.44	a	AB
NO:6	8.28	b	AB
NO:1	7.97	b	B
NO:3	7.96	b	B
NO:5	7.94	b	B
NO:2	7.60	b	B
NO:9	7.58	b	B
NO:4	6.55	c	C
NO:7	5.52	d	C
NO:8	4.51	e	D

由表 5-33 看出:美国 504、日本 203 的鳞茎横茎平均数显著大于其他品种,其中美国 504 的鳞茎横径最大,为 9.12 cm,且美国 504 大于日本 203;鳞茎横径最小的是 3 号大高,为 4.51 cm,2 号早熟次之,为 5.52 cm。

(4) 鳞茎纵径

根据 11 个品种的鳞茎纵径方差分析和 F 测验(表 5-30)知:品种间的差异达到 1% 的显著水平,进一步采用 SSR 法进行多重比较得表 5-34。

表 5-34 鳞茎纵径差异的新复极差测验

代 号	鳞茎纵径平均数/cm	差异显著性	
		5%	1%
NO:11	8.35	a	A
NO:3	7.84	b	A
NO:6	7.74	b	A
NO:2	7.63	b	B
NO:1	7.21	b	B

续表

代 号	鳞茎纵径平均数/cm	差异显著性	
		5%	1%
NO：10	7.18	b	B
NO：4	7.13	b	B
NO：9	6.37	c	B
NO：7	6.26	c	B
NO：5	5.76	cd	C
NO：8	5.46	d	C

由表 5-34 看出：日本 203 的鳞茎纵径平均数显著大于其他品种，为 8.35 cm；鳞茎纵径最小的是 3 号大高，为 5.46 cm，以色列 929 次之，为 5.76 cm。

（5）叶片数

根据 11 个品种的叶片数方差分析和 F 测验（表 5-30）知：品种间的差异未达到 5%的显著水平。以色列 60 APAD、以色列 95、以色列 9 ELAD、以色列 688、以色列 929、1 号早熟、2 号早熟、3 号大高、美国红、美国 504、日本 203 的叶片数分别为 13.0、12.7、12.0、13.0、14.0、12.5、12.3、13.2、12.3、13.7、11.7，日本 203 的叶片数最少，为 11.7 片，以色列 929 的叶片数最多，为 14.0 片。

（6）颈粗

根据 11 个品种的颈粗方差分析和 F 测验（表 5-30）知：品种间的差异达到 1%的显著水平，进一步采用 SSR 法进行多重比较得表 5-35。

表 5-35　颈粗差异的新复极差测验

代 号	颈粗平均数/cm	差异显著性	
		5%	1%
NO：7	2.90	a	A
NO：8	2.67	a	A
NO：14	2.35	ab	A
NO：1	2.17	b	AB
NO：9	2.00	bc	B
NO：6	1.70	c	B
NO：10	1.61	c	B
NO：5	1.54	cd	BC
NO：11	1.31	d	C
NO：2	1.29	d	C
NO：3	1.15	d	C

由表 5-35 看出：2 号早熟、3 号大高的颈粗平均数显著大于其他品种，其中 2 号早熟的颈粗最大，为 2.90 cm，其次是 3 号大高为 2.67 cm；颈粗最小的是以色列 9 ELAD，平均为 1.15 cm，以色列 95 次之。

（7）早期抽薹率

根据 11 个品种的早期抽薹率方差分析和 F 测验（表 5-30）知：品种间的差异未达到 5% 的显著水平。以色列 60 APAD、以色列 95、以色列 9 ELAD、以色列 688、以色列 929、1 号早熟、2 号早熟、3 号大高、美国红、美国 504、日本 203 的早期抽薹率分别为 7.00%、0.33%、2.67%、6.00%、7.67%、6.33%、6.33%、0.33%、3.33%、1.67%、0.33%，以色列 929 的早期抽薹率最高，为 7.67%，其次是以色列 60 APAD，为 7.00%；日本 203、以色列 95、3 号大高的早期抽薹率最低，都为 0.33%。

（8）产量

根据 11 个品种的产量方差分析和 F 测验（表 5-30）知：品种间的差异达到 1% 的极显著水平，进一步采用 SSR 法进行多重比较得表 5-36。

表 5-36　产量差异的新复极差测验

代　号	产量平均数 /kg·ha^{-1}	差异显著性	
		5%	1%
NO：11	111 004.2	a	A
NO：10	107 142.3	a	A
NO：6	106 439	a	A
NO：3	91 231.35	ab	AB
NO：2	80 648.1	bc	ABC
NO：1	80 148.9	bc	ABC
NO：5	72 493.5	bcd	BC
NO：9	66 463.2	cd	BC
NO：4	50 900.85	de	CD
NO：7	36 838.5	e	D
NO：8	25 825.5	f	D

由表 5-36 看出：日本 203、美国 504、1 号早熟的产量平均数显著高于其他品种，其中日本 203 的产量最高，为 111 004.2 kg/ha，这三个品种的产量平均数有以下关系：日本 203＞美国 504＞1 号早熟；3 号大高的产量最低，为 258 25.5 kg/ha；2 号早熟次之，为 368 38.5 kg/ha。

（9）熟性

表现早熟的品种有日本 203、美国 504、1 号早熟、以色列 60 APAD、以色列 688、3 号大高、以色列 929，表现中熟的品种有以色列 95、以色列 9 ELAD、2 号早熟，表现晚熟的品种是美国红。

3. 讨 论

根据方差分析、F 测验、SSR 法多重比较的结果知：从产量来看，日本 203、美国 504、1 号早熟的产量显著高于其他品种，其中日本 203 产量最高，为 111 004.2 kg/ha；从鳞茎横径来看，美国 504、日本 203 显著地大于其他品种，其中美国 504 的鳞茎横径最大，平均为 9.12 cm；从鳞茎纵径来看，日本 203 显著地大于其他品种，平均为 8.35 cm；从株高来看，植株最矮的是日本 203，为 44.31 cm，以色列 929 次之，平均为 52.81 cm，美国 504 属于中等偏低；从叶片数来看，日本 203 的叶片数最少，为 11.7 片，以色列 929 的叶片数最多，为 14.0 片；从颈粗来看，颈粗最小的是以色列 9 ELAD，平均为 1.15 cm，2 号早熟的颈粗最大，日本 504 位于中间；从早期抽薹率来看，日本 203、以色列 95、3 号大高的早期抽薹率最低，都为 0.33%，其次是美国 504，为 1.67%；从熟性来看，表现早熟的品种有日本 203、美国 504、1 号早熟、以色列 60 APAD、以色列 688、3 号大高、以色列 929。从综合性状来看，表现最优的是日本 203，其次是美国 504。同年西昌学院洋葱研究课题组在西昌新胜乡的 8 个黄皮洋葱的品种比较试验中，也表现出同样的结果。因此，在攀西地区推广黄皮洋葱应以日本 203 为主，适当配搭美国 504。当然，优良品种还应考查其品质，故对这 11 个品种的品质指标应进行进一步的测定和考查。

第二节　洋葱激光诱变育种

激光诱变育种具有作用温和、成活率高、诱变范围广、有益突变多、当代可能发生遗传突变、育种周期短的优点。

一、激光的基础知识

激光和普通光在本质上都是电磁波。它们发光的微观机制都与组成发光物质的原子、分子的能量状态的变化有关。普通光源的发光，主要是自发发射。而激光是在激光器内部对光的发射过程进行控制下产生的受激发射。激光的英文全名为 Light Amplification by Stimulated Emission of Radiation，英文缩写词为 LASER。

（一）原子发光基础

发光物质是由大量的原子、离子或分子等微观粒子组成的。原子、离子和分子可以统称为粒子。这里以原子为例进行有关发光问题的讨论。这些理论对离子、分子的发光也适用。

1. 原子的能级

根据近代玻尔的原子理论，原子不受外界作用时，原子的各个电子都在一定的轨道上围绕着原子核运动。又根据量子力学的分析和实验，在原子内部对应于电子的每一种运动状态，原子具有确定的内部能量值。原子不可能有任意的能量状态，也就是说其能量只能有某些分立的、不连续的能量值。原子的每一个可能的能量值称为原子的一个能级。原子处于能量的最低状态，称为基态。这时原子最稳定。能量比基态高的其他状态称为激发态。同种元素的原子能级结构是相同的。

2. 粒子数按能级的统计分布

德国物理学家玻尔兹曼在麦克斯韦分布律基础上，从理论上得出一个热平衡条件下，原子按能级分布的统计规律，称玻尔兹曼分布律。玻尔兹曼分布律表明，由大量同类原子组成的系统，在热平衡条件下，多数原子处于基态，而激发态上的原子数目是很少的。设 E_2 和 E_1 分别代表任意两个能级的能量值，E_2 高于 E_1，处于高能级 E_2 的原子数为 N_2，处于低能级 E_1 的原子数为 N_1，则 N_2 与 N_1 之比，满足下式：

$$N_2/N_1 = e^{-(E_2-E_1)/KT} \quad K = 1.38 \times 10^{-23} J/K$$

式中，$e = 2.178$ 是自然对数的底，T 是热力学温度，K 是玻尔兹曼常数，$K = 1.38\ 1023\ J/K$。这个公式就是玻尔兹曼分布律。它是粒子按能量的正常分布，是一个普遍的规律，它对任何微观粒子如原子、离子、分子等在任何保守力场中运动的情况都适用。

3. 原子跃迁

（1）原子跃迁

某个处于基态的原子，受到光照或其他原子、电子的碰撞而吸收外界能量，原子由基态升到较高能级的激发态，此过程称激发，是一种原子跃迁。

相反，处于激发态的原子是不稳定的，当它们损失能量后，返回到基态或较低能级的过程，也称原子跃迁。

（2）辐射跃迁

如果原子跃迁过程伴随着光子的吸收或发射，称为辐射跃迁。

（3）无辐射跃迁

如果原子与外界只是通过碰撞或其他形式的能量交换，而不伴随着光子的吸收或发射的原子跃迁，称为无辐射跃迁。

（4）辐射跃迁选择定则

理论和实验都指出，并不是任意两个能级之间都能发生辐射跃迁。即原子发射或吸收光子，只能出现在某些特定能级之间。即表征两个原子状态的两组量子数中，同一种量子数的差值各自需满足一定的规则时，两个能级之间才可能发生辐射跃迁，否则不可能发生，或者发生的概率很小。发光的微观机制就是在遵守辐射跃迁选择定则的两个能级之间，由高能级向低能级的跃迁。在此过程中，原子的内能以光子能量形式放出。

（二）自发发射、受激吸收和受激发射

1. 光的自发发射

（1）自发发射

组成发光物质的粒子，处于高能级不稳定，在没有任何外界影响下，粒子总是自发地、随机地从高能级 E_2 跃迁到低能级 E_1，同时发射一个能量为 E_2-E_1 的光子，该光子的频率 v_{21} 满足下式：

$$hv_{21} = E_2 - E_1$$

式中 h 为普朗克常数。粒子自发地从激发态返回到较低能级而放出光子的过程称为光的自发发射。E_2 和 E_1 满足辐射跃迁的选择定则。

（2）自发发射的特征

① 自发发射过程与外界影响无关。各个粒子的辐射都是自发地、独立地进行的，也是随机的。

② 组成发光物质的粒子是大量的。每一个处于激发态的粒子，在某一时刻只能发射 1 个光子，每个光子可以认为是 1 个波列。同一时刻，分别从不同粒子发射的各个光波，以及从同 1 个粒子，前后两次发射的光波，可能有不同的偏振方向、不同的传播方向，也没有固定的位相关系。由于激发态可能有多个，发射的频率也有不同。普通光源的发光，主要是自发发射。

2. 光的受激吸收

如果粒子的两个能级 E_2 和 E_1 满足辐射跃迁的选择定则，则处于低能级 E_1 的粒子受到能量恰好为 $h\nu=E_2-E_1$ 的光子照射时，粒子会吸收这种光子而跃迁到高能级 E_2，这个过程称为光的受激吸收，简称吸收。

3. 光的受激发射

（1）受激发射

如果粒子的两个能级 E_2 和 E_1 满足辐射跃迁的选择定则，当处于高能级 E_2 的粒子受到 1 个入射光子照射，而这个光子能量恰好满足 $h\nu=E_2-E_1$ 时，该粒子会因为这种入射光子的刺激而发射 1 个与入射光子同样的光子，而跃迁到低能级 E_1，这种过程称为光的受激发射。

（2）受激发射的特点

① 只有频率为 $\nu=(E_2-E_1)/h$ 的外来入射光子才能刺激处于激发态 E_2 的粒子发生受激发射。

② 受激发射的光子与外来光子有相同的频率、相同的传播方向和相同的偏振方向，它们的初相也相同，它们是相干光子。

③ 受激发射过程可导致光放大。在同类粒子中，若有 1 个外来光子引起某个粒子产生受激发射，结果则是 1 个光子变成两个相同的光子。这两个光子对其他粒子而言，又是外来光子，可能刺激出另外两个相同光子，从而有 4 个相同光子，只要是同类粒子组成的物质足够大，1 个引发光子在该物质中，瞬间可刺激出大量的完全相同的光子群，这种光子数雪崩式的成倍增加现象导致光放大。显然，这些大量的光子是相干光子。在此过程中因受激发射强度与入射光的辐射能量密度成正比，从而更加强了受激发射。

（三）粒子数反转分布

1. 粒子数反转分布

我们已知由大量粒子组成的物质处于热平衡状态时，各能级上粒子数的分布服从玻尔兹曼分布律。在激光器的工作物质内部，由于外界能源的激励，如果打破热平衡状态，并使高能级 E_2 的粒子数密度 N_2 大于低能级的粒子数密度的 N_1，即实现 $N_2>N_1$，这种与正常分布相反的粒子数分布，称为粒子数反转分布，简称粒子数反转。

2. 粒子数反转分布是产生激光的前提条件

在热平衡状态下，总是 $N_1 > N_2$，即受激吸收总是大于受激发射，总效果是物质对光的吸收。为了使受激发射大于受激吸收，即为了使工作物质发射激光，必须打破热平衡状态，造成 $N_2 > N_1$ 的粒子数反转。因而粒子数反转是产生激光的前提条件。

3. 激发

为了实现粒子数反转，以人为的方法，用强大的外界能源（激励源）使基态的粒子从外界吸收能量跃迁到高能级的过程称为激励或激发。激发过程像水泵把水从低处抽到高处，因而也称为泵浦。外界能源若为氙灯等光源，则称为光泵。固体激光器常用光泵浦，气体激发器常用电激励。此外，还有热激发、化学激发、核能激发等。

（四）工作物质

激光器主要由3部分组成：工作物质、光学谐振腔和激励源。工作物质也称为激活介质，它是激光器中发射激光的物质。

1. 二能级系统

如果某种工作物质与发射激光有关的能级只有两个，而且这两个能级之间满足辐射跃迁的选择原则，则这种工作物质称为二能级系统。

2. 三能级系统

如果某种工作物质与发射激光有关的能级有三个，则这种工作物质称为三能级系统。

3. 四能级系统

如果某种工作物质与发射激光有关的能级有四个，则这种工作物质称为四能级系统。

（五）光学谐振腔

在实现粒子数反转的工作物质中，只能产生受激发射光放大，还不能形成激光。这是因为每1个由于自发发射而产生的光子，都可作为外来光子引发激活粒子产生受激发射并形成光放大，产生1串相干光子。但是，引发光子不只是1个，它们是随机的，其相位、传播方向、偏振方向等都是杂乱无章的。所以，放大后的各串相干光子之间也是随机的，彼此是不相干的。而且，工作物质的尺寸有限，多串光放大会沿不同方向很快逸出介质之处，能量损耗很大，不能输出1束很强的相干光。因此，要获得激光，必须有1个光学谐振腔。

1. 激光器中常见的谐振腔

激光器中常见的谐振腔的基本构造有三种：

（1）平行平面腔

由两块彼此平行的、面对面放置的平面反射镜组成，工作物质放在两镜之间。

（2）双凹腔

由两块凹面反射镜代替两块平面反射镜，则平行平面腔就变成双凹腔。两块凹面反射镜的曲率半径可以相同，也可以不等。

（3）平凹腔

由1块平面镜和1块凹面镜组成。很多气体激光器采用平凹腔。平面镜多为输出端的部分反射镜。

激光器的输出功率、波长、单色性、光强分布特性、光束发散角、偏振性、稳定性等标志激光束的质量和强弱的指标都与谐振腔的结构有极密切的关系。

2. 光学谐振腔的作用

（1）提供正反馈，提高对光的增益

在光学谐振腔内，只对沿谐振腔轴线的引发光信号加以放大形成振荡，而把其他方向的光信号淘汰掉。若工作物质已建立了粒子数反转，沿腔轴的引发光子在这种工作物质中传播时，产生受激发射光放大，它们遇到反射镜时被反射，再次穿过工作物质，继续被放大，反射镜的作用等于延长了光子传播的距离，从而提高了对光的增益。沿轴线的光子在两面反射镜之间来回多次反射，使谐振腔内相干光子数量大增，或者说使腔内建起很强的辐射场，其中一部分输出，这种现象称为实现光振荡，同时有激光输出。

从能量观点说，谐振腔输出镜对光的反射作用，实质上是为激光的形成提供了正反馈。

（2）对实际振荡光束产生限制作用

① 限制输出激光的方向。因为谐振腔很细，几乎只有沿腔轴方向的相干光子才能形成振荡，而那些偏离轴线的光子及其引发的1串相干光子都会被淘汰。所以，谐振腔对输出激光的方向具有选择作用。

② 限制输出激光的频率。如果工作物质可发射几种频率的光子，则可通过设计腔的长度和反射镜镀膜的厚度，使它们只对1种频率的光产生振荡，而抑制其他频率的光振荡。所以，谐振腔有选频作用，可提高激光的单色性。

（六）激光的形成

光学谐振腔中的工作物质，在激励能源的激发下建立起粒子数反转，当激发能量超过了阈值，或者说谐振腔内的光放大满足了阈值条件，则腔内就会从自发发射状态突然急剧地变为以受激发射放大为主导地位，从发光的无序状态变为发光的有序状态，在腔内形成同频率、同方向、同相位、同偏振方向的极强的光振荡，同时，在激光器的输出端发射出激光束。这就是激光产生的基本原理。

（七）激光器的分类

1960年7月世界上诞生了第1台激光器。此后，激光技术发展很快。至今，激光器已有上百个品种，已开发使用的工作物质达两千多种。

按激光器的工作物质分类，主要有固体、气体、液体、半导体和自由电子等5类。

1. 固体激光器

固体激光器的工作物质是固体。这些固体的基质材料主要有两类：一是晶体，二是非晶体，如玻璃和塑料。在基质中按一定比例掺入能发射激光的粒子。固体激光器的优点是激活离子密度大，一般约为 10^{25}~10^{26}/m^3，比气体激光器大 10^4~10^5 倍。因此，固体激光器与气体激光器比较容易获得高能量、强功率的输出，在输出功率或能量相同的情况下，所制成的激光器体积小、坚固、使用方便。但是，固体工作物质制备复杂、价格较高。

固体激光器常用的有：红宝石激光器、钕玻璃激光器和掺钕钇铝石榴石激光器。

2. 气体激光器

气体激光器的工作物质是气体。气体激光器可分为原子气体激光器、分子气体激光器、离子气体激光器及准分子激光器。气体激光器的优点是光束质量好，功率稳定，大多数气体激光器能连续输出；结构简单，价格便宜，操作方便。其缺点是在输出功率相同的情况下，其体积大。除 CO_2 激光器外，多数气体激光器的能量转换效率低于 0.1%；输出功率较小，激发作用较小。

3. 液体激光器

液体激光器的工作物质是液体。液体激光器可分为无机液体激光器及可调谐染料激光器。

4. 半导体激光器

半导体激光器的工作物质是半导体晶体。此类激光器的独特优点是体积小，重量轻，结构紧凑，可制成微型激光器，使用寿命长。如 GaAs 激光器的寿命已超过 1000 000 h。能量转换效率较高，约为 10%。这类激光器的缺点是：激光输出的发散角大，单色性差；输出功率小，以前连续输出只有几 mW，目前已达 5W。

5. 自由电子激光器

自由电子激光器是一种非常新颖的与众不同的激光器。在此类激光器中，电子处于真空中，电子束通过周期性横向磁场，高能电子运动过程中将产生受激发射，高能电子束的能量直接转变为激光能量。改变电子束的能量或磁场的周期，可调谐输出激光的波长。其调谐范围很宽，从远紫外、紫外、可见光、红外光到 mm 波段。据研究认为，使用发射远红外激光的自由电子激光器，可以更加细致地观察脱氧核糖核酸。由于此类激光器输出波长调谐范围宽，功率密度高且可控制，因此在生物领域中有极好的应用前景。

（八）洋葱激光诱变育种适用的激光器

大量科研报道证明，无论是在亚细胞水平上用细胞遗传学方法观察染色体畸变率、细胞微核率，还是调查激光诱变的变异谱、有益突变率，或者从已育成的优良品种所用的激光器种类上看，红外、可见或紫外激光只要剂量适当，均能引起一些突变体，通过选择培育成新品种。

已知 DNA 生物大分子的吸收峰为 260 nm，若采用该波长的激光，对 DNA 分子共振激光最强，诱变效应是最有效。可是，在我国过去用这种波长的激光进行育种的却极少，反而以采用氦氖、二氧化碳、钕玻璃激光的最多，也有用红宝石和氮分子激光的。可能是一般农业科研单位因受条件所限，只能有什么激光器就用什么激光器，但近几年情况有了变化。

西昌学院洋葱研究课题组采用 He-Ne 激光和 CO_2 激光辐照洋葱两个品种的湿种子，采用随机区组设计，重复 3 次，利用生物统计学的方法，从个体水平上初步考查诱变 L_1 代出苗率、苗高、叶数、须根长、须根数、苗重、须根重的生物学效应。结果表明：用 He-Ne 激光和 CO_2 激光两种不同激光辐照引起的变异，多数性状差异不显著。

（九）激光器的输出功率和能量

激光器的输出功率是指激光器在单位时间内输出的激光能量。输出功率用 P 表示，单位为 W 或 mW。

对连续激光器而言，当输出功率稳定时，激光器输出的激光能量与时间成正比，设工作时间为 t，则输出能量 $E=P \cdot t$，单位为 J 或 mJ。

连续重复脉冲激光器能连续地重复发射能量相等、脉宽相同的脉冲激光。对这种脉冲激光器而言，设平均功率为 P，工作时间为 t，则输出能量 $E=P \cdot t$。

（十）激光剂量

激光剂量是描述照射在生物体上的激光的强弱的量。

1. 照射功率 P'

如果从激光器输出的激光束直接照射在生物体表面上，则照射功率 P' 与激光输出功率 P 是相等的。如果在激光器与生物体受照射表面之间，在光路中使用反射镜等导光元件，则光能在途中受到损失，使照射功率 $P'<P$。必须根据具体情况计算 P'。如果激光束与受照表面法线的夹角为 θ，即入射角为 θ，当激光输出功率为 P，不经任何光学元件，直接斜入射时，则照射功率 $P'=P \cdot \cos θ$。

2. 激光剂量

（1）激光剂量的两种表述方法

迄今为止，关于激光剂量的方法尚不一致，分别介绍如下：

第 1 种表述方法：激光剂量由 3 个因素组成，即功率密度、照射时间和照射面积。

① 功率密度 W。功率密度是生物单位表面积上受到的激光照射功率。当激光束与被照生物体表面垂直时，设照射功率为 P'，光斑面积为 S，则功率密度

$W=P'/S$

其单位是 W/cm^2 或 mW/cm^2，$S=\pi(d/2)^2$，d 为光斑直径。

光斑中心处的光较强，边缘处渐弱。

功率密度因素是最重要的剂量因素。

② 照射时间 t。照射时间就是激光束照射生物体的时间，单位是 S。

③ 照射面积 A。生物体上受激光照射的面积为照射面积。如果激光光斑全部落在生物体表面上，则照射面积等于光斑面积；如果激光束的一部分落在生物体表面上，则照射面积小于光斑面积，单位是 cm^2。

以上 3 个因素组成激光剂量。最重要的是前两个因素，3 个因素中的任意一个因素改变时，剂量将改变。

第 2 种表述方法：

激光剂量就是激光的能量密度，它是在某段时间内，激光照射到生物体面积上的激光能量。符号用 D 表示，单位为 J/cm^2。

（2）激光剂量两种表述方法的关系和比较

① 两种表述方法的关系：当功率密度不变时，延长照射时间，则能量密度增大，其关系为

能量密度=功率密度×照射时间

即 $D=W \cdot t$

$D=(P'/s) \cdot t$

式中，P' 为照射功率，S 为光斑面积。

② 两种表述方法的比较：激光剂量用单一概念能量密度表示，优点是简单明确，能量密度大则剂量大，能量密度小则剂量小；缺点是比较粗糙。由上式可看出，相同 D 值，可由 W 与 t 两个量的不同配比组成。在激光育种研究中，两因素的不同配比，例如低功率密度配以长时间和高功率密度配以短时间，两种情况下所引起的生物效应是不同的。

激光剂量以功率密度、照射时间、照射面积三因素表述的优点是，它能较全面地反映激光的强弱等特点，且能由三因素计算出能量密度及照射总能量。因此研究生物效应时采用第1种表述方法为好。

二、激光与洋葱的生物效应

（一）激光的特性

普通光是向着四面八方发射，光波的能量多分散在空间 4π 立体角内，通常为包含着多种波长的混合光，各波列的位相也不一致。激光器可在光源内部对光的发射加以控制。因而，激光束具有鲜明的特性，光束很细，光能集中，看上去很像1条亮线。激光的特性有以下几点：

1. 方向性强

描述光源发光方向性的物理量称为发散角。

自某光源上1点向外发射的圆锥状光束中两光线之间的最大夹角，称为该光源的发散角。一般激光器的发散角为毫弧度的数量级，普通光源的发散角为2弧度，可见一般激光器的发散角仅为普通光源发散角的几千分之一。

2. 亮度高

激光有可见光，也有不可见的红外激光和紫外激光，此处的"亮度"不是指人眼感觉的明亮程度，而是指激光的辐射亮度。辐射亮度简称辐亮度，以 B 表示。

1台输出功率为 1 mW 的氦氖激光器，其辐亮度为 10^9 W/(m²·sr)。1台号称"人造小太阳"的高压水银灯（100 W）的辐亮度为 10^6 W/(m²·sr)。可见，功率仅为 1 mW 的氦氖激光器是 100 W 高压水银灯的辐亮度的 1 000 倍。

1台红宝石激光器发出的脉冲激光，脉宽可短至 10^{-9} S，峰值功率高达 10^9 W，其辐亮度可高达 3.7×10^{19} W/(m²·sr)，它是普通光源中亮度最高的高压脉冲氙灯辐亮度的 37 亿倍。

3. 单色性好

通常说的单色光源发出的光波并不是只含有单一波长的纯单色光，而是在某一中心波长

附近的混合光波。

谱线宽度：谱线宽度是定量描述光源发光单色性的物理量。线宽越窄，光源的单色性越好。

频率宽度：与谱线宽对应的频率范围，简称频宽。频宽越窄，光源的单色性越好。

1 台单色性最好的稳频氦氖激光器，632.8 nm 谱线的 $\Delta\lambda$ 只有 10^{-8} nm。普通光源中单色性最好的光源之一氪灯（Kr^{86}），605.7 nm 谱线的 $\Delta\lambda$ 约为 4.7×10^{-4} nm。可见，氦氖激光比普通光源氪灯的单色性提高了 10^4 倍。

4. 相干性好

通常用相干长度描述光源的相干性。光源的相干长度越长，其相干性越好。

由波动光学实验可知，从同一单色点光源发出的光，经干涉装置分成频率相同、偏振方向相同、有恒定位相差的两列分光波，再度相遇时，当两列分光波的光程差为零时，在光屏上能产生清晰的干涉条纹；当两列光波的光程差逐渐加大，则干涉条纹的清晰度变差；当两列分光波的光程差达到了某一长度时，则光屏上的干涉条纹完全消失，不能发生干涉现象。

这种两列分光波能发生干涉现象的最大光程差称为相干长度，它等于光源所发出的波列的长度。

激光器的相干性很好，1 台稳频 He-Ne 激光器的相干长度长达 30 km，普通的单纵横 He-Ne 激光器的相干长度为 300 m。而普通光源中单色性最好的氪灯的相干长度只有 77 cm。

（二）激光与生物基本作用

1. 热作用

激光对生物产生热作用，其机制和效果与激光波长有关。这是因为，生物分子结构复杂，能级结构也很复杂。一般分子的电子能级、振动能级和转动能级的能量范围分别为：1~20 eV、0.05~1 eV 和 0.05~0.0 035 eV。不同波长激光光子的能量不同。红外光光子能量为 0.004~1.6 eV，大部分红外光光子能量与振转能级能量相一致。可见光光子能量为 1.6~3.1 eV，紫外光光子的能量为 3.1~41 eV，详见表 5-37。

表 5-37　颜色、频率、波长、光量子能量对照表

电磁波类型	颜 色	频率/Hz	波长	量子能量/eV
无线电波	—	$\leq 10^9$	$\geq$300 mm	$\leq$0.000 004
微波	—	10^9~10^{12}	300~0.3 mm	0.000 004~0.004
光波	红外	10^{12}~3.9×10^{14}	300~0.76 μm	0.004~1.6
光波	红	3.9×10^{14}~4.8×10^{14}	0.76~0.63 μm	1.6~2.0
光波	橙	4.8×10^{14}~5.0×10^{14}	0.63~0.60 m	2.0~2.1
光波	黄	5.0×10^{14}~5.3×10^{14}	0.60~0.57 μm	2.1~2.2
光波	绿	5.3×10^{14}~6.0×10^{14}	0.57~0.50 μm	2.2~2.5
光波	青	6.0×10^{14}~6.7×10^{14}	0.50~0.45 μm	2.5~2.8

电磁波类型	颜色	频率/Hz	波长	量子能量/eV
光波	兰	$6.7 \times 10^{14} \sim 7.0 \times 10^{14}$	$0.45 \sim 0.43\ \mu m$	$2.8 \sim 2.9$
光波	紫	$7.0 \times 10^{14} \sim 7.5 \times 10^{14}$	$0.43 \sim 0.40\ \mu m$	$2.9 \sim 3.1$
光波	紫外	$7.5 \times 10^{14} \sim 10^{16}$	$0.40 \sim 0.03\ \mu m$	$3.1 \sim 41$
电离辐射波	射线	$10^{16} \sim 10^{19}$	$30 \sim 0.03\ \mu m$	$41 \sim 40\ 000$
电离辐射波	射线	$\geq 10^{19}$	$\leq 0.3\ mm$	$\geq 40\ 000$

可见光与紫外光，光子能量与分子的电子能级的能量一致，而生物分子吸收光子的过程是量子化的。所以生物分子吸收红外光子，容易发生振转能级跃迁，结果是加剧了生物分子的热运动，在宏观上则表现为该生物组织的温度升高。这种生热为直接生热，光能转换为热能的能量转换效率高。

可见激光和紫外激光的光子被基态生物分子吸收后，可能引起生物分子跃迁到电子激发态，这种过程为激发过程。在生物分子从激发态回到基态过程中，激发能主要用于光化学反应，引起光作用，也可能转变为热能，引起热作用。热作用的过程：处于激发态的生物分子，通过和周围生物分子碰撞，自身损失能量，而周围分子的热加剧，导致生物的温度升高。这个过程可能是一步完成，也可能是通过几步完成，即处于电子激发态的分子，在复杂而众多的能级之间，分几次向下作无辐射跃迁，每次损失较少的能量。所以，可见激光与紫外激光为间接生热，生热效率低。

热作用的强弱与激光的功率密度、照射面积和照射时间有密切关系，与生物组织对光的吸收率、比热、热导率也有关系。当生物组织温度达到45~50 ℃，持续时间1 min左右，可使蛋白质变性、细胞受损。

低剂量激光（或称弱激光）的热作用能提高生理代谢率，提高某些酶的活性。遗传学研究表明，激光提高温度是诱发突变的一个因素。例如用不同温度处理洋葱种子，在14 ℃下突变率为0.086%，22 ℃时为0.191%，28 ℃时为0.347%。依此计算，在一定的温度范围内，温度较常温每升高10 ℃，突变率可以增加1倍。强激光的热作用可以造成对生物的损伤。

2. 光作用

激光与生物发生光作用过程大体经历3个阶段：光物理过程、光化学反应过程、生物变化阶段。

（1）光物理过程

光物理过程是生物分子吸收光能量、转移光能和生物分子受激发过程。

① 非线性吸收。激光的光子能量小，主要引起生物分子的激发作用。光子等电离粒子的能量高，主要引起生物分子的电离作用。

过去认为1个分子每次只吸收1个光子。然而，在研究激光与生物分子作用的实验中，已发现双光子吸收或多光子吸收现象。两个相同的光子参与同1个光吸收过程的现象称为双光子吸收。设光子能量为 $h\nu$，分子的两个能级间的能量差为 E_2-E_1，当 $E_2-E_1=2h\nu$ 时，分子同时吸收两个光子，恰好跃迁到激发态 E_2 能级上，从而发生双光子吸收。同理，同时吸收3

个光子或多个光子的现象,则称为 3 光子或多光子吸收,这种吸收称非线性吸收。

多光子吸收的概率随入射光辐射强度的增加而猛烈地增大。

激光的光子简并度很高,功率密度也高,因而,激光引起分子发生双光子吸收或多光子吸收的概率很大。

② 直接吸收与间接吸收。从分子水平上说,如果吸收光子和发生作用的是同 1 个生物分子或 1 个特殊生物结构,称为直接吸收,这过程约 10^{-13} s。如果吸收光子的是 1 个生物分子,发生作用的却是另 1 个生物分子,称为间接吸收。从光子入射到发生间接吸收,所经历的一系列中间过程可能只是数量转移,如共振转移、远距作用等也可能包含辐射跃迁或无辐射跃迁,而损失部分能量。这部分光子能量可能以荧光形式放出,或发生热效应使生物温度升高。

③ 共振转移。当 A、B 两个生物分子具有相同的能量特征时,A 分子的激发能可通过分子间的电磁相互作用传递给 B 分子,A 分子回到基态,B 分子被激发,这种能量转移形式称共振转移。

④ 远距作用。激光束的投射点称靶区。激光由靶区分子转移到离靶区较远的地方称远距作用或扩散效应。

例如,有人用 He-Ne 激光分别照射洋葱的根、胚或幼芽,试验结果表明洋葱根尖细胞畸变率与照射部位关系不大。

（2）光化学反应过程

在光作用下发生的化学过程称为光化学过程。光化学过程由原初光化学反应和继发光化学反应两个阶段组成。第 1 阶段称为光反应,是光量子的吸收,第 2 阶段称为暗反应,是光反应后的继发反应,光化学反应约持续 10^{-6} s。

原初光化学反应有几种主要类型:

① 光解离。当激发分子将激发能转移到另 1 个特别的键上,这时振动加强,若没有其他消耗,结果产生 1 个键的断裂,这种作用在光化学上称为光解离。光解离的结果能产生自由基等活性物质,有时也产生稳定的分子。

② 异构化。在光作用下,分子从顺型结构变为反型结构称为异构化作用。如乙烯类物质受光照射,最易产生顺-反异构化作用。

③ 光氧化还原反应。光还原在光化学中是指 1 个氢原子对 1 个分子的加成作用,或 1 个电子对 1 个分子的加成作用。

④ 光敏化反应。生物系统由光引起的,在敏化剂帮助下发生的化学反应,称光敏化反应。

（3）生物变化阶段

光作用最终表现为可观察到的生物变化,这阶段可持续数秒,有的可延续数年。如引起生物突变,会持续到子孙后代。

3. 压力作用

根据近代光学理论与实验,光子既有质量又有动量,当光束照射物体时,光子流必然会给受照处施以压力,此压力即为光的压力。

强激光聚焦到生物组织上除光压外,由于热作用可使组织膨胀、沸腾、汽化,可产生 2 次压力作用,产生冲击波、超声压,可损伤组织,甚至引起死亡。

4. 电磁场作用

激光是电磁波，当高功率密度的激光在生物组织中产生的电场强度达到 $10^6 \sim 10^9$ V/cm 时，有可能产生非线性光学效应及其他电磁场作用。

（三）洋葱的激光生物学效应

1. 激光生物学效应

凡是激光作用于洋葱后，所引起的洋葱方面的任何改变，都称为洋葱激光生物学效应。这里所说的洋葱包括洋葱的个体、器官或组织、细胞和分子 4 个层次。它们可以是离体的，也可以是活体的。所引起的生物改变包括生物的形态、性状、生理代谢、功能及结构等。

2. 激光的生物刺激、抑制或致死效应

激光所引起的洋葱生物学效应多种多样，但是从国内外近 30 年大量研究报道中可以发现，激光作用于生物时，存在一种普遍现象：低剂量激光对生物的刺激效应，中等剂量激光对生物有抑制效应，高剂量激光对生物有损伤甚至致死效应。由于这类效应与剂量关系密切，有人称它为剂量效应；又因为这类效应会导致生物的生理活动发生变化，有人称它为生理效应。

（1）激光的生物刺激效应

激光作为一种外界物理因子，照射在生物上时，若剂量适当低，则激光扮演了刺激源的角色，这个刺激源能引起生物积极的应答性反应，表现出生物的生长发育受到促进作用，细胞有丝分裂加快，新陈代谢加强，植物抗逆性增强，生长加快等。在洋葱生产上利用这种效应可以使农作物早熟、增产等。

（2）激光的抑制效应

中等剂量的激光能使生物产生消极的应答，表现为生物的生长发育受到抑制，如洋葱的出苗率、出苗速度、发芽率、发芽势降低，生长发育迟缓和减产等。

（3）激光的致死效应

高剂量的激光能使生物受到严重损伤，甚至死亡。作用于洋葱可造成洋葱发芽率、出苗率和成活率显著下降，死亡率上升。

3. 激光诱变效应

以激光为诱变的物理因子，照射生物，导致生物产生变异的现象称为激光诱变效应。激光诱变效应中，重要的是激光导致生物产生可遗传的变异，即导致生物产生突变。这类效应是由于激光使生物体内遗传物质发生改变，因此它又称为激光遗传效应。

激光诱变效应与剂量效应是两大类激光生物效应，这两大类生物效应常常是同时发生的。

从广义上说，激光对生物的热、光、压力和电磁场作用也是激光生物学效应，但这些作用与激光的剂量效应、诱变效应不是并列关系，而是分属两个不同层次，前者主要是机制，后者主要是表现和效果。

（四）激光参数与洋葱的刺激效应

激光作用于洋葱后能否引起刺激效应，以及所引起效应的强弱，与激光参数有关，还与

生物自身性状有关。

1. 剂量因素

激光的剂量是影响其生物刺激效应的重要因素。大量实验表明，只有低剂量的激光才能引起生物刺激效应。所谓剂量的高低是相对的，它不是以激光的能量密度、功率密度、照射时间等激光参数来划分，而是以其引起的生物效应来划分的。凡是能引起生物刺激效应的称低剂量。相反的，能对生长造成程度不同的不可逆性损伤的称中剂量或高剂量。

激光引起的刺激效果的强弱与激光剂量的关系，大体上呈抛物线关系。以纵坐标 R 反映激光刺激效果的某种指标，如洋葱种子出苗率，横坐标为激光剂量。当剂量为 0 时，$R=R_0$ 表示对照组的 R 值。当剂量较小时，作用不明显，随着剂量的增加，R 值增大。当剂量增到 D_m 时，刺激效果最好，R 增到最高点，设为 R_m，D_m 称为刺激剂量。再增大剂量，刺激效果又开始减弱，直到剂量为 D_t 时，$R=R_0$ 刺激效果消失。剂量 $O \sim D_t$ 为刺激剂量范围。此后，随剂量的增大，抑制效果逐渐增强，当剂量大到一定程度时，可造成全部死亡。百分之百个体死亡时的剂量称为致死剂量。

西昌学院李成佐、单成海等 1999 年采用 He-Ne 激光和 CO_2 激光辐照西昌红皮洋葱和通海红皮洋葱两个品种的湿种子。He-Ne 激光辐照的各处理发芽提前 1~3 d，CO_2 激光辐照各处理与未照射基本一致。激光辐照西昌红皮品种后，与未照射相比，出苗率下降 4%~15%。CO_2 激光辐照通海红皮品种的各处理的出苗率比未照射下降 3%~5%；而 He-Ne 激光辐照通海红皮品种后，出苗率增加 2%~8%，各处理的出苗率都高于 50%，未达到半致死剂量，可适当加大激光照射剂量，以增大变异幅度。

2. 波长因素

（1）具有生物刺激效应的波长

早在 20 世纪 60 年代，国外科学界已发现 He-Ne 激光具有提高种子发芽率、刺激组织修复作用。而其他波长的激光是否也具有这种效应，国外曾有不同意见。俄罗斯学者 Inyushin 曾提出过，只有氦氖激光才有生物刺激作用，匈牙利 E. mester 教授则认为红宝石激光、氦氖激光和氩离子激光都具有光生物刺激作用。随着有关研究的扩展，已发现多种波长的激光具有此种作用。美国加州大学 G. uitto 等证实砷化镓激光能刺激细胞生长，1984 年德国 Sato 证实氪激光能使生物的成活率提高。国内大量实验表明，氦氖激光、红宝石激光、氩离子激光以及远红外激光都具有生物刺激作用。

（2）不同波长激光的生物刺激效应的比较

西昌学院洋葱研究课题组采用 He-Ne 激光和 CO_2 激光辐照洋葱的湿种子的生物学效应分析表明：激光对洋葱的诱变效应多表现为抑制作用，用 He-Ne 激光和 CO_2 激光辐照引起变异的差异不显著。

3. 存放时间

对种子而言，从激光照射至温箱发芽（或播种）的这段时间称为存放时间。

随着存放时间的延长，激光的生物刺激相应会逐渐减弱。西昌学院（1999）报道不同存放期对 He-Ne 激光和 CO_2 激光辐照洋葱两个品种的湿种子的发芽率的影响，其试验结果见表 5-38。

表 5-38　洋葱种子存放时间与发芽率的关系

激　光	不同存放时间的发芽率/%			
	0 d	30 d	60 d	90 d
未照射	85.65	—	—	—
CO_2 激光	70.36	75.35	79.36	84.26
He-Ne 激光	72.35	76.98	80.32	85.22

（五）生物性状与激光生物学效应

大量实验证明，即使使用激光的波长、剂量相同，对种类、品种、性质、状态、发育时期不同的生物，其效应都不相同。要达到同一水平的某种生物效应，对不同生物需采用不同剂量。

1. 生物种类或品种的影响

研究结果表明，杂交种种子的最佳刺激剂量、半致死剂量、致死剂量比其亲本自交系种子的相应 3 种剂量都高。说明自交系比杂交种子对 CO_2 激光的敏感性强。例如，CO_2 激光输出功率为 50 W，照射 0.2 s，对杂交种为刺激剂量；而对其亲本自交系则为抑制剂量。

2. 生物光学性质的影响

最佳刺激剂量和诱变饱和剂量等，指的都是照射剂量。激光束遇到生物，会被生物表面反射一部分。进入生物的激光会发生散射和吸收，可能还有一些光透过生物而损失。通常认为，只有进入生物并被吸收的那部分激光能量才能引起激光生物效应，其效应随这部分能量的增加而增强。因此，有必要研究生物的光学性质，特别是激光照射部位——靶区的光学特性。

反射率、吸收率、透射率都是表征生物光学性质的参数，它们都与波长有关。当激光的照射剂量一定时，吸收率越高，吸收的激光越多。对多层组织的生物，要研究各层的光学性质。如洋葱种子有种皮，种皮和种子内部对同一波长的激光的反射率、吸收率、透射率并不相等。只有透过种皮进入种子内部，并被种子内部吸收的那部分激光才能起作用。

生物的颜色及人工着色对激光的吸收有影响。有人研究表明，当细胞内含的色素颗粒不足 5 个时，细胞几乎不能被激光微束损伤；当细胞内的色素颗粒在 20 个以上时，细胞可被完全破坏以至死亡。

3. 生物热学性质的影响

激光对生物有热作用。靶区生物色素颗粒吸收激光，就成为热源。如果靶区及靶区周围的生物物质的比热、热导率、热扩散率高，则热量容易向周围传导和扩散，因而热效应将减弱；反之，如果靶区及靶区周围物质的热导率低，或比热小，热扩散慢，则局部温度上升很高，热损害作用明显。

4. 生物状态和发育时间的影响

同种生物在不同状态下，所需的各种激光剂量不同。例如，同品种的洋葱种子，干种子

与湿种子及萌动种子，对激光的敏感性不同，含水量越大的种子，敏感性越强。

洋葱激光育种常以种子作为处理材料，胚部为照射的重点部位。处理洋葱种子优点多，操作方便，因种子小可大量处理，处理后的种子易于保存，且可以远途运输，供给无激光器的单位使用。被照射的种子，干的、湿的或萌动的都可以。由于萌动和含水量高的种子比干种子对激光的敏感性强，所需诱变剂量较低，在功率密度相同情况下，可节省照射时间。不过萌动种子与湿种子易受环境影响，结果不易重复，而且处理后不宜远途运输。

洋葱的鳞茎也可进行激光辐照，但主要部位应该是鳞茎的芽（休眠芽或萌动芽），激光辐照洋葱的鳞茎不如辐照种子方便，一是洋葱鳞茎的体积较大，二是洋葱鳞茎的芽被鳞片包被，辐照处理时不易确定照射部位。故激光辐照应直接对洋葱鳞茎的幼芽进行照射，以提高诱变效果。

（六）激光与洋葱促长

激光促长技术是利用低剂量激光的生物刺激效应，使当代农作物获得早熟、增产和改进品质的一种技术。国外从20世纪60年代，我国自20世纪70年代开始研究这种技术。据国内外研究，激光促长途径主要有3以下种：

①播种前照射种子；
②作物生长期内照射植株；
③照射灌溉用水。

前两种是以激光为物理因子对生物的直接作用，第3种是激光对生物的间接作用。我国主要采用第1种途径，探索最佳刺激剂量，研究用最佳刺激剂量的激光照射洋葱种子后，对种子萌发期、幼苗期及整个生长期的生长发育、生理生化指标、农艺性状等进行观察测定。

激光促长技术的优点：
①能显著改善当代洋葱的综合生长性状，效果全面、持久，能促进早熟增产。
②使用方便，成本低，经济效益高。
③食用经激光照种的鳞茎，对人畜身体无毒、无害。
④激光光束容易防护，对操作人员不易造成伤害，不污染环境。
⑤激光促长技术与其他增产措施并不矛盾，激光处理外，仍可采用其他丰产措施。

（七）激光照射洋葱种子促长效果

用低剂量的激光对洋葱的种子在播种前进行照射处理，对当代引起的生物刺激效应表现在多方面。西昌学院李成佐、单成海1999年采用He-Ne激光和CO_2激光辐照洋葱两个品种的种子，试验随机区组设计，重复3次，利用生物统计学的方法，从个体水平上初步考查诱变L_1代出苗率、苗高、苗重、叶数、须根长、须根数、须根重、鳞茎横径纵径及鳞茎鲜重等性状的生物学效应，筛选最佳刺激剂量，并系统研究最佳剂量的效果。供试材料为云南省元谋地区的本地红皮洋葱品种（以下简称甲品种），四川省西昌市本地红皮洋葱品种（以下简称乙品种），在辐照前1 d，将种子用清水浸泡10 h；采用输出功率为3 mW的He-Ne激光对供试材料分别辐照10 min、20 min、30 min，用输出功率为25 W的CO_2激光分别辐照上述材料2 s、5 s、8 s。CO_2激光和He-Ne激光辐照分别在西昌卫星发射中心医院和四一零攀钢医院完成。

用口径 60 cm 的特大号花钵装 3/4 的肥土，疏松灌透水，每个花钵播 1 个处理品种，每个处理播 100 粒，共计 42 个处理，共播 4 200 粒种子。播后先覆上细土，再盖上 1 层松土。在两片真叶时用浓粪水追肥 1 次，在 2 叶 1 心时，用 0.4%的尿素进行叶面追肥 1 次，调查出苗率，生长状况等，在 3~4 叶进行移栽时，每个处理随机抽取 10 株考查苗高、根重等性状。大田采用黑膜覆盖，13 cm × 17 cm 规格栽插，田间管理同大田，单株挂牌观察记载，收获时每个处理随机抽起 10 株，考查鳞茎鲜重、鳞茎横径、纵径等性状。方差分析的数学模型为：

$$X_{jkLm}= \mu+\beta_j+A_k+B_1+Cm+(AB)_{kL}+(AC)_{km}+(BC)_{Lm}+(ABC)_{kLm}+\varepsilon_{jkLm}$$

A 代表品种，B 代表激光，C 代表激光剂量。μ、β、K、L、m、ε、j 均代表系数分析单位性状时，以小区平均数为单位，进行 3 因素方差分析，F 测验按 A 随机，B、C 固定的混合模型进行，多重比较采用 SSR 法。

1. 激光辐照对洋葱种子发芽的生物学效应

激光照射可使发芽期提前 1~2 d，可使发芽率提高，对发芽率较低的种子，效果更明显。用 CO_2 激光照射洋葱种子，发芽率为 92.34%，比对照组提高 20.28%，激光照射还使发芽势提高。

2. 激光辐照对洋葱种子超弱化学发光的生物学效应

萌动种子和一切活的生物体一样，随着自身代谢活动的化学反应过程时刻向外发光，这种生物发光很微弱，称为超弱化学发光。它的强弱表达了生命活动的综合信息。

洋葱试验结果表明，激光组洋葱种子的超弱化学发光极显著地高于对照组，见表 5-39。研究表明种子的超弱化学发光与出苗率、活力指数、发芽指数、发芽率、胚根长度及下胚轴长度都呈较高的正相关。

表 5-39　He-Ne 激光对洋葱湿种子超弱化学发光的影响

组 别		超弱化学发光/光子数·min^{-1}	与对照组的比值/%
未照射组（对照）		48 563	100
激光组 1	1 分钟	71 254	146.72**
激光组 2	2 秒钟	66 452	136.84**
激光组 3	3 秒钟	64 231	132.26**

注：**表示差异极显著。

3. 激光辐照对洋葱种子呼吸的生物学效应

干物质消耗量是代表种子呼吸强度的指标。试验已证明，激光组萌动种子的干物质消耗量极显著地高于对照组，见表 5-40。种子内干物质消耗量与种子内酸性磷酸酶活性和洋葱产量呈极显著正相关。

表 5-40　He-Ne 激光对洋葱湿种子干物质消耗的影响

组　别		干物质消耗/%	与对照组的比值/%
未照射组（对照）		6.97	100
激光组 1	1 分钟	9.21	132.14*
激光组 2	2 秒钟	8.92	127.98*
激光组 3	3 秒钟	9.08	130.27*

注：*表示方差分析差异显著

4. 激光辐照对洋葱种子出苗的生物学效应

激光照射可使激光组的出苗期提前 1~7 d，出苗整齐，出苗速度提高 10%~20%，出苗率提高，幼苗成活率提高，幼苗长势明显优于对照组。由于出苗率提高，可节省播种用的种子。试验结果表明，He-Ne 激光辐照的各处理发芽提前 1~3 d，出苗率增加 2%~8%。

5. 激光辐照对洋葱苗高的生物学效应

在齐苗时，挂牌单株调查苗高，以后每隔 1 周调查 1 次，考查其生长情况，发现 CO_2 激光辐照的处理表现生长缓慢，He-Ne 激光辐照的部分处理比未照射的生长加快。利用移栽时苗高、叶片数等考种资料，进行品种、激光、剂量 3 因素的随机区组方差分析和 F 测验得表 5-41。

表 5-41　激光辐照洋葱的主要性状的 F 测验

变异来源	苗高	叶数	须根长	须根数	苗重	须根重	鳞茎重	横径	纵径
A	1.52	2.92	1.15	1.20	4.44*	0.25	19.12**	16.56**	2.02
B	1.44	0.32	4.61*	0.21	0.04	0.63	2.52	2.73	1.37
C	5.88**	1.84	0.44	3.13*	5.11**	0.61	1.89	1.71	1.55
A×B	0.15	0.32	0.30	0.65	0.01	1.08	1.84	1.64	0.09
A×C	0.12	0.97	0.97	0.54	1.38	0.82	2.12	1.06	0.32
B×C	0.59	0.97	1.65	0.61	0.79	0.95	0.69	0.70	0.75
A×B×C	0.29	0.11	0.05	0.08	0.03	0.87	0.03	2.70	1.52

注：*表示差异达 5%显著水平。**表示差异达到 1%的极显著水平

由表 5-41 知，品种、激光及其品种、激光、剂量间的互作引起苗高变异的 F 值未达 5%的显著水平，而剂量不同引起苗高变异的 F 值达到了 1%的极显著水平，进一步用 SSR 法进行多重比较得表 5-42。

表 5-42　不同剂量苗高差异的新复极差测验

剂 量	苗高平均数/cm	差异显著性 5%	1%
剂量 0	18.75	a	A
剂量 3	16.59	ab	AB
剂量 2	14.39	b	B
剂量 1	14.18	b	B

由表 5-42 看出，不同剂量的激光辐照后，各处理苗高的效应表现为抑制作用，其中剂量 1 和剂量 2 的激光照射与未照射的差异达 1%的极显著水平。

6. 激光辐照对洋葱叶片数的影响

由表 5-41 可看出，激光、激光剂量、品种以及它们的交互作用引起洋葱叶片数变异的 F 值都未达到 5%的显著水平。

7. 激光辐照对幼苗鲜重的影响

通过激光照射，各处理的幼苗鲜重比未照射降低 0.05~0.36 g，激光照射的效应表现为抑制作用，经品种、激光、剂量 3 因素方差分析和 F 测验（表 5-41）表明：品种引起幼苗鲜重变异的 F 值达到 5%的显著水平，且甲品种鲜重显著大于乙品种。激光剂量不同引起幼苗鲜重变异的 F 值达到 1%极显著水平，用 SSR 法进一步作多重比较得表 5-43：

表 5-43　不同剂量幼苗鲜重差异的新复极差测验

剂 量	幼苗鲜重平均数/g	差异显著性 5%	1%
剂量 0	0.49	a	A
剂量 3	0.37	b	AB
剂量 2	0.29	b	B
剂量 1	0.26	b	B

由表 5-43 看出：与未照射组相比，剂量 3 引起变异的 F 值达到 5%的显著水平，剂量 1 和剂量 2 变异的 F 值达到 1%的极显著水平。

激光种类及品种、激光、剂量间的交互作用引起变异的 F 值都未达到 5%的显著水平。

8. 激光辐照洋葱根的影响

试验表明：He-Ne 激光抑制洋葱须根的生长，而 CO_2 激光促进其生长。从表 5-41 还可看出，He-Ne 激光和 CO_2 两种激光引起洋葱根长变异的 F 值达到 5%的显著水平，且 CO_2 激光辐照后的须根长度显著地长于 He-Ne 激光照射后的根长。品种，剂量以及品种、激光、剂量三者间的交互作用引起根长变异的 F 值都未达到 5%的显著水平。

激光辐照后的大部分处理的洋葱须根鲜重都比对照降低，表现为抑制作用，但经品种、激光、剂量 3 因素方差分析和 F 测验（见表 5-41）表明：品种、激光、剂量及三者间交互作用引起须根鲜重变异的 F 值都未达到 5%的显著水平。

激光辐照各处理的洋葱须根数比未照射减少 1~5 根，表现为明显的抑制作用。经品种、激光、剂量 3 因素方差分析和 F 测验（表 5-41）表明：品种、激光及品种、剂量间的交互作用引起须根数变异的 F 值未达到 5%的显著水平。但剂量引起洋葱须根数变异的 F 值达到 5%的显著水平，进一步用 SSR 法进行多重比较得表 5-44。

表 5-44 不同剂量须根数差异的新复极差测验

剂 量	须根平均数（枚）	差异显著性	
		5%	1%
剂量 0	10.42	a	A
剂量 3	9.21	ab	AB
剂量 2	8.63	b	B
剂量 1	7.96	b	B

由表 5-44 看出：与未照射相比，各剂量的激光效应都表现为抑制作用，其中剂量 2 与未照射的差异达到 5%的显著水平，剂量 1 与未照射相比差异达到 1%的极显著水平。

9. 激光辐照对洋葱鳞茎性状的影响

激光辐照洋葱的鳞茎鲜重表现出较大的变异。He-Ne 激光照射的鳞茎鲜重的变幅为 49.23~550.52 g，超过对照 200 g 以上的变异株 7 株，CO_2 激光照射的鳞茎鲜重的变幅为 72.35~482.93 g，超过对照 200 g 以上的变异株 3 株。经品种、激光、剂量 3 因素方差分析和 F 测验（见表 5-41）表明：

品种不同引起鳞茎鲜重的变异达到 1%的极显著水平，激光、剂量及品种、激光、剂量三者间的互作引起的变异都未达到 5%的显著水平。

He-Ne 激光照射洋葱鳞茎的横径的变幅为 4.23~14.62 cm，CO_2 激光照射洋葱鳞茎的横径的变幅为 5.43~14.62 cm，He-Ne 激光辐照鳞茎横径的变异大于 CO_2 激光辐照，但经品种、激光、剂量 3 因素方差分析和 F 测验（见表 5-41）表明：品种不同，各处理的变异达到 1%的极显著水平，而激光、剂量及品种、激光、剂量三者间的交互作用变异均未达到 5%的显著水平。He-Ne 激光照射洋葱鳞茎纵径的变幅为 4.09~7.52 cm，CO_2 激光照射洋葱鳞茎纵径的变幅为 5.24~6.34 cm，但经品种、激光、剂量 3 因素方差分析和 F 测验（见表 5-41）表明：品种、激光、剂量及它们之间的交互作用引起鳞茎纵径的变异都未达到 5%的显著水平。

10. 激光辐照对洋葱生育期的影响

原甲品种"元谋红皮洋葱"表现为辛辣味强、产量较高、抗病性好、适应性广，其缺点是生育期太长、早期抽薹率高；原乙品种"西昌红皮洋葱"表现为鳞片紫红色、中熟偏早、辛辣味强、产量较高、抗病性好、抗寒性和耐热性较强，其缺点是早期抽薹率高。根据上述缺点，西昌学院洋葱课题组在 1995 年采用输出功率为 3 mW 的 He-Ne 激光对甲、乙两品种分别辐照 10 min、20 min 和 30 min；用输出功率为 25 W 的 CO_2 激光分别辐照甲、乙两品种

2 s、5 s 和 8 s。在 1995 年 8 月上旬播种，10 月底大田移栽；1996 年 2~4 月在大田 A_2、A_3 两处理中各选得 1 株成熟期提前约 10 d，在 A_4、A_5、A_6 处理中分别选得 2、5、3 株成熟期提前约 11 d，其他性状表现良好的优良变异株共 12 株；在 B_1、B_3、B_4、B_5、B_6 处理中分别选得 1、1、2、3、2 共 9 株成熟期提前约 12 d、其他性状表现良好的优良变异株。

总之，洋葱的种子用适当剂量的激光处理，与未用激光处理的同类的普通种子比较，发生了很大的变化。种子的活力显著提高，种子细胞的代谢功能增强，种子的品质得到改善，变成为更优良的种子。一经播种，在相同的土壤、水、肥等条件下，同样管理，表现为出苗早、出苗率高，幼苗根系发达，扎根范围广，从而吸收深层土壤中的水分和营养物质的能力增强；幼苗叶子的叶面积增大，叶绿素含量提高，因而光合作用能力加强，洋葱对日光能利用的能力加强。幼苗期的优势又会为下一阶段的生长发育打下良好基础，如此良性循环，会使激光照种的植株生长健壮、抗病、抗逆性增强，生长发育所需的条件得到满足，因而生育期提前，表现出早熟、增产、品质得到改善，为洋葱种植者带来可观的经济效益。

（八）激光照种促长原理

激光促长是利用低剂量激光对生物的刺激效应。根据一系列有关的实验结果，参考国外学者对激光生物刺激效应机理的假说，对激光照射洋葱种子促进洋葱生长、早熟、增产等的原理作如下分析：

1. 激光通过共振激发引起光照活化效应

激光照射种子，激光光子与生物分子发生相互作用，主要发生光作用，是一种非热生物作用。生物分子吸收激光光子后，跃迁到电子激发态，从而引起一系列光照活化效应。

2. 激光使细胞的通透性增强，细胞的有丝分裂加快

在相同温度、水分等环境条件下，经适量激光照射的种子萌发快，胚芽、胚根生长快。这是因为激光照射对种子细胞为一良性刺激，会引起细胞膜结构即脂质双分子层构象的改变。从而使细胞膜的吸水性和透气性增强，种子萌发和生长所需的水分和空气等条件提前得到满足，从而使发芽期提前。

实验表明，低剂量激光照射洋葱种子可使洋葱细胞的有丝分裂加快，而较高剂量时，可抑制细胞的有丝分裂。试验用 CO_2 激光和 He-Ne 激光照射洋葱种子，4 个激光组洋葱根尖细胞的有丝分裂指数比对照组提高 26.52%~94.84%，见表 5-45。

表 5-45　激光对洋葱根尖细胞有丝分裂的影响

组别	细胞总数/个	分裂细胞		
		数量/个	百分率/%	分裂百分率组的比值与对照/%
未照射（对照）	6 000	326	5.43	100.00
He-Ne 激光 10 min	6 000	412	6.87	126.52
He-Ne 激光 20 min	6 000	563	9.38	172.74
He-Ne 激光 30 min	6 000	615	10.25	188.76

续表

组别	细胞总数/个	分裂细胞		
		数量/个	百分率/%	分裂百分率组的比值与对照/%
CO_2 激光 2 s	6 000	635	10.58	194.84
CO_2 激光 5 s	6 000	632	10.53	193.92
CO_2 激光 8 s	6 000	611	10.18	187.48

用氩离子激光照射洋葱幼苗，当采用使洋葱幼苗细胞染色体畸变率最高的剂量（19.3 J/cm²）即诱变饱和剂量时，洋葱细胞的有丝分裂指数明显低于对照，但是随着存放时间的延长，细胞有丝分裂指数又逐渐上升，见表 5-46。

表 5-46 氩激光对洋葱幼苗细胞有丝分裂的影响及其与存放时间的关系

存放时间/h	氩激光组		对照组	
	观察细胞数/个	有丝分裂指数/%	观察细胞数/个	有丝分裂指数/%
6	504	1.0±0.4	500	12.4±1.5
8	504	2.1±0.6	—	—
10	531	4.7±0.9	—	—
12	590	8.0±1.1	—	—
14	617	10.0±1.2	—	—
19	475	10.3±1.4	—	—

3. 激光辐照洋葱种子，引起洋葱发生相应的生理变化

西昌学院的洋葱生理试验供试材料为云南省元谋红皮洋葱品种（以下简称 A 品种），四川省西昌红皮洋葱品种（以下简称 B 品种）。在辐照前 1 d，将种子用清水浸泡 10 h。采用花钵育苗，大田移栽时的规格为 13 cm×17 cm，黑膜覆盖，在洋葱进入旺长期时，按处理抽取洋葱苗并测定其生理指标。辐照处理采用输出功率为 3 mW 的 He-Ne 激光，对供试材料分别辐照 10 min、20 min 和 30 min；用输出功率为 25 W 的 CO_2 激光分别辐照上述材料 2 s、5 s 和 8 s。CO_2 激光和 He-Ne 激光辐照分别在西昌卫星发射中心和四一零攀钢医院完成。激光辐照洋葱的生理指标测定结果见表 5-47。

表 5-47 激光辐照洋葱的生理指标（叶绿素、总糖、脯氨酸、过氧化氢酶活力）测定结果

处理号	激光	品种	输出时间	输出功率	叶绿素/mg·L⁻¹	叶总糖/%	脯氨酸/μg·mL⁻¹	过氧化氢酶活力/mg·(g.min)⁻¹
A_1	CO_2	A	2 s	25 W	10.31	9.33	2.51	0.57
A_2	CO_2	A	5 s	25 W	11.34	6.45	2.03	0.65
A_3	CO_2	A	8 s	25 W	11.05	10.91	2.16	0.73
B_1	CO_2	B	2 s	25 W	8.70	16.43	1.86	0.42

续表

处理号	激光	品种	输出时间	输出功率	叶绿素 /mg·L⁻¹	叶总糖 /%	脯氨酸 /μg·mL⁻¹	过氧化氢酶活力 /mg·(g.min)⁻¹
B_2	CO_2	B	5 s	25 W	9.72	12.00	1.73	1.77
B_3	CO_2	B	8 s	25 W	9.06	7.10	1.98	1.02
A_4	He-Ne	A	10 min	3 mW	11.30	8.35	2.75	0.23
A_5	He-Ne	A	20 min	3 mW	11.32	11.93	3.21	0.26
A_6	He-Ne	A	30 min	3 mW	12.12	13.47	3.15	1.85
B_4	He-Ne	B	10 min	3 mW	8.48	11.92	3.30	0.17
B_5	He-Ne	B	20 min	3 mW	11.83	16.91	3.05	0.20
B_6	He-Ne	B	30 min	3 mW	11.00	8.89	2.97	0.57
CK_A	对照	A	—	—	10.27	7.04	1.89	1.30
CK_B	对照	B	—	—	9.99	9.78	2.26	0.21

试验设计采用随机区组设计，重复 3 次。研究方法：在洋葱进入鳞茎膨大期前测定叶绿素含量，每个处理取新鲜叶片 1g，用分光光度计法测定，计算公式为：

$$C_T = C_a + C_b = 20.3 D_{645} + 8.03 D_{663}$$

其中，C_a 代表叶绿素 a，C_b 代表叶绿素 b，C_T 代表叶绿素总含量。D_{645} 代表叶绿素溶液在波长 645 nm 时的光密度，D_{663} 代表叶绿素溶液在波长 663 nm 时的光密度。

在洋葱鳞茎膨大初期测定总糖含量，每个处理取叶片 2 g，采用蒽酮比色法测定总糖含量。

在洋葱鳞茎膨大初期测定脯氨酸含量，每个处理取叶片 1 g，采用茚三酮比色法测定脯氨酸含量，计算公式为：

脯氨酸=[μg/mL（干重）]=$(C·V/a)/W$

其中，C 代表提取液中脯氨酸浓度（μg），由标准曲线求得，V 代表提取液总体积（mL），a 代表测定时所吸取的体积（mL），W 代表样品重（g）。过氧化氢酶测定在洋葱旺长期，每个处理取新鲜叶片 1g，用滴定法测定过氧化氢酶活力，计算公式为：

过氧化氢酶活力（H_2O_2 mg/g·min）=被分解的过氧氢酶（mg）×酶液稀释倍数/样品重（g）×反应时间（min）

净同化率（NAR）的测定：定时定点测定叶面积指数（干重换算）、干物质积累，采用公式计算净同化率：

NAR=$(W_1-W_2)/[1/2(L_1+L_2)×T]$

W_1 和 W_2 分别为前后两次测定的干重（g），L_1 和 L_2 分别为前后两次叶面积系数，T 为两次测定间隔的天数（d）。净光合速率测定：采用 GH-Ⅲ型光合仪测定葱叶净光合速率，在离体、恒定光照强度 6 000 Lux 下每个处理 5 次，取平均值，通过测定 $NaHCO_3$ 溶液 pH 值变化来计算净光合速率。呼吸速率测定：采用滴定法测定叶子呼吸速率。

呼吸速率=（空白滴定值–样品滴定值）（mg·CO_2/mL 草酸）/植物组织鲜重（g）×时间（h）

呼吸速率单位采用 $CO_2 \cdot mg/g \cdot h$，式中滴定值以 mL 计，$mg \cdot CO_2/mL$ 草酸=1。蛋白质含量测定采用 Lowry 法（结合双缩脲法和 Folin-酚法），计算公式为：

蛋白质含量（mg/g）= $C \times V_T/V_1 \times FW \times 1000$

式中，C 为查标准曲线值（μg），V_T 为提取液总体积（mL），FW 为样品鲜重（g），V_1 为测定时的加量（mL）。

激光辐照洋葱的生理指标（净同比率、净光合速率等）的测定结果见表 5-48。

表 5-48 激光辐照洋葱的生理指标
（净同比率、净光合速率、呼吸速率、蛋白质含量）测定结果

处理代号	激光	品种	辐射时间	输出功率	净同化率 /g·(m²·d)⁻¹	净光合速率 /mg·(dm²·h)⁻¹	呼吸速率 /mg·(g·h)⁻¹	蛋白质含量 /mg·g⁻¹
A_1	CO_2	A	2 s	25 W	1.525	7.844	0.843	17.563
A_2	CO_2	A	5 s	25 W	1.578	8.167	0.539	16.671
A_3	CO_2	A	8 s	25 W	1.443	7.241	0.817	16.782
B_1	CO_2	B	2 s	25 W	1.375	6.365	0.634	15.330
B_2	CO_2	B	5 s	25 W	1.673	7.715	0.600	15.387
B_3	CO_2	B	8 s	25 W	1.641	7.032	0.694	16.563
A_4	He-Ne	A	10 min	3 mW	1.811	9.711	0.340	16.770
A_5	He-Ne	A	20 min	3 mW	1.950	7.874	0.245	17.873
A_6	He-Ne	A	30 min	3 mW	1.763	8.321	0.487	17.141
B_4	He-Ne	B	10 min	3 mW	1.720	8.012	0.351	16.871
B_5	He-Ne	B	20 min	3 mW	1.635	7.365	0.294	15.633
B_6	He-Ne	B	30 min	3 mW	1.512	6.891	0.724	16.110
CK_A	对照	A	—	—	1.640	7.841	0.461	16.660
CK_B	对照	B	—	—	1.414	7.210	0.283	16.135

（1）叶绿素含量

表 5-47 结果表明：从不同激光辐照来看，CO_2 激光辐照 A_2 处理叶绿素含量最高，为 11.34 mg/L，B_1 处理叶绿素含量最低，为 8.70 mg/L，极差为 2.64 mg/L；He-Ne 激光辐照 A_6 处理叶绿素含量最高，为 12.12 mg/L，B_4 处理叶绿素含量最低，为 8.48 mg/L，极差为 3.64 mg/L。He-Ne 激光辐照洋葱的变异大于 CO_2 激光辐照。从不同的品种来看，A 品种各种处理的叶绿素含量都比对照增加，以 A_6 最高，增加 1.85 mg/L，刺激效应明显；B 品种的多数处理表现为叶绿素含量降低，最低为 B_1，下降 1.29 mg/L，抑制效应明显。从不同辐照时间来看，CO_2 激光辐照时间增加，叶绿素含量增加，表现刺激效应；He-Ne 激光照射随时间增加，先表现刺激效应，后表现抑制效应。

（2）总糖含量

表 5-47 结果表明：从不同激光辐照来看，CO_2 激光辐照 B_1 处理总糖含量最高，为 16.43%，A_2 处理的总糖含量最低，为 6.45%，极差为 9.98%；He-Ne 激光辐照 B_5 处理总糖含量最高，为 16.91%，A_4 处理的总糖含量最低，为 8.35%，极差为 8.56%，He-Ne 激光辐照洋葱后叶片

总糖含量变异大于 CO_2 激光辐照。从不同品种来看，A 品种各处理除 A_2 外，总糖含量都比未照射增加，其中 A_6 最高，总糖含量比未照射增加 6.37%，刺激效应明显；B 品种各处理中，除 B_3 和 B_6 外，也表现刺激效应，其中以 B_1 最高，比对照增加 6.65%。从不同辐照时间来看，随激光辐照时间增加，各处理的变异规律不明显，时间剂量效应不突出。

（3）脯氨酸含量

表 5-47 结果表明：从不同激光辐射来看，CO_2 激光辐射 A_1 处理脯氨酸含量最高，为 2.51 μg/mL，B_2 处理最低，为 1.73 μg/mL，极差为 0.78 μg/mL；He-Ne 激光辐照 B_4 处理脯氨酸含量最高，为 3.30 μg/mL，A_4 处理最低，为 2.75 μg/mL，极差为 0.55 μg/mL。He-Ne 辐照洋葱后叶片脯氨酸含量变异大于 CO_2 激光辐照。从不同品种来看，A 品种各处理脯氨酸含量都比对照增加，其中 A_5 处理最高，比对照增加 1.32 μg/mL，刺激效应明显；B 品种各处理中，除 B_1、B_2 和 B_3 外，也表现刺激效应，其中以 B_4 处理最高，比对照增加 1.04 μg/mL，从不同剂量来看，随激光辐照时间增加，各处理的变异不明显。

（4）过氧化氢酶

表 5-47 结果表明：从不同激光辐照来看，CO_2 激光辐照 B_2 处理过氧化氢酶活力最高，为 1.77 mg/g·min，B_1 处理的过氧化酶活力最低，为 0.42 mg/g·min，极差为 1.35 mg/g·min；He-Ne 激光辐照 A_6 处理过氧化氢酶活力最高，为 1.85 mg/g·min，B_4 处理的过氧化氢酶活力最低，为 0.17 mg/g·min，极差为 1.68 mg/g·min；He-Ne 激光辐照洋葱的变异大于 CO_2 激光辐照。

从不同品种来看，A 品种除 A_6 外，其余各处理的过氧化氢酶活力都比未照射低，抑制效应明显；而 B 品种的多数处理过氧化氢酶活力高于未照射，表现为刺激效应。从辐射的不同时间来看，B 品种 CO_2 激光随辐照时间增加，先表现刺激反应，后表现抑制效应；He-Ne 激光辐照随辐照时间增加，刺激效应也增加。

（5）净同化率

表 5-48 结果表明：从不同激光辐照来看，CO_2 激光辐照 B_1 处理净同化率最低，为 1.375 g/m²·d，B_2 处理的净同化率最高，为 1.673 g/m²·d，极差为 0.298 g/m²·d；He-Ne 激光辐照 B_6 处理净同化率最低，为 1.512 g/m²·d，A_5 最高，为 1.950 g/m²·d，极差为 0.438 g/m²·d。He-Ne 激光辐照洋葱的变异大于 CO_2 激光辐照。从不同品种来看，A 品种一半处理表现为刺激效应，另一半表现为抑制效应；B 品种除 B_1 外，其余处理的净同化率都比未照射高，刺激效应明显。B 品种从辐照时间来看，CO_2 激光随辐照时间增加，先表现刺激效应，后表现抑制效应，He-Ne 激光辐照洋葱随辐照时间增加，抑制效应明显。

（6）净光合速率

表 5-48 结果表明：从不同激光辐照来看，CO_2 激光辐照 B_1 处理净光合速率最低，为 6.365 mg/dm²·h，A_2 处理的净光合速率最高，为 8.167 mg/dm²·h，极差为 1.802 mg/dm²·h；He-Ne 激光辐照洋葱 B_6 处理净光合速率最低，为 6.891 mg/dm²·h，A_4 最高，为 9.711 mg/dm²·h，极差为 2.820 mg/dm²·h。He-Ne 激光辐照洋葱的变异大于 CO_2 激光辐照。从不同品种来看，A 品种除 A_3 处理外都表现为刺激效应；B 品种的多数处理也表现为刺激效应。从辐照时间来看，B 品种 CO_2 激光随辐照时间增加，先表现刺激效应，后表现抑制效应；He-Ne 激光辐照随辐照时间增加，多表现抑制效应。

（7）呼吸速率

表 5-48 结果表明：从不同激光辐照来看，CO_2 激光辐照 A_2 处理呼吸速率最低，为 0.539 mg/g·h，A_1 处理的呼吸速率最高，为 0.843 mg/g·h，极差为 0.304 mg/g·h；He-Ne 激光辐照 A_5 处理呼吸速率最低，为 0.245 mg/g·h，B_6 最高，为 0.724 mg/g·h，极差为 0.479 mg/g·h。He-Ne 激光辐照洋葱的变异大于 CO_2 激光辐照。从不同品种来看，A 品种的多数处理表现为刺激效应；B 品种的全部处理都表现为刺激效应。从辐照时间来看，CO_2 和 He-Ne 激光随辐照时间增加，先表现抑制效应，后表现刺激效应。

（8）蛋白质含量

表 5-48 结果表明：从不同激光辐照来看，CO_2 激光辐照 B_1 处理蛋白质含量最低，为 15.330 mg/g，A_1 处理的蛋白质含量最高，为 17.563 mg/g，极差为 2.233 mg/g；He-Ne 激光辐照 B_5 处理蛋白质含量最低，为 15.633 mg/g，A_5 最高，为 17.873 mg/g，极差为 2.240 mg/g。He-Ne 激光辐照洋葱的变异略高于 CO_2 激光辐照。从不同品种来看，A 品种的处理都表现为刺激效应；B 品种的一半处理表现为刺激效应，其他处理表现为抑制效应。

从辐照时间来看，随时间增加，时间效应未表现明显规律。

4. 低剂量激光可改变遗传物质从而改变洋葱性状

激光诱变洋葱育种的研究证明，低剂量激光照射洋葱种子，可以诱发突变。采用同工酶技术也得到同样的结论。在通常情况下激光对当代作物的刺激作用会影响作物的一生，甚至影响后代，这可能是由于激光已在基因水平上对作物产生了影响。

（九）激光处理技术

1. 激光处理种子所需的设备

激光照射种子所需设备是激光处理机。这类机器主要由 3 部分组成：激光器、导光装置和可移动的种子盘。

（1）常用激光器

① 氦氖激光器：波长 632.8 nm，促长效果很好。激光器输出功率大，可缩短照射时间，提高工效。

② 氧化碳激光器：波长 10.6 μm，促长效果也很好。输出功率在 5 W 以上即可，因其功率为 W 级，通常照射时间只需几秒至十几秒，适合于大批量处理种子。

③ 红宝石激光器：波长 694.3 nm，早期使用较多，促长效果也明显。

④ Nd：YAG 激光器：波长 1.06 μm，其 2 倍频光 0.53 μm 促长效果好。

⑤ 氮分子激光器：波长 337.1 nm，这种紫外激光促长也有报道。

⑥ 光泵远红外激光器：波长 118.8 μm 和 447.2 μm，促长效果很明显。

（2）可移动的种子盘

最简单的种子盘可用厚纸板、木板或胶合板自制。种子盘内有凹槽可放被处理的种子。凹槽的形状有长条形、圆盘形。种子在凹槽内铺成单层，长条形凹槽内种子摆成单行，以利照射。圆盘形的凹槽直径≤光斑直径。多个圆盘形凹槽可排成直线以供多次照射，多个圆盘形凹槽也可排列在圆形大种子盘的圆周上。

对连续输出的激光，种子在光斑处停留的时间就是激光照射时间。种子盘的移动及停留时间可由工作人员手工操作。照完1槽，移动1次，再照下1槽。我国生产的CO_2激光育种机，其种子盘的转动、移位由步进电动机、电子线路控制，适合于处理少量种子。为推广激光促长技术，满足大批量处理种子的需要，还应抓紧研制生产出自动化程度较高的装置。

2. 照射剂量——促长技术关键

激光照种促长服从激光与生物相互作用的一般规律。若剂量太小，效果则不明显，在一定低剂量范围内则有促长效果。刺激剂量范围中如有某一剂量可使刺激效应达极大值，那此剂量为最佳刺激剂量。激光剂量超过最佳刺激剂量，刺激效果减弱，再增大剂量，不但不能促长，还能转为抑制作用，甚至使个体死亡。因而选用最佳刺激剂量进行照射，是取得良好效果的关键。

对同一波长的激光而言，不同品种的洋葱种子的最佳刺激剂量不同。同类种子如果含水量不同，最佳刺激剂量也有差异。试验者可根据所拥有的激光器情况，将同样的洋葱种子分设若干剂量组，自行筛选最佳刺激剂量。例如，设某一功率密度，分设不同照射时间，选定测试指标，如出苗率、超弱化学发光等可代表作物生长强弱的指标。通过反复试验，找出该指标最高组所对应的剂量，即为最佳刺激剂量或接近最佳刺激剂量。

3. 激光处理种子的注意事项

（1）保持剂量稳定是关键，其中保持激光器输出功率的稳定是第一位的。为此，要严格控制激光管外加的高电压、维持工作电流的稳定；要维持通风、水冷等环境条件良好，如冷却水的流速稳定等，以防止激光管内温度上升或下降，才能维持输出功率稳定不变。

（2）被照种子的位置应与光斑位置一致。特别在使用红外激光时，因光束为不可见光，碰歪光斑不易发现，如未及时纠正，照射到种子上的剂量就会改变，影响效果。

（3）洋葱种子颗粒小，1个圆形凹槽内可放几十粒种子，种子全身都能受到激光照射，摆放时不要重叠，要铺成单层，以使种子受到的剂量均匀一致。

（4）激光处理后的种子不宜久放。存放时间不宜超过30 d，以免激光效果减弱过多。

三、洋葱激光诱变育种

（一）激光在作物遗传育种中的应用概述

激光诱变育种起步较晚，直至1960年世界上第1台红宝石激光器发明后，有人才逐渐开始采用激光诱变育种。将激光诱变用于作物育种，国外首推俄罗斯，该国在玉米等作物上已育成优良品种，而其他国家尚少有此报道。

我国的激光诱变育种自20世纪70年代初起步，至今参加的单位、人员的数量，使用的激光器种类、波长之多，以及育成品种的数量方面，当居世界首位。西昌学院采用He-Ne激光和CO_2激光辐照进行洋葱诱变育种，经8年时间选育出洋葱新品种"西葱1号"和"西葱2号"。"西葱1号"与原品种主要差异：生育期提前，原品种的生育期约为245 d，新品种生育期约为235 d，生育期比原品种提前10 d左右，由晚熟变为中晚熟；原品种的早期抽薹率约40%，新品种的早期抽薹率约20%，降低了20%左右；原品种的每公顷产量约为79 500 kg，新品种的每公顷产量约为105 000 kg，比原品种增产约32%。"西葱2号"与原品种主要差异：

生育期提前，原品种的生育期约为 230 d，新品种生育期约为 215 d，生育期提前 15 d 左右，由中熟变为极早熟；原品种的早期抽薹率约 40%，新品种的早期抽薹率约 10%，降低了 30% 左右。两品种在四川安宁河流域及云南、重庆等相似生态区推广，取得了良好的经济效益。

激光诱变在作物品质改良、远缘杂交和超高产育种的应用也较广泛。经四川省农业科学院分析测试中心测试报告："西葱 1 号"的蛋白质含量为 1.61%，总糖含量为 6.93%，脂肪含量为 0.16%，干物质含量为 9.75%，粗纤维含量为 0.49%。"西葱 2 号"的蛋白质含量为 1.16%，总糖含量为 7.57%，脂肪含量为 0.10%，干物质含量为 9.54%，粗纤维含量为 0.32%。两品种的蛋白质、总糖、脂肪含量与原品种相比都有提高。激光照射与杂交相结合还能解决远缘杂交结实率低，籽粒饱满度差的问题；刘志生等从诱变变异率、变异性状的稳定性等方面探讨认为激光辐照超高产育种是可行的。

激光诱变洋葱育种的特点：激光作用温和、成活率高；诱变类型广，有益突变多；激光能促进远缘杂交；作物当代可能发生遗传突变、育种周期短；激光对电离辐射有修复作用。用于激光诱变育种的激光器的种类繁多，但从育成品种所利用激光器来看，一般涉及 6 种激光器，以 CO_2、He-Ne 和 N_2 三种气体激光器为主，这三类育成的品种分别占总数的 42.7%，25.7% 和 20.0%，其余激光器是红宝石、钕玻璃和 YAG3 种固体激光器。许多学者研究激光种类对诱变效果的影响，但不同研究得出的结论不同。

激光照射洋葱的部位通常是种子，特别是种子的胚。处理种子有如下优点：操作方便，可大量处理，处理后的种子易于保存，且可远途运输。激光照射的部位也可以是鳞茎。对激光的适宜诱变剂量，多数研究的观点不一致。敖秀株认为半致死剂量对激光育种具有指导意义；许耀奎认为激光诱变的剂量范围较广，由于激光诱变的机制与电离辐射不尽相同，不能机械套用电离辐射中有关临界剂量和半致死剂量；李艺花等认为小剂量激光使有机体产生光照的活化反应，DNA 酶系统活性提高，对作物具有刺激作用，大剂量激光的综合生物效应能使农作物产生基因突变、染色体重组、形成多种突变体供选择；吴关庭则认为半致死剂量和临界剂量对激光诱变育种具有指导意义，这与敖秀株的观点一致。适宜激光诱变剂量的确定还需进一步的研究。诱变因素和方法也在不断改进，除采用激光单独辐照外，还采用激光与电离射线，激光间复合诱变。复合诱变比单一诱变显著地扩大了变异谱，提高了突变率。李成佐、敖秀株、许耀奎、杜若甫等认为激光、核辐射的复合诱变高于单一辐射，李艺花、陈震古的研究也得到同样的结果。

对激光诱变遗传机理的研究，主要从个体、细胞和分子水平三个层次进行。Masahara. N 认为激光诱变引起染色体畸变，Johnson-momposon. M 认为激光诱变引起 DNA 构型的变化；国内学者的大量报道表明激光诱变作物，使过氧化物同工酶、光合色素、酶谱、染色体等发生了变异。西昌学院洋葱研究课题组利用生物统计和数量遗传相结合的方法从个体水平上探讨了激光诱变育种的遗传效应，分析了不同波长的激光对洋葱诱变的有效剂量，以及各种性状的遗传变异规律，在此领域研究较深入。

洋葱激光诱变育种的程序简单，育种年限短。激光育种的程序：第 1 代选；第 2 代继续选，并初步鉴定；第 3 代决选，鉴定品质，测产量；第 4 代区域试验，最后生产试验推广。洋葱杂交育种一般需用 12 年时间，"西葱 1 号"和"西葱 2 号"的激光诱变选育只用 8 年时间，比杂交育种缩短 4 年。

(二)洋葱激光诱变育种机理

1. 激光诱变的一般机理

激光诱变是以激光为物理因子的一种人工突变,因此它遵循生物突变的一般机理,也遵循着激光与生物相互作用的一般规律。

激光对洋葱的诱变作用大体上经历三个阶段。一是光生物物理阶段,包含遗传物质对激光能量的直接吸收或经过一定的能量转移之后的间接吸收,包含着遗传物质吸收激光能量之后自身被激发。二是光化学反应阶段,激光诱变主要是由于激光的光作用,即非热生物效应,引起生物分子的光解离、生物分子的自由基反应等,导致DNA分子或染色体发生畸变。三是生物变化阶段,产生生物遗传性状已发生突变的突变体。

2. 激光引起染色体畸变

染色体是遗传物质的载体。同一物种的染色体的形态、结构和数量是一定的,这就保持了物种遗传性状的稳定性。

大量实验证明,激光照射植物,可引起染色体产生缺失、重复、倒位和易位等结构的变异;可以产生断片、桥等形态的变异;也可产生染色体数量的变异。当激光使染色体一处断裂或多处断裂后,如果断裂的染色体仍按原来的样子接上去,就不会发生变化。如果在接合前发生了变化或断裂的染色体片段按改变位置接合起来,就会出现染色体结构、形态或数量上的变异。这些变化有可能通过细胞分裂传到子代,产生遗传效应,这就是激光引起的染色体突变。染色体突变与基因突变比较是大结构的改变,是更强烈的作用引起的突变。基因突变和染色体畸变往往是同时发生的。

染色体变异可能导致生理损伤,因原来的调控程序被打乱,造成生理生化活动失去平衡,生长发育受到抑制,严重者可造成死亡。

3. 激光引起DNA畸变

(1)基因突变机制

生物大分子脱氧核糖核酸(DNA)是主要的遗传物质。DNA是由多核苷酸长链组成,具有双螺旋结构。每个核苷酸由3种成分——碱基(嘧啶碱和嘌呤碱)、五碳糖和磷酸组成。基因是DNA分子长链上一个区段内,控制某一性状表达的核苷酸排列顺序。从宏观上看,1个基因在染色体上只占1个点。从微观上看,1个点就是1个区段,它平均约有1 000对核苷酸。基因突变就是当外界因子作用后,某1基因位点内发生了核苷酸或碱基排列顺序或数量上的变化,也称为点突变,是微细结构上的变化。

基因突变主要有两种方式:

① 分子结构的改变如碱基替换。有两种替换方式,一是嘌呤-嘧啶对换成另一种嘌呤-嘧啶对;二是原来的嘌呤-嘧啶对换成了嘧啶-嘌呤对。

② 移码突变。这是指个别碱基对的脱落或插入。这种变化不仅造成DNA分子结构的改变,也会使3联体密码的组合发生变动,在碱基脱落或插入点以后的遗传密码编组全部发生了改变。因此移码突变的效应一般比较剧烈。

(2)激光引起的DNA畸变

现代遗传学研究认为,在生物繁殖过程中,细胞分裂时,DNA的双链先解开,每条链又形成另 1 条与自己完全相同的链,这一过程称为复制。复制的结果是 1 个双链变成两个双链,复制出的链与原来的链带有同样的结构、同样的核苷酸顺序,包括碱基顺序,这就把遗传信息即遗传密码传下去。复制的结果即生物将自身的性状代代遗传下去。

据分子遗传学研究,当外界因素如激光辐照使 DNA 氢键、单链或双链断裂后,当它们再结合时有可能发生差错,DNA 分子将按新的样板进行复制,DNA 分子链上核苷酸的碱基排列顺序将发生改变,造成基因突变,生物的遗传性状将发生改变,稳定后,便完成了激光诱发突变。

(3) DNA 畸变与激光波长

从分子水平上讲,当 DNA 分子的固有频率与激光频率相同时,DNA 分子对该频率的激光发生共振吸收,强烈地吸收激光能量,引起 DNA 分子被激发,其内部原子的振动加剧,原子与原子之间的结合变松,使化学键被破坏,与其他分子形成新的化学键,造成单链或双链的断裂。简而言之,DNA 分子对光吸收的选择性,其本质是由 DNA 分子的化学结构决定的。

根据近代紫外线诱变研究及光生物物理学对核酸及其碱基的吸收光谱的测定,DNA 的吸收谱在 200~300 nm,吸收峰为 254~266 nm,对 260 nm 的光吸收很强烈。可见激光如波长 632.8 nm 的氦氖激光、波长为 694.3 nm 的红宝石激光,红外激光如 10.6 m 的 CO_2 激光等亦能引起突变,并能培育出新品种,说明这些波长的激光也已被 DNA 分子吸收。这可能是因为生物分子很复杂,多光子能量在生物分子内部经过传递、损失、转换后,最终变为适合 DNA 分子吸收的能量,从而导致突变。

(三) 激光诱变育种的特点

激光育种和电离辐射育种相比,有下列特点:

1. 作用温和,成活率高

电离辐射如 γ 射线、β 射线、中子等,它们的能量非常高,C_0^{60} 发出的 1 个 γ 光子的能量高达几百万 eV,当它穿过染色体时,在 γ 光子的轨迹上产生很多的正负离子,电离作用造成染色体畸变和 DNA 分子链的离析或断裂,多余的电离能也可引起激发。而光波段的激光,单个光子能量很小,波长为 100~200 nm 相应的光子能量仅为 1.24~6.2 eV。一般使生物分子电离需几十个 eV,光波段的激光光子能量不足以使 DNA 分子分离,只能引起激发,所以激光比电离辐射作用要温和的多。

激光诱变育种可采用半致死剂量以下的较低剂量,甚至在刺激剂量范围就可以得到突变株,因而成活率高。西昌学院 1997 年采用 CO_2 和 He-Ne 激光辐照洋葱湿种子后的成活率为 72.3%。

2. 诱变类型广,有益突变多

激光引起的变异类型广,变异谱与电离辐射类似,可引起作物生育期、株高、株型、品质变异,也可引起抗性等变异。

激光诱变植物最易出现早开花、早熟的变异,一般早熟 6~7 d,甚至更早。西昌学院采用激光辐照培育出的红皮洋葱新品种"西葱 2 号",比亲本早熟 15 d。长期研究认为,作物用射线诱发矮秆突变较容易,而诱发早熟突变较困难。

电离辐射引起的总突变率较高，但是，有益突变率并不高，一般早熟突变率为万分之几。而西昌学院洋葱研究课题组 1998 年采用 He-Ne 激光、CO_2 激光辐照处理洋葱种子，以 L_2 代调查，有利变异率分别为 0.42%、0.31%，即千分之几，有益突变率大大提高。

3. 使远缘杂交容易成功

近年来，我国的激光育种专家们已找到一条极可能克服远缘杂交不育的途径，就是在远缘杂交中应用激光技术。

4. 当代可能产生遗传突变，育种周期短

电离辐射在第 1 代很少出现遗传性变异，只能由第 2 代开始选择。然而，激光处理的当代就能出现较多的显性突变，且稳定较快，比电离辐射育种周期更短。

洋葱新品种"西葱 1 号"和"西葱 1 号"从激光处理、育成新品系、产量鉴定到确定推广只用 8 年时间，比洋葱杂交育种一般所需时间缩短 4 年。根据这一特点，进行激光育种要重视对当代突变体的选择。

5. 对电离辐射损伤有修复作用

一些研究表明，射线对生物引起的抑制、损伤作用，若再用适当剂量的激光处理能减轻上述作用，表明激光对电离辐射损伤有复活作用。但是，如果所用激光剂量偏大，不仅起不到复活作用，而且会加剧损伤。西昌学院洋葱研究课题组在凉山州第一人民医院采用 γ 射线 4 万伦处理洋葱湿种子，γ 射线处理后的一半洋葱湿种子采用输出功率为 3 mW 的 He-Ne 激光在西昌卫星发射中心医院分别辐照 20 min 和 30 min。其中一半采用 γ 射线 4 万伦处理的洋葱湿种子全部死亡，另一半采用 He-Ne 激光分别辐照 20 min 和 30 min 的洋葱种子的出苗率分别为 34.5% 和 23.2%，表明激光的修复作用明显。

6. 安全、易防护、无污染

使用激光器进行激光处理种子等工作时对工作人员没什么危险，容易防护。经激光处理种子的当代或后代对人畜健康无损害，对环境无污染。

（四）洋葱激光诱变育种方法

1. 诱变品种的选择

诱变品种的选择很重要。可选择当地的当家品种或引进的优良品种，对仅有一两个缺点的推广品种，通过诱变改变缺点、保留优良性状。也可选择杂交当代或后代，以提高变异类型和诱变效果。品种"元谋红皮洋葱"表现为辛辣味强、产量较高、抗病性好、适应性广，其缺点是生育期太长、早期抽薹率高；品种"西昌红皮洋葱"表现为鳞片紫红色、中熟偏早、辛辣味强、产量较高、抗病性好、抗寒性和耐热性较强，其缺点是早期抽薹率高。根据上述两品种的缺点，西昌学院 1995 年采用 He-Ne 激光和 CO_2 激光分别辐照这两个品种并经 8 年时间选育出洋葱新品种"西葱 1 号"和"西葱 2 号"；西昌学院洋葱研究课题组经 30 年的时间，先后选育出经四川省非主要农作物品种审（认）定委员会认定洋葱新品种 10 个。

通常每个剂量处理种子数为 500~1 000 粒，以保证 M_1 代和 M_2 代的数量。洋葱要求 M_2 代群体在 10 000 株以上，可以根据洋葱花球的种子数推算出应处理的种子数 500~700 粒。种

子应经过粒选，选择籽粒饱满的进行处理，处理前 1 d 最好用清水浸泡。

2. 激光照射部位

洋葱激光育种常以种子作为处理材料，胚部为照射的重点部位。处理洋葱种子优点多，操作方便，因种子小可大量处理，处理后的种子易于保存，且可以远途运输，供给无激光器的单位使用。被照射的种子，干、湿或萌动状态的都可以。由于萌动和含水量高的种子比干种子对激光的敏感性强，所需诱变剂量较低，在功率密度相同情况下，可节省照射时间。不过萌动种子与湿种子易受环境影响，结果不易重复，而且处理后不宜远途运输。

洋葱的鳞茎也可进行激光辐照，但主要部位是鳞茎的芽（休眠芽或萌动芽），激光辐照洋葱的鳞茎不如辐照种子方便，一是洋葱鳞茎的体积较大，二是洋葱鳞茎的芽被鳞片包被，辐照处理时不易确定照射部位。故应直接对洋葱鳞茎的幼芽进行照射，以提高诱变效果。

3. 洋葱育种适用的激光器

大量科研报道证明，无论是从亚细胞水平上，用细胞遗传学方法观察染色体畸变率、细胞微核率，还是调查激光诱变的变异谱、有益突变率，或者已育成的优良品种所用的激光器的种类上看，红外、可见或紫外激光只要剂量适当，均能引起一些突变体，通过选择培育成新品种。

已知 DNA 生物大分子的吸收高峰为 260 nm，从道理上讲，若采用该波长的激光，对 DNA 分子共振最强，诱变应是最有效的。可是，在我国过去用这种波长的激光进行育种的却极少，反而采用氦氖、二氧化碳、钕玻璃激光最多，也有用红宝石和氮分子激光的。西昌学院洋葱研究课题组采用 He-Ne 激光和 CO_2 激光辐照洋葱两个品种的湿种子，试验随机区组设计，重复 3 次，利用生物统计学的方法，从个体水平上初步考查诱变 L_1 代出苗率、苗高、叶数、须根长、须根数、苗重、须根重的生物学效应。结果表明：用 He-Ne 激光和 CO_2 激光两种不同激光辐照引起的变异，多数性状差异不显著。

4. 诱变剂量

激光育种工作者需要知道什么作物应该用多大剂量的激光，才能获得更高的突变率。要回答这一问题并非易事，这是因为激光器种类多，生物种类繁多而且结构复杂，照射部位的性质、发育时期、具体状态对剂量都有影响，必须根据具体情况，通过试验摸索。现将西昌学院洋葱研究课题组发表的洋葱激光育种剂量数据制成表 5-49，以供参考。

表 5-49　激光辐照洋葱处理表

处理代号	激光	品种	辐照时间	输出功率
A_1	CO_2	A	2 s	25 W
A_2	CO_2	A	5 s	25 W
A_3	CO_2	A	8 s	25 W
B_1	CO_2	B	2 s	25 W
B_2	CO_2	B	5 s	25 W
B_3	CO_2	B	8 s	25 W
A_4	He-Ne	A	10 min	3 Mw

续表

处理代号	激光	品种	辐照时间	输出功率
A_5	He-Ne	A	20 min	3 mW
A_6	He-Ne	A	30 min	3 mW
B_4	He-Ne	B	10 min	3 mW
B_5	He-Ne	B	20 min	3 mW
B_6	He-Ne	B	30 min	3 mW
CK_A	对照	A	—	—
CK_B	对照	B	—	—

注：A 品种指元谋红皮洋葱品种，B 品种指西昌红皮洋葱品种。

尽管洋葱激光诱变育种有多样性和复杂性，激光育种研究时间也不长，但通过对大量研究结果的调查分析，发现激光诱变剂量具有以下初步规律：

（1）饱和剂量为适宜诱变剂量

在一定剂量范围内，品种变异频率随剂量的上升而上升，但是剂量增到一定程度时，变异率不再提高，出现饱和现象，再加大剂量时，变异率反而下降。这种变异频率达到饱和时的剂量称为变异饱和剂量。显然，变异饱和剂量可视为适宜诱变剂量。不同波长变异饱和剂量不同。例如 Rodianova 等 1972 年以 4 种激光对葱幼苗胚根细胞诱变，在不同剂量组中，氦、氖、氮、氩和二氧化碳激光的变异饱和剂量分别为 3.2 J/cm^2、3.4 J/cm^2、19.3 J/cm^2 和 153 J/cm^2，相应染色体畸变细胞率分别为 13.6%、9.6%、12.8% 和 7.8%。

（2）需要足够的功率密度

试验证明，为获得一定的激光诱变率，在满足一定的激光能量密度的同时，还必须有足够的功率密度。

（3）半致死剂量具有参考价值

在电离辐射育种中规定有三种剂量：① 致死剂量，即群体调查，100% 个体死亡时的剂量；② 半致死剂量，即 50% 个体死亡时的剂量；③ 临界剂量，为 60% 个体死亡时的剂量。电离辐射育种常以半致死剂量作为诱变剂量。用此剂量既可得较高的突变率，又照顾到有足够数量的个体成活，这对激光育种也是有意义的。以 D_h 表示半致死剂量。西昌学院洋葱研究课题组采用 He-Ne 激光和 CO_2 激光辐照洋葱两个品种的湿种子，采用随机区组设计，重复 3 次，利用生物统计学的方法，从个体水平上初步考查诱变 L_1 代的生物学效应。试验结果表明，He-Ne 激光辐照的各处理发芽提前 1~3 d，CO_2 激光辐照各处理与未照射基本一致。激光辐照元谋红皮品种后，与未照射相比，出苗率下降 4%~15%。CO_2 激光辐照西昌红皮品种的各处理的出苗率比未照射下降 3%~5%，而 He-Ne 激光辐照该品种后，出苗率增加 2%~8%。各处理的出苗率都高于 50%，未达到半致死剂量，可适当加大激光照射剂量，以增大变异幅度。

（4）干种子比湿种子或萌动种子所需剂量更高

干种子的最佳刺激剂量、半致死剂量、致死剂量值比湿种子或萌动种子高。试验表明用水浸泡 24 h 的洋葱湿种子的 3 种剂量，比干种子（含水量为 10%~16%）的相应剂量大幅度下降，萌动种子的致死剂量还不到干种子的1/10。

（5）不同发育时期的诱变剂量不同

萌动种子、萌动的芽分别比干种子、休眠芽的诱变剂量要小，发育早期对激光的敏感性强。

5. 诱变处理后的选育

洋葱种子（或芽）经激光处理并种植后，长成的植株称为当代或第1代，以L_1表示。经仔细观察发现有些植株为突变体，有的材料可能第1代不表现，到第2代（以L_2表示）才产生突变。由L_1代或L_2代中，筛选所需要的突变体，单独收获，继续繁殖、突变性状能真实遗传，稳定后培育成新品种。

（1）红皮洋葱新品种"西葱1号"的激光诱变选育过程

原A品种"元谋红皮洋葱"表现为辛辣味强、产量较高、抗病性好、适应性广，其缺点是生育期太长、早期抽薹率高。根据上述缺点，西昌学院洋葱研究课题组在1995年采用输出功率为3 mW的He-Ne激光对A品种分别辐照10 min、20 min和30 min；用输出功率为25 W的CO_2激光分别辐照A品种2 s、5 s和8 s。在1995年8月上旬播种，10月底大田移栽；1996年2~4月在大田A_2、A_3两处理中各选得4株成熟期提前约7 d，单个鳞茎重平均为658.6 g，其他性状表现良好的优良变异株；在A_4、A_5处理中分别选得2、5株成熟期提前约10 d，单个鳞茎重平均为665.7 g，其他性状表现良好的优良变异株；在A_6处理中选得8株成熟期提前约13 d，单个鳞茎重平均为643.8 g，其他性状表现良好的优良变异株。在5~8月淘汰4株耐贮性差的变异株，在9月初将生育期提前约7 d的7个变异株，提前约10 d的6株变异株和提前约12 d的6个变异株分别混合种植繁种，即L_1A_1、L_1A_2和L_1A_3。1997年8月下旬将中选的A品种的激光处理L_1A_1、L_1A_2、L_1A_3后代种子分别播种，10月中旬分别移栽种植为L_2A_1、L_2A_2和L_2A_3。1998年4~5月大田观察到L_2A_2生长整齐一致，长势好，早期抽薹率为6.8%，成熟期比对照提前10 d，鳞茎大小均匀，洋葱鳞茎小区产量比对照增产48.6%，在5~8月表现出耐贮性好，中选；L_2A_1和L_2A_3生长不一致，出现较大分离，与原品种相比，其单株的成熟期一些表现早熟，一些表现晚熟，一些熟期未变异，早期抽薹率为42.8%和38.6%，鳞茎大小分离很大，继续进行选择；9月份将L_2A_2扩繁；1999年8月将中选变异后代暂定名为"昌激99-3"，除在试验田继续种植观察外，在两个乡分别进行大田生产试验，"昌激99-3"在试验田中生长整齐一致，长势好，早期抽薹极少，成熟期比对照提前10 d，大田生产高产试验于2000年5月13日通过了凉山州科委、凉山州农业局、凉山州农科所、西昌市农业局、西昌学院（原西昌农专）等专家组成的验收组实地验收，实地验收面积866.7 m²，每公顷产量达137 800.5 kg，比对照增产65.3%。该产量为专家正式验收的该红皮洋葱品种最高产量，该品种（系）暂定名"昌激99-3"。从2000~2003年在高草乡、兴胜乡、安宁镇、西乡乡等乡镇进行洋葱多年多点品比试验的产量来看，3年6个点的品比试验的每公顷产量为111 900.5 kg，比对照增产33.85%，增产极显著；从抽薹率来看，该品种的抽薹率为12.83%，比对照降低26.38%。从2000~2003年，在高草乡、兴胜乡、安宁镇、西乡乡共计12个点的多年多点生产试验结果知："昌激99-3"的产量平均比对照增产36.01%，抽薹率平均比对照降低22.76%，收获期平均比对照推迟3.5 d。2004年11月，该品种正式定名为"西葱1号"，并通过四川省品种委员会审定。

红皮洋葱"西葱1号"的选育过程：

1995年8月　激光辐照洋葱元谋红皮品种

↓

1996年5月　L_1代选择优良变异洋葱鳞茎，按L_1A_1、L_1A_2、L_1A_3分收、分贮

↓

1996年9月　中选鳞茎分别种植

↓

1997年6月　收获种子

↓

1997年8月　鉴定圃、生产试验、栽培技术措施研究

↓

1998年5月　L_2代品系鉴定洋葱鳞茎

↓

1998年9月　决选洋葱鳞茎种植（L_2A_2）

↓

1999年6月　收获种子

↓

1999年8月　L_3代中选品系洋葱"昌激99-3"（暂定名）的生产示范试验、高产栽培试验和繁种

↓

2000年8月　洋葱"昌激99-3"的同田对比试验、品种比较试验和繁种

2001年8月　洋葱"昌激99-3"的同田对比试验及品种比较试验和示范推广

↓

2002年8月　洋葱"昌激99-3"的同田对比试验及品种比较试验和推广

↓

2003年8月　洋葱"昌激99-3"推广

↓

2004年4月　洋葱"昌激99-3"田间技术鉴定

↓

2004年7月　"昌激99-3"（拟定名"西葱1号"）进行品种审定

↓

2004年11月　"西葱1号"通过四川省品种委员会审定（川审蔬2004020）

（2）红皮洋葱新品种"西葱2号"的激光诱变选育过程

原B品种"西昌红皮洋葱"表现为鳞片紫红色、中熟偏早、辛辣味强、产量较高、抗病性好、抗寒性和耐热性较强，其缺点是早期抽薹率高。根据上述缺点，西昌学院洋葱研究课题组在1995年采用输出功率为3 mW的He-Ne激光对B品种分别辐照10 min、20 min和30 min；用输出功率为25 W的CO_2激光分别辐照A、B两品种2 s、5 s和8 s。在1995年8月上旬播种，10月底大田移栽；在B_1、B_3、B_4处理中分别选得2、2、4共8株成熟期提前约14 d，单个鳞茎重平均425.6 g，其他性状表现良好的优良变异株；在B_5、B_6处理中分别选得3、6共9株成熟期提前约19 d，单个鳞茎重平均332.5 g，其他性状表现良好的优良变异株，在B_2处理中选得6株成熟期提前约10 d，单个鳞茎重平均363.2 g，其他性状表现良好的优良变异株。在5~8月淘汰4株耐贮性差的变异株，在9月初将生育期提前约14 d的7个变异株，提前约19 d的7个变异株和提前约10 d的5个变异株分别混合种植繁种，即L_1B_1、L_1B_2和L_1B_3。1997年8月下旬将中选的B品种的激光处理L_1B_1、L_1B_2和L_1B_3后代种子分别播种，10月中旬分别移栽种植为L_2B_1、L_2B_2和L_2B_3。1998年3~5月大田观察到L_2B_2和L_2B_3生长不一致，出现较大分离，与原品种相比，其单株的成熟期一些表现早熟，一些表现晚熟，一些熟期未变异，早期抽薹率为42.8%和38.6%，鳞茎大小分离很大，继续进行选择；L_2B_1生长比较整齐一致，长势好，早期抽薹仅为 5.6%，成熟期比对照提前约 15 d，洋葱鳞茎小区产量 125.6 kg 与对照 124.8 kg 相当，鳞茎大小均匀，在 5~8 月表现出耐贮性好，中选；9 月份将 L_2B_1 扩大繁殖；1999 年 8 月将中选变异后代暂定名为"昌激 99-14"，除在试验田继续种植观察外，在两个乡分别进行大田生产试验。其后连续多年该品种进行同田对比试验、品种比较试验和推广。2004 年 11 月，该品种正式定名为"西葱 2 号"，并通过四川省品种委员会审定。

红皮洋葱"西葱 2 号"的选育过程：

1995 年 8 月　　激光辐照洋葱 B 品种

↓

1996 年 5 月　　L_1 代选择优良变异洋葱鳞茎，按 L_1B_1、L_1B_2 和 L_1B_3 分收、分贮

↓

1996 年 9 月　　中选鳞茎分别种植

↓

1997 年 6 月　　收获种子

↓

1997 年 8 月　　鉴定圃、生产试验、栽培技术措施研究

↓

1998 年 5 月　　L_2 代品系鉴定洋葱鳞茎

↓

1998 年 9 月　　决选洋葱鳞茎种植（L_2B_1）

↓

1999 年 6 月　　收获种子

↓

1999 年 8 月　　L$_3$ 代中选品系洋葱"昌激 99-14"（暂定名）的生产示范试验、高产栽培试验和繁种

↓

2000 年 8 月　　洋葱"昌激 99-14"的同田对比试验、品种比较试验和繁种

↓

2001 年 8 月　　洋葱"昌激 99-14"的同田对比试验及品种比较试验和推广

↓

2002 年 8 月　　洋葱"昌激 99-14"的同田对比试验及品种比较试验和推广

↓

2003 年 8 月　　洋葱"昌激 99-14"推广

↓

2004 年 4 月　　"昌激 99-14"的田间技术鉴定

↓

2004 年 7 月　　"昌激 99-14"（拟定名"西葱 2 号"）进行品种审定

↓

2004 年 11 月　　"西葱 2 号"通过四川省品种委员会审定（川审蔬 2004021）

（3）红皮洋葱新品种"科威红 10 号"的激光诱变选育过程

原品种短中日照红皮洋葱"红 0807"表现早熟、耐贮性好、颜色好，产量较高，缺点是早期抽薹率高达 20%以上，整齐度差。根据上述缺点，西昌学院洋葱研究课题组和西昌科威洋葱种业有限责任公司在 2009 年 8 月 17 日用 He-Ne 激光照射"红 0807"（亲本）种子，在辐照前 1 天，将种子用清水浸泡 9 小时。用输出功率为 3 mW 的 He-Ne 激光分别辐照湿种子 10 min、20 min、30 min、40 min、50 min 各 5 000 粒，激光辐照在西昌四一零攀钢医院完成。2009 年 8 月 20 日播种，10 月 23 日大田移栽；2010 年 3~5 月在田间观察记录各个处理植株成熟日期并标记，成熟期以"西葱 2 号"为参考，其他性状按紫红色、球形、非薹、非丫、无病害、单个鳞茎重进行选择，在各处理中分别选得单个鳞茎重为 280~300 g、301~320 g、

321 g 以上、紫红色、球形、非薹、非丫、无病害、成熟期 172~177 d 的优良变异株 63 株、73 株、38 株共 174 个，按单个鳞茎重分别编号为红 L_{1-1}、红 L_{1-2}、红 L_{1-3}，用挂贮方式保存，在 2010 年 9 月上旬去除发芽腐烂的 20 个外，余下的 154 个隔离种植繁种，2011 年 6 月收获种子。2011 年 8 月 29 将中选的激光处理后代种子分别播种，10 月 25 日分别移栽种植，分别编号为红 L_{2-1}、红 L_{2-2}、红 L_{2-3}。2012 年 3~5 月大田观察到 L_{2-3} 生长不一致，出现分离，继续选择；而红 L_{2-1} 和红 L_{2-2} 则生长整齐一致、长势好，其中红 L_{2-2} 的早期抽薹率为 5.2%，鳞茎大小均匀；而红 L_{2-1} 早期抽薹率为 6.3%。2012 年 9 月将选择的洋葱鳞茎红 L_{2-1} 和红 L_{2-2} 分别隔离种植，2013 年 8 月将收获的种子分别播种、定植，进行小区试验。2014 年 3 月，红 L_{3-2} 达到育种目标的要求中选，暂定名"科威红 10 号"并扩繁；2015 年 6 月收获种子；2015~2017 年进行品种比较试验、扩繁，2018~2019 年进行大田生产试验，2019~2021 年进行示范推广，2022 年 4 月进行田间技术鉴定。

红皮洋葱新品种"科威红 10 号"的选育过程：

2009 年 8 月　He-Ne 激光辐照短中日照品种"红 0807"湿种子

↓

2010 年 4 月　L_1 代选择优良变异洋葱鳞茎，按红 L_{1-1}、红 L_{1-2} 和 L_{1-3} 分收、分贮

↓

2010 年 10 月　中选鳞茎分别隔离种植

↓

2011 年 6 月　收获种子

↓

2011 年 8 月　育苗种植

↓

2012 年 4 月　L_2 代品系鉴定洋葱鳞茎

↓

2012 年 9 月　初选洋葱鳞茎 L_{2-1}、L_{2-2} 分别隔离种植

2013年6月　收获种子

2013年9月　小区试验

2014年4月　L_{3-2}达到育种目标要求中选，暂定名"科威红10号"并扩繁

2015年6月　收获种子

2015—2016年　品种比较试验

2016—2017年　品种比较试验

2018—2019年　大田生产试验

2019—2021年　推广、扩繁

2022年4月　"科威红10号"新品种的田间技术鉴定

（4）黄皮洋葱新品种"科威黄14"的激光诱变选育过程

原品种中日照黄皮洋葱"黄0804"，表现突出。其优点：黄皮，外形近似球形，生长势强，辛辣味淡，肉质好，鳞茎较大，产量较高，晚熟（西昌表现）、不易分球。主要缺点：早

期抽薹率高达 50%。根据上述缺点，2009 年 8 月 17 日用 CO_2 激光照射"黄 0804"（亲本）湿种子 2 s、5 s、8 s、11 s、13 s 各 5 000 粒，激光辐照在西昌卫星发射中心医院完成。2009 年 8 月 22 日播种，同年 10 月 22 日移栽；2010 年 3~5 月在田间观察时记录各个处理植株长势情况并做好标记，选择变异鳞茎时性状按棕黄色、球形、非薹、非丫、无病害、鳞茎单个重 470g 以上的标准进行选择；在 H_1、H_2、H_3、H_4 和 H_5 各处理中，分别选得 5 株、77 株、52 株、44 株和 15 株，单个鳞茎重在 470~500g；分别选得 3 株、22 株、46 株、18 株和 6 株，单个鳞茎重在 500~530 g；分别选得 1 株、13 株、15 株、18 株和 13 株，单个鳞茎重 530 g 以上，鳞茎棕黄色、球形、非薹、非丫、无病害的优良变异株。按单个鳞茎重在 470~500 g、500~530 g、大于 530 g 分别编号为 L_{1-1}、L_{1-2}、L_{1-3}，用挂贮方式保存，在 2010 年 10 月 10 日去除发芽腐烂的 20 个外，按单个鳞茎编号隔离种植繁种，2011 年 6 月分收种子。2011 年 8 月 29 日将中选的变异株后代种子分别播种，10 月 28 分别移栽种植，分别编号为 L_{2-1}、L_{2-2}、L_{2-3}，2012 年 3~5 月大田观察到 L_{2-3} 生长不一致，出现分离，继续选择；而 L_{2-1} 和 L_{2-2} 则生长整齐一致、长势好，其中 L_{2-1} 的早期抽率为 20.2%；而 L_{2-2} 早期抽率为 8.7%，鳞茎大小均匀。2012 年 10 月将选择的洋葱鳞茎 L_{2-1} 和 L_{2-2} 分别隔离种植，2013 年 9 月将收获的种子分别播种、定植，进行小区试验。2014 年 3~5 月小区试验结果表明：L_{3-2} 与亲本"黄 0804"相比，增产 15%，早期抽薹率为 6%，达到育种目标的要求中选，暂定名"科威黄 14"并扩繁；2015 年 6 月收获种子；2015~2017 年进行品种比较试验、扩繁，2018~2019 年进行大田生产试验，2019~2021 年进行示范推广，2022 年 4 月进行田间技术鉴定。

黄皮洋葱新品种"科威黄 14"的选育过程：

2009 年 8 月　CO_2 激光照射中日照品种黄皮洋葱"黄 0804"湿种子

↓

2010 年 4 月　L_1 代选择优良变异洋葱鳞茎，按黄 L_{1-1}、黄 L_{1-2} 和黄 L_{1-3} 分收、分贮

↓

2010 年 10 月　中选鳞茎分别隔离种植

↓

2011 年 6 月　收获种子

↓

2011 年 8 月　育苗种植

↓

2012 年 4 月　L_2 代品系鉴定洋葱鳞茎

↓

2012 年 9 月　初选洋葱鳞茎黄 L_{2-1}、黄 L_{2-2} 分别隔离种植

2013 年 6 月　收获种子

2013 年 9 月　小区试验

2014 年 4 月　黄 L_{3-2} 达到育种目标要求中选，暂定名"科威黄 14"并扩繁

2015 年 6 月　收获种子

2015—2016 年　品种比较试验

2016—2017 年　品种比较试验

2018—2019 年　大田生产试验

2019—2021 年　大田生产试验，小面积推广、扩繁

2022 年 4 月　"科威黄 14"新品种的田间技术鉴定

（五）激光育种与其他育种的结合

1. 与电离辐射育种的结合

（1）辐射（γ射线、中子等）加激光复因子处理洋葱，比单因子激光处理能显著地扩大变异谱，提高变异率及有益突变率，而且变异的程度大。

（2）射线突变体加激光处理。为了改变 γ 射线突变体的某些不良性状，可将它们用激光照射后，得到新突变体，性状具有其亲本的某些优点，又改变了某些不良性状。

2. 与多倍体育种的结合

人工使用秋水仙素等药液处理种子，可使具有两个染色体组的 2 倍体变成 4 倍体，称 4

倍体育种。一般多倍体的特性：巨型性，即叶、花、果实、种子、植株都大，抗逆性增强。然而也出现一些缺点，如结实性下降，生长发育迟缓，甚至从1年生作物变成多年生作物。这些缺点待解决后，才能将多倍体育种在生产中应用。激光诱变常能获得早熟、结实率提高等特性，如将激光诱变育种与多倍体育种这两种育种方法相结合，可得到良好的结果。

3. 与组织培养技术的结合

组织培养技术是将植物细胞培育成植株的一种生物新技术。用这种技术繁殖作物，可以进行工厂化大量生产，取得明显的经济效益。若用于珍贵作物品种，效益更大。在组织培养技术中加激光照射，可获得突变的植株，经选择培育可得到优良新品种或新品系。

（六）激光诱变效应的早期鉴定

激光对不同生物的诱变效应不同。效应的强弱和表现与哪些因素有关，一般来说均需通过试验测定。为了早期测定诱变效果，可根据试验目的设计一定的激光照射方案，采用细胞遗传学方法测定染色体畸变率或微核细胞率，或者进行同工酶酶谱分析。通过这些测定和分析，可发现不同波长、不同剂量的激光所引起的诱变效应。其意义在于通过这类研究，使人们更多地了解激光诱变规律及其机理，以逐步接近目标性育种。

1. 染色体畸变率的测定

国外学者在20世纪60年代进行了激光诱发染色体畸变的研究，例如Bessis等在1962年报道了他们用红宝石激光照射细胞的研究成果。Rounds用未聚焦的红宝石激光照射细胞悬浮液，观察到双着丝点的染色体和染色单体断裂。国内自20世纪70年代，先后有中山大学、西昌学院等分别报道了激光对染色体畸变的研究。测定染色体畸变率首先应制定激光处理方案，根据试验材料的发育时期、照射部位的性质和激光波长，设计不同剂量的激光组和对照组。照射方式分为直接照射和间接照射。直接照射是照射部位与被观察细胞的部位相同；间接照射是照射某一部位，被观察的细胞则是另一部位。可在细胞分裂不同时期在显微镜下进行观察。通常每组细胞数在1 500个以上。制片多用常规压片法。分别按不同畸变类型统计染色体畸变细胞率，即染色体畸变细胞数占观察细胞数的百分比。对典型畸变可进行显微摄影。

西昌学院用He-Ne激光和CO_2激光辐照研究激光照射洋葱种子对根尖染色体畸变的影响，结果见表5-50。

表5-50 激光辐照洋葱种子对根尖染色体畸变的影响

组别	剂量/$J \cdot cm^{-2}$	根尖数/个	有丝分裂细胞数（后期）	染色体畸变数/个	畸变百分率/%	畸变类型	
						桥/个	断片/个
未照射（对照）	—	55	568	2	0.35	1	0
CO_2激光	42.6	78	726	48	6.61	39	9
He-Ne激光	32.4	41	435	16	3.68	12	4

2. 微核细胞率的测定

微核测定技术是 Matter 和 Schmid 建立的,最初只用于间期细胞。这项技术方法简便、结果可靠,已被广泛用于测定电离辐射诱变效应,并已开始用于测定激光诱变效应。近年研究表明,细胞微核也能出现在细胞分裂其他各期中。西昌学院用 He-Ne 激光和 CO_2 激光辐照研究激光照射洋葱种子对根尖微核细胞的影响,结果见表 5-51。

表 5-51 激光照射洋葱种子对其根尖微核细胞的影响

激光种类	观察细胞数/个	微核细胞	
		数目/个	微核细胞率/%
未照射(对照)	1653	7	0.42
He-Ne 激光	1738	18	1.04
CO_2 激光	1652	27	1.63

微核细胞率的测定方法与染色体畸变的测定相同。实验证明,CO_2 激光辐照研究激光照射洋葱种子根尖微核细胞大于 He-Ne 激光照射。

3. 同工酶酶谱分析

酶是组成细胞的一种化学物质,其本质是一种蛋白质。同工酶是指能催化相同的化学反应,而其蛋白质分子结构不同的酶。每一种同工酶又是由两种及其以上的亚基组成,每种亚基的含量决定其活性。同工酶各种成分按所带电量多少不同,光吸收值不同,在一定光波长下就形成同工酶酶谱。由于同工酶的差异大多是由基因直接决定的,因而同工酶酶谱及酶活性含有丰富的遗传信息,它能在细胞的形态分化以前提供基因表达的灵敏指标。因此,同工酶酶谱分析可为研究激光诱变效应、鉴定突变体、筛选抗病突变体提供科学依据。

(七)激光诱变洋葱 L_2 代主要性状的回归分析

激光诱变育种具有作用温和,成活率高,诱变范围广,有益突变多,当代可能发生遗传突变,育种周期短的优点。

回归分析是利用一个或多个变量的变异来估测另一个变量变异的一种方法。利用回归分析可以了解洋葱各性状间的关系,特别是各性状与鳞茎鲜重的关系,了解激光诱变对洋葱单株产量的影响,为激光诱变洋葱优良性状变异的选择,进而培育出优良品种提供参考依据。

1. 材料和方法

(1)供试材料

云南省元谋红皮洋葱品种(以下简称 A 品种),四川省西昌红皮洋葱品种(以下简称 B 品种),在辐照前 1 天,将种子用清水浸泡 10 h。采用花钵育苗,大田移栽时的规格为 13 cm ×17 cm,黑膜覆盖。

(2)辐照处理

采用输出功率为 3 mW 的 He-Ne 激光对供试材料分别辐照 10 min、20 min 和 30 min;用输出功率为 25 W 的 CO_2 激光分别辐照上述材料 2 s、5 s 和 8 s,CO_2 和 He-Ne 激光辐照分别在西昌卫星发射中心医院和四一零攀钢医院完成。

（3）试验设计

L_2 代采用随机区组设计，重复 3 次，每重复含 16 个处理。

（4）研究内容

每小区随机抽取 20 株，共计 960 株，室内考查研究洋葱鳞茎的横径、纵径、单株生物产量、鳞茎鲜重、根重、株高、叶数、颈粗等 8 个性状。

（5）统计方法

方差分析的数学模型为：

$$X_{JKLM} = \mu + \beta_J + A_K + B_L + C_m + (AB)_{KL} + (AC)_{KM} + (BC)_{LM} + (ABC)_{KLM} + \varepsilon_{JKLM}$$

其中 A、B、C 分别代表品种、激光种类、激光剂量，μ、β、K、L、M、ε、J 均代表系数。3 因素方差分析时，F 测验按 A 随机，B、C 固定的混合模型检验。

2. 结果与分析

（1）激光诱变洋葱 L_2 代主要性状的变异分析

将洋葱鳞茎的横径、纵径、单株生物产量、鳞茎鲜重、须根重、株高、叶数、颈粗等 8 个性状的室内考种资料进行品种、激光、剂量 3 因素的随机区组方差分析和 F 测验得表 5-52。

表 5-52 激光辐照洋葱 L_2 代主要性状的 F 测验

变异来源	鳞茎鲜重	横径	纵径	生物产量	颈粗	株高	叶数	须根重
A	19.12**	16.59**	3.07*	4.44*	1.21	1.52	2.95*	1.25
B	2.52	2.73	1.37	0.04	0.31	1.44	0.32	0.63
C	1.89	1.71	1.55	5.11*	2.13	5.88*	1.84	0.61
A×B	1.84	1.64	0.09	0.01	0.65	0.15	0.32	1.08
A×C	2.12	1.06	0.32	1.38	0.54	0.12	0.97	0.82
B×C	0.69	0.70	0.75	0.79	0.61	0.59	0.59	0.95
A×B×C	0.03	2.70	1.52	0.03	0.08	0.29	0.11	0.87

注：*表示差异达到 5%的显著水平，**表示差异达到 1%的显著水平。

由表 5-52 可以看出：品种不同引起激光诱变洋葱 L_2 代鳞茎纵径、叶片数、单株生物产量变异达到 5%的显著水平，鳞茎鲜重、横径的变异达到 1%的显著水平；激光种类不同引起各性状的变异都未达到 5%的显著水平；激光剂量不同引起生物产量和株高的变异达到 5%的显著水平；品种、激光、剂量间的一级和二级交互作用引起各性状的变异都未达到 5%的显著水平。

（2）各性状与鳞茎鲜重的线性回归分析

选取激光诱变 L_2 代中经方差分析和 F 测验差异显著的叶片数、鳞茎横径、纵径、单株生物产量等 4 个性状以及选择鳞茎时常用的参考指标颈粗共 5 个性状，与鳞茎鲜重进行线性回归分析得表 5-53。

表 5-53　辐照洋葱 L_2 代鳞茎鲜重的线性回归分析

	Σ	ΣX^2		ΣXY	A	b	r	S_b	t
叶数	302.00	4 602.00	15.00	55 853.70	19.1 389	10.8 808	0.2513	9.8 757	1.1 016
颈粗	48.68	123.79	2.43	9 087.50	111.0 980	29.7 212	0.2445	27.7 739	1.0 700
横径	155.53	1 226.44	7.78	29 647.80	−327.4 064	65.6 927	0.9683	15.4 839	4.2 426*
纵径	108.03	590.29	5.40	20 192.30	−116.6 801	55.5 613	0.5165	21.7 592	2.5 535*
生物产量	7 538.10	307 434.07	376.90	1 496 787.30	0.0 470	0.4 865	0.8415	0.1 322	3.6 800*
鳞茎鲜重	Y=183.44	ΣY=3 668.80	ΣY^2=751 335.56						

注：*表示差异达到5%的显著水平

进一步将统计数整理得叶数、颈粗等5个性状分别与鳞茎鲜重的线性回归方程见表5-54。

表 5-54　激光辐照洋葱 L_2 代鳞茎鲜重的线性回归方程

性状组合	线性回归方程
叶片数（X）与鳞茎鲜重（Y）	Y=19.1 389+10.8 808X
颈粗（X）与鳞茎鲜重（Y）	Y=111.0 980+29.7 212X
横径（X）与鳞茎鲜重（Y）	Y=327.4 064+65.6 927X
纵径（X）与鳞茎鲜重（Y）	Y=116.6 801+55.5 613X
生物产量（X）与鳞茎鲜重（Y）	Y=0.0 470+0.4 865X

由表5-54可以看出：当横径增加1 cm时，鳞茎鲜重平均增重65.6 927 g；当纵径增加1 cm时，鳞茎鲜重平均增重55.5 613 g；同理颈粗、叶数、生物产量分别增加1个单位时，鳞茎鲜重分别增加29.7 212 g、10.8 808 g、0.4 865 g。用t测验对上述5个回归方程进行假设测验，结果表明横径与鳞茎鲜重、纵茎与鳞茎鲜重、生物产量与鳞茎鲜重的回归关系显著。

（3）各性状与鳞茎鲜重的多元回归分析

根据上面线性回归分析的结论，结合在洋葱育种工作中的实践经验，选择洋葱横径、纵径、颈粗与鳞茎鲜重进行多元回归分析，得多元回归方程如下：

Y=−244.9 571+65.5 621X_1+5.2 831X_2+8.2 632X_3

其中，Y代表鳞茎鲜重，X_1代表横径，X_2代表颈粗，X_3代表纵径。

采用方差分析法对回归方程进行假设测验，结果见表5-55。

表 5-55　洋葱 L_2 代鳞茎横径、纵径、颈粗与鲜重的回归假设测验

变异来源	DF	SS	MS	F	$F_{0.05}$	$F_{0.01}$
三元回归	3	25 038.18	8 346.06	2.51	3.24	5.03
离回归	16	53 292.70	3 330.79			
总和	19	78 330.88				

由表 5-55 可以看出：鳞茎横径、纵径、颈粗与鳞径鲜重的回归关系不显著，舍去与鳞茎鲜重一元回归关系不显著的颈粗，同样程序进行分析得二元回归方程如下：

$Y=-380.687+61.6901X_1+15.6235X_2$

其中，Y 代表鳞茎鲜重，X_1 代表横径，X_2 代表纵径。

采用方差分析法对回归方程进行假设测验，结果见表 5-56。

表 5-56　洋葱 L_2 代鳞茎横径、纵径与鲜重的回归假设测验

变异来源	DF	SS	MS	F	$F_{0.05}$	$F_{0.01}$
二元回归	2	74 827.28	37 413.64	181.54**	3.59	6.11
离 回 归	17	3 503.60	206.09			
总　和	19	78 330.08				

由表 5-56 知，鳞茎横径、纵径与鳞茎鲜重的回归关系显著，且表现为正相关。当纵径不变时，横径每增加 1 cm，鳞茎鲜重增加 61.6 901 g；当横径固定不变时，纵径每增加 1 cm，鳞茎鲜重增加 15.6 235 g。

3. 讨论

（1）本试验对激光诱变洋葱 L_2 代主要性状的变异分析表明：品种不同引起洋葱鳞茎鲜重、横径等多数性状的变异显著；激光剂量不同引起株高等部分性状的变异显著；激光种类不同及品种、激光、剂量间的一级和二级交互作用引起各性状的变异都不显著。因此，激光诱变洋葱育种应重视对诱变品种的选择，其次是激光诱变剂量。

（2）本试验对激光诱变洋葱 L_2 代各性状与鳞茎鲜重的一元回归分析表明：洋葱横径与鳞茎鲜重、纵茎与鳞茎鲜重、生物产量与鳞茎鲜重的回归关系显著。因此在选择单个鳞茎时应重视对洋葱鳞茎横径、纵径和单株生物产量的选择。

（3）本试验对激光诱变洋葱 L_2 代各性状与鳞茎鲜重的多元回归分析表明：洋葱鳞茎横径、纵径与鳞茎鲜重的回归关系显著，表现为正相关，且横径的作用大于纵径。因此育种中应重视鳞茎横径和纵径的选择，尤其是横径的选择。

当然，洋葱鳞茎选择还要考虑株型、鳞茎颜色、有无病虫害等因素，故各性状与鳞茎鲜重的关系还应作更深入的研究，以期为洋葱育种提供进一步的指导。

（八）激光辐照洋葱 L_1 代的生理效应研究

1. 激光辐照洋葱 L_1 代的生理效应研究 I

我国的激光诱变育种从 20 世纪 70 年代初起步，据不完全统计，我国现已用激光诱变方法在农作物育成并推广新品种 45 个。相对而言，就激光诱变对其生理生化的影响及诱变机理的研究较为薄弱。西昌学院洋葱研究课题组，采用 He-Ne 和 CO_2 两种激光的 3 种剂量分别辐照洋葱的两个品种，并对其 L_1 各处理的过氧化氢酶、叶绿素、总糖等生理指标进行测试考查，以期从生化角度探讨激光辐照的诱变效应，为激光诱变洋葱育种提供参考。

(1)材料和方法

① 供试材料。

云南省元谋红皮洋葱品种(以下简称 A 品种),四川省西昌红皮洋葱品种(以下简称 B 品种),在辐照前 1 天,将种子用清水浸泡 10 h。

② 辐照处理。

采用输出功率为 3 mW 的 He-Ne 激光对供试材料分别辐照 10 min、20 min 和 30 min;用输出功率为 25 W 的 CO_2 激光分别辐照上述材料 2 s、5 s 和 8 s。CO_2 和 He-Ne 激光辐照分别在西昌卫星发射中心医院和四一零攀钢医院完成,详见表 5-57。

表 5-57 激光辐照洋葱 L_1 代的生理指标

处理代号	激光	品种	辐照时间	输出功率	被分解过氧化氢酶量(mg)	过氧化氢酶活力(mg/g·min)	叶绿素总含量(mg/L)	叶总糖含量(%)	鳞茎总糖含量(%)
A_1	CO_2	A	2 s	25 W	0.28	0.57	10.31	9.33	7.61
A_2	CO_2	A	5 s	25 W	0.32	0.65	11.34	6.45	4.09
A_3	CO_2	A	8 s	25 W	0.36	0.73	11.05	10.91	4.88
B_1	CO_2	B	2 s	25 W	0.21	0.42	8.70	16.43	6.88
B_2	CO_2	B	5 s	25 W	0.88	1.77	9.72	12.00	4.29
B_3	CO_2	B	8 s	25 W	0.51	1.02	9.06	7.10	7.11
A_4	He-Ne	A	10 min	3 mW	0.11	0.23	11.30	8.35	5.58
A_5	He-Ne	A	20 min	3 mW	0.13	0.26	11.32	11.93	7.11
A_6	He-Ne	A	30 min	3 mW	0.93	1.85	12.12	13.47	7.90
B_4	He-Ne	B	10 min	3 mW	0.08	0.17	8.48	11.92	8.37
B_5	He-Ne	B	20 min	3 mW	1.10	0.20	11.83	16.91	2.43
B_6	He-Ne	B	30 min	3 mW	0.28	0.57	11.00	8.89	4.32
CK_A	未照射	A	—	—	0.65	1.30	10.27	7.04	4.15
CK_B	未照射	B	—	—	0.12	0.21	9.99	9.78	9.17

③ 试验设计。

采用随机区组设计,重复 3 次。

④ 研究方法。

A. 过氧化氢酶的测定。

在洋葱 L_1 代旺长期,每个处理取新鲜叶片 1 g,用滴定法测定过氧化氢酶的活力。计算公式:

被分解的过氧化氢酶(mg)=(空白滴定值-样品滴定值)×硫代硫酸钠浓度×17

过氧化氢酶活力(mg H_2O_2/g·min)=被分解过氧量(mg)×酶液稀释倍数/样品重(g)×反应时间(min)

其测定结果见表 5-57。

B. 叶绿素的测定。

在洋葱 L_1 进入鳞茎膨大期前，每个处理取新鲜叶片 1 g，用分光光度法测定叶绿素含量，计算公式为：

$$C_T = C_a + C_b = 20.3D_{645} + 8.03D_{663}$$

其中，C_a 代表叶绿素 a，C_b 代表叶绿素 b，C_T 代表叶绿素总含量，测定结果见表 5-55。

C. 总糖含量的测定。

在洋葱鳞茎膨大初期，每个处理取叶片 2 g，取小鳞茎 1.5 g，采用伯川法测定总糖含量，其结果见表 5-57。

（2）结果与分析

① 过氧化氢酶。

表 5-57 结果表明：从不同激光辐照来看，CO_2 激光辐照 L_1 的 B_2 处理过氧化氢酶活力最低，为 0.42 mg/g·min，A_6 处理的过氧化氢酶活力最高，为 1.77 mg/g·min，极差为 1.35 mg/g·min；He-Ne 激光辐照洋葱 L_1 的 B_4 处理最低，过氧化氢酶活力为 0.17 mg/g·min，A_6 最高，为 1.85 mg/g·min，极差为 1.68 mg/g·min。He-Ne 激光辐照洋葱后代的变异大于 CO_2 激光辐照。从不同品种的 L_1 代来看，A 品种除 A_6 外，其余处理的过氧化氢酶活力都比未照射低，抑制效应明显；而 B 品种的多数处理的过氧化氢酶活力高于未照射，表现为刺激效应。从辐照的不同辐照时间来看，CO_2 激光随辐照时间增加，先表现刺激反应，后表现抑制效应；He-Ne 激光辐照时间增加，刺激效应增加。

② 叶绿素含量。

表 5-57 结果表明：从不同激光辐照来看，CO_2 激光辐照洋葱 L_1 处理中最高为 A_2，叶绿素含量为 11.34 mg/L，最低为 B_1，叶绿素含量为 8.70 mg/L，极差为 2.64 mg/L；He-Ne 激光辐照洋葱 L_1 最高为 A_6，叶绿素含量 12.12 mg/L，最低 B_4，叶绿素含量为 8.48 mg/L，极差为 3.64 mg/L。He-Ne 激光辐照洋葱 L_1 的变异大于 CO_2 激光辐照。从不同品种的 L_1 来看，A 品种各处理的叶绿素含量都比未照射增加，以 A_6 最高，增加 2.13 mg/L，刺激效应明显；B 品种的多数处理表现为叶绿素含量降低，最低为 B_1，下降 1.29 mg/L，抑制效应明显。从不同辐照剂量来看，CO_2 激光辐照时间增加，叶绿素含量增加，表现刺激效应；He-Ne 激光照射随时间增加，先表现刺激效应，后表现抑制效应。

③ 总糖含量。

A. 叶片的总糖含量。

表 5-57 结果表明，从不同激光辐照来看，CO_2 激光辐照洋葱 L_1 各处理中最高为 B_1，叶片总糖含量为 16.43%，最低为 A_2，总糖含量为 6.45%，极差为 9.98%；He-Ne 激光辐照洋葱 L_1 最高为 B_5，总糖含量为 16.91%，最低 A_4，总糖含量为 8.35%，极差为 8.36%。He-Ne 激光辐照洋葱 L_1 的叶片总糖含量变异大于 CO_2 激光辐照。从不同品种来看，A 品种的 L_1 各处理除 A_2 外，总糖含量都比未照射增加，其中 A_6 最高，总糖含量比未照射增加 6.43%，刺激效应明显；B 品种的 L_1 各处理中，除 B_3 和 B_2 外，叶片总糖含量比未辐射增加，其中以 B_5 最高，比未照射增加 7.13%。从不同辐照时间来看，随激光辐照时间增加，其处理后代的变异规律不明显，辐照时间效应不突出。

B. 鳞茎的总糖含量。

表 5-57 结果表明，从不同激光辐照来看，CO_2 激光辐照的各处理中 A_1 最高，为 7.61%，

B_2最低,为4.09%,极差为3.52%;He-Ne激光辐照的各处理中,B_4最高,为8.37%,B_5最低,为2.43%,极差为5.94%。He-Ne激光辐照洋葱L_1鳞茎总糖的变异大于CO_2激光辐照。从不同品种来看,A品种L_1各处理除A_2外,其余处理的总糖含量都比未照射增加,刺激效应明显;B品种L_1各处理的总糖含量都比未照射低,抑制效应明显。从不同辐照时间来看,随辐照时间增加,CO_2和He-Ne激光的总糖含量先减少,后又增加,其原因有待进一步探索。

(3) 讨论

植物的过氧化氢酶广泛存在于植物组织中,Gerlof(1967)认为过氧化氢酶活性的提高可增加植物的抗病性和抗冻性,Dhindsa 认为能提高植物的代谢程度,延长植物衰老;叶绿素是光合作用的基本物质,George(1981)和 Irwin(1982)认为叶绿素含量的增加能提高光合效率;Levitt 和 Richard(1979),Fitter(1981)认为植物含糖量的高低与植物的抗冷性、抗盐性和抗病性密切相关。西昌学院洋葱研究课题组采用CO_2和He-Ne两种激光的3种剂量分别辐照两个洋葱品种,对L_1代各处理的过氧化氢酶、叶绿素、总糖含量的变化进行研究得出下面结论:

① He-Ne激光辐照洋葱L_1代过氧化氢酶、叶绿素、总糖含量的变异大于CO_2激光辐照。

② 不同洋葱品种的激光处理L_1代过氧化氢酶、叶绿素、总糖含量的变异表现为A品种大于B品种。

③ 激光不同剂量辐照引起洋葱L_1代过氧化氢酶、叶绿素、总糖含量产生变异,但变异规律不明显,与许多研究结果不太一致,宜作进一步研究。

综上,用He-Ne激光辐照A品种有利于产生和选择高过氧化氢酶,高叶绿素含量和高总糖含量的变异后代,可作激光诱变洋葱育种参考。但本研究仅涉及两种激光,3种剂量,两个洋葱品种,且属首次探讨,为进一步深入讨论激光诱变生理效应,增加激光种类、剂量范围和生理研究指标是十分必要的。

2. 激光诱变洋葱生理效应研究Ⅱ

西昌学院洋葱研究课题组在1999年、2000年分别采用He-Ne和CO_2两种激光的3种剂量分别辐照洋葱的两个品种,对其各处理的过氧化氢酶、叶绿素、总糖等生理指标进行测试考查研究,在此基础上,2001年、2002年又从净同化率、净光合速率、呼吸速率、蛋白质含量等4个方面考查研究洋葱各处理的生物学效应,以期为激光诱变洋葱育种提供参考。

(1) 材料和方法

① 供试材料。

云南省元谋红皮洋葱品种(以下简称A品种),四川省西昌红皮洋葱品种(以下简称B品种),在辐照前1天,将种子用清水浸泡10 h。采用花钵育苗,大田移栽时的规格为13 cm×17 cm,黑膜覆盖,在洋葱进入旺长期时,按处理抽取洋葱苗测定其生理指标。

② 辐照处理。

采用输出功率为3 mW的He-Ne激光对供试材料分别辐照10 min、20 min和30 min;用输出功率为25 W的CO_2激光分别辐照上述材料2 s、5 s和8 s,CO_2和He-Ne激光辐照分别在西昌卫星发射中心医院和四一零攀钢医院完成,详见表5-58。

表 5-58　激光辐照洋葱的生理指标测定结果

处理代号	激光	品种	辐照时间	输出功率	净同化率 ($g/m^2 \cdot d$)	净光合速率 ($mg/dm^2 \cdot h$)	呼吸速率 ($mg/g \cdot h$)	蛋白质含量 (mg/g)
A_1	CO_2	A	2 s	25 W	1.525	7.844	0.843	17.563
A_2	CO_2	A	5 s	25 W	1.578	8.167	0.539	16.671
A_3	CO_2	A	8 s	25 W	1.443	7.241	0.817	16.782
B_1	CO_2	B	2 s	25 W	1.375	6.365	0.634	15.330
B_2	CO_2	B	5 s	25 W	1.673	7.715	0.600	15.387
B_3	CO_2	B	8 s	25 W	1.641	7.032	0.694	16.563
A_4	He-Ne	A	10 min	3 mW	1.811	9.711	0.340	16.770
A_5	He-Ne	A	20 min	3 mW	1.950	7.874	0.245	17.873
A_6	He-Ne	A	30 min	3 mW	1.763	8.321	0.487	17.141
B_4	He-Ne	B	10 min	3 mW	1.720	8.012	0.351	16.871
B_5	He-Ne	B	20 min	3 mW	1.635	7.365	0.294	15.633
B_6	He-Ne	B	30 min	3 mW	1.512	6.891	0.724	16.110
CK_A	未照射	A	—	—	1.640	7.841	0.461	16.660
CK_B	未照射	B			1.414	7.21	0.283	16.135

③ 试验设计。

采用随机区组设计，重复 3 次。

④ 研究方法。

A. 净同化率（NAR）的测定：定时定点测定叶面积指数（干重换算）、干物质积累，采用公式：

$$NAR=(W_1-W_2)/[1/2(L_1+L_2) \times T]$$

计算净同化率，W_1 和 W_2 分别为前后两次测定的干重（g），L_1 和 L_2 分别为前后两次叶面积系数，T 为两次测定间隔的天数（d）。

B. 净光合速率测定：采用 GH-Ⅲ型光合仪测定葱叶净光合速率，在离体、恒定光照强度 6000 Lux 下每个处理 5 次，取平均值，通过测定 $NaHCO_3$ 溶液 pH 值变化来计算净光合速率。

C. 呼吸速率测定：采用滴定法测定叶子呼吸速率。

呼吸速率=（空白滴定值-样品滴定值）（mg·CO_2/mL 草酸）/植物组织鲜重（g）×时间（h）

呼吸速率单位采用 $mgCO_2/g \cdot h$，式中滴定值以 ml 计，mg·CO_2/ml 草酸=1。

D. 蛋白质含量测定：采用 Lowry 法（结合双缩脲法和 Folin-酚法），通过公式计算：

蛋白质含量（mg/g）=$C \times V_T/V_1 \times FW \times 1000$

式中，C 为查标准曲线值（μg），VT 为提取液总体积（mL），FW 为样品鲜重（g），V_1 为测定时的加量（mL）。

（2）结果与分析

① 净同化率。

表 5-58 结果表明：从不同激光辐照来看，CO_2 激光辐照 B_1 处理净同化率最低，为 1.375 g/m²·d，B_2 处理的净同化率最高，为 1.673 g/m²·d，极差为 0.298 g/m²·d；He-Ne 激光辐照洋葱 B_6 处理净同化率最低，为 1.512 g/m²·d，A_5 最高，为 1.950 g/m²·d，极差为 0.438 g/m²·d。He-Ne 激光辐照洋葱的变异大于 CO_2 激光辐照。从不同品种来看，A 品种一半处理表现为刺激效应，另一半表现为抑制效应；B 品种除 B_1 外，其余处理的净同化率都比未照射高，刺激效应明显。从辐照时间来看，CO_2 激光随辐照时间增加，先表现刺激效应，后表现抑制效应，He-Ne 激光辐照洋葱随剂量增加，抑制效应明显。

② 净光合速率。

表 5-58 结果表明：从不同激光辐照来看，CO_2 激光辐照 B_1 处理净光合速率最低，为 6.365 mg/dm²·h，A_2 处理的净光合速率最高，为 8.167 mg/dm²·h，极差为 1.802 mg/dm²·h；He-Ne 激光辐照洋葱 B_6 处理净光合速率最低，为 6.891 mg/dm²·h，A_4 最高，为 9.711 mg/dm²·h，极差为 2.820 mg/dm²·h。He-Ne 激光辐照洋葱的变异大于 CO_2 激光辐照。从不同品种来看，A 品种除 A_3 处理外都表现为刺激效应；B 品种的多数处理也表现为刺激效应。从辐照时间来看，CO_2 激光随辐照时间增加，先表现刺激效应，后表现抑制效应，He-Ne 激光辐照洋葱随辐照时间增加，多表现抑制效应

③ 呼吸速率。

表 5-58 结果表明：从不同激光辐照来看，CO_2 激光辐照 A_2 处理呼吸速率最低，为 0.539 mg/g·h，A_1 处理的呼吸速率最高，为 0.843 mg/g·h，极差为 0.304 mg/g·h；He-Ne 激光辐照洋葱 A_5 处理呼吸速率最低，为 0.245 mg/g·h，B_6 最高，为 0.724 mg/g·h，极差为 0.479 mg/g·h。He-Ne 激光辐照洋葱的变异大于 CO_2 激光辐照。从不同品种来看，A 品种的多数处理外表现为刺激效应；B 品种的全部处理都表现为刺激效应。从辐照时间来看，CO_2 和 He-Ne 激光随辐照时间增加，先表现抑制效应，后表现刺激效应。

④ 蛋白质含量。

表 5-58 结果表明：从不同激光辐照来看，CO_2 激光辐照 B_1 处理蛋白质含量最低，为 15.330 mg/g，A_1 处理的蛋白质含量最高，为 17.563 mg/g，极差为 2.233 mg/g；He-Ne 激光辐照洋葱 B_5 处理蛋白质含量最低，为 15.633 mg/g，A_5 最高，为 17.873 mg/g，极差为 2.240 mg/g。He-Ne 激光辐照洋葱的变异略高于 CO_2 激光辐照。从不同品种来看，A 品种的处理外都表现为刺激效应；B 品种的一半处理表现为刺激效应，其他处理表现为抑制效应。从辐照时间来看，随辐照时间增加，辐照时间效应未表现明显规律。

（3）讨论

光合作用是洋葱产量形成的基础，而净同化率和净光合速率这两个生理指标与光合作用密切相关；呼吸作用为其生命活动提供能量，为生物大分子合成提供原料，而呼吸作用的强弱用呼吸速率表示；植物体内的蛋白质含量是一个重要的生理生化指标，高蛋白质含量是洋葱育种的目标之一。从这 4 个生理指标研究激光诱变洋葱各处理的生物学效应，探讨其变化规律，为激光诱变洋葱育种提供一些参考非常必要。西昌学院洋葱研究课题组采用 CO_2 和 He-Ne 两种激光的 3 种剂量分别辐照 A、B 两个洋葱品种，对各处理的净同化率、净光合速率、呼吸速率、蛋白质含量的变化进行考查研究得出如下结论：

① He-Ne 激光辐照洋葱的净同化率、净光合速率、呼吸速率、蛋白质含量的变异大于 CO_2 激光辐照。

② 两个洋葱品种的净同化率、净光合速率、呼吸速率、蛋白质含量的变异未表现出明显的规律性。

③ CO_2 激光和 He-Ne 激光辐照洋葱引起洋葱的净同化率、净光合速率、呼吸速率、蛋白质含量产生变异，但变异未呈现明显规律。

1999 年和 2000 年西昌学院洋葱研究课题组采用的激光种类、激光剂量、辐照洋葱品种都与 2001 年、2002 年相同，对其各处理的过氧化氢酶、叶绿素、总糖等生理指标进行分析，研究表明：He-Ne 激光辐照洋葱的过氧化氢酶、叶绿素、总糖含量的变异大于 CO_2 激光辐照；A 品种的过氧化氢酶、叶绿素、总糖含量的变异大于 B 品种。综合这 4 年对激光辐照洋葱各处理的过氧化氢酶、叶绿素、总糖含量、净同化率、净光合速率、呼吸速率、蛋白质含量等生理生化指标的研究来看，采用 He-Ne 激光辐照洋葱比采用 CO_2 激光辐照较易从其变异后代中选择出高产、优质的优良变异株，进而育成符合育种目标的优良新品种，这可作为育种工作者参考。

（九）激光诱变对洋葱须根的生物学效应的研究

洋葱属百合科葱属草本作物，原产中亚，传入我国栽培仅百余年时间。我国洋葱种质资源缺乏，加之洋葱属两年生植物，生长周期长，生产上从种子到种子需 3 个年头，因此，进行洋葱诱变育种，采用激光作为诱变源，既可诱变选育新品种和新的育种资源，又能缩短育种周期。西昌学院洋葱研究课题组采用 CO_2 和 He-Ne 两种激光各 3 个剂量，分别对两个洋葱品种的湿种子进行照射，并对后代进行考查选择，因洋葱的根系属弦状须根系，须根的发达与否与洋葱鳞茎的大小关系密切，因此课题组对其激光辐照后诱变效应进行了探讨，以期为激光诱变洋葱育种提供参考依据。

1. 材料和方法

（1）供试材料

云南元谋红皮洋葱品种（以下简称 A 品种），四川省红皮洋葱品种（以下简称 B 品种），在辐照前 1 d，将种子用水浸泡 10 h。

（2）辐照处理

采用输出功率为 3 mW 的 He-Ne 的激光对供试材料分别辐照 10 min（剂量 1）、20 min（剂量 2）、30 min（剂量 3），用输出功率为 25 W 的 CO_2 激光分别照射上述材料 2 s（剂量 1）、5 s（剂量 2）、8 s（剂量 3）。CO_2 激光和 He-Ne 激光辐照分别在西昌卫星发射中心医院和四一零攀钢医院完成。

（3）试验设计

采用随机区组设计，重复 3 次。

（4）研究方法

① 用口径 60 cm 的特大花钵 3/4 肥土，疏松灌透水，每个花钵播 1 个处理，每处理播 100 粒，共播 4 200 粒种子，播后先覆细土，再盖 1 层松针。在两片真叶时用粪水追肥 1 次，在 2 叶 1 心时，用 0.4%尿素进行叶面追肥 1 次，在 3~4 片叶进行移栽时，每处理随机抽取 8

株进行须根长、须根数、须根重考查测定分析,其方差分析的数学模型为:

$$X_{jkLm} = \mu + \beta_j + A_K + B_C + C_m + (AB)_{kl} + (AC)_{km} + BC_{Lm} + (ABC)_{kLm} + \varepsilon_{JKLM}$$

A 代表品种,B 代表激光种类,C 代表激光剂量。分析单位性状时,以小区平均数为单位,进行 3 因素方差分析,F 测验按 A 随机、B、C 固定的混合模型进行,其结果见表 5-59。

表 5-59 激光辐照洋葱 L_1 代的须根 F 测验

变异来源	须根长	须根数	须根重
A(品种)	1.5	1.29	1.25
B(激光)	4.61*	0.21	0.63
C(剂量)	0.44	3.13*	0.61
A×B(品种激光)	0.30	0.65	1.08
A×C(品种剂量)	0.97	0.54	0.82
B×C(激光剂量)	1.65	0.61	0.95
A×B×C(品种激光剂量)	0.05	0.08	0.87

注:*表示差异达 5%的显著水平。

对 F 测验达 5%显著水平的性状,采用 SSR 法进行多重比较,结果见表 5-60。

表 5-60 不同激光剂量须根数差异的 SSR 测定

剂量	须根平均数(枚)	差异显著性(%) 5%	差异显著性(%) 1%
未照射	10.42	a	A
剂量 3	9.21	ab	AB
剂量 2	8.63	b	B
剂量 1	7.96	b	B

② 移栽前,大田每公顷施复合肥 750 kg 作底肥,2 m 开厢,覆盖地膜。按 13 cm × 17 cm 规格栽插,浇足定根水,大田管理同常规种植。在洋葱鳞茎进入膨大前期,采用甲烯蓝吸收法测定各个处理根系吸收表面积等反映根系活力的指标,其测定结果见表 5-61。

表 5-61 激光辐照洋葱 L_1 根系活力指标

处理代号	品种	激光	辐射时间	输出功率	根系吸收面积 活跃/m²	根系吸收面积 总数/m²	活跃吸收面积系数/%	根体积/cm³	比表面积 活跃/m²	比表面积 总数/m²
A_1	A	CO_2	2 s	25 W	2.42	4.59	0.53	1.02	0.42	0.79
A_2	A	CO_2	5 s	25 W	3.19	3.85	0.83	1.04	2.35	2.83
A_3	A	CO_2	8 s	25 W	1.54	1.87	0.82	2.30	0.67	0.82

续表

处理代号	品种	激光	辐射时间	输出功率	根系吸收面积 活跃/m²	根系吸收面积 总数/m²	活跃吸收面积系数/%	根体积/cm³	比表面积 活跃/m²	比表面积 总数/m²
A_4	A	He-Ne	10 min	3 mW	0.88	0.99	0.89	1.97	0.45	0.50
A_5	A	He-Ne	20 min	3 mW	4.18	4.40	0.95	2.09	2.00	2.10
A_6	A	He-Ne	30 min	3 mW	2.75	3.85	0.71	1.18	2.33	3.26
A_{ck}	A	/	/	/	1.76	2.09	0.84	2.23	0.79	0.94
B_1	B	CO_2	2 s	25 W	2.56	2.86	0.90	1.96	1.31	1.46
B_2	B	CO_2	5 s	25 W	2.31	2.48	0.93	2.02	1.14	1.23
B_3	B	CO_2	8 s	25 W	2.09	5.06	0.41	1.93	1.08	2.63
B_4	B	He-Ne	10 min	3 mW	6.27	6.60	0.95	1.40	4.48	4.72
B_5	B	He-Ne	20 min	3 mW	6.27	7.26	0.86	2.15	2.92	3.40
B_6	B	He-Ne	30 min	3 mW	3.63	3.85	0.94	1.33	2.73	2.90
B_{ck}	B	/	/	/	1.10	5.39	0.20	1.40	0.79	3.95

2. 结果分析

（1）激光对洋葱根长的生物学效应

试验表明：He-Ne 激光抑制洋葱须根的生长，而 CO_2 激光促进其生长。从表 5-59 还可看出：He-Ne 激光和 CO_2 激光不同引起洋葱根长变异的 F 值达到 5%的显著水平，且 CO_2 激光辐照后的须根长度显著地长于 He-Ne 激光辐照后的根长。品种剂量及品种、激光、剂量间的交互作用引起根长变异的 F 值都未达到 5%的显著水平。

（2）激光对洋葱须根数的生物学效应

激光辐射各处理的洋葱须根数比未照射减少 1~5 根，表现为明显的抑制作用。经品种、激光、剂量的 3 因素方差分析和 F 测验（表 5-59）表明：品种、激光及品种、激光、剂量间的交互作用引起须根数变异的 F 值未达到 5%的显著水平；但剂量引起洋葱须根数变异的 F 值达到 5%的显著水平，进一步用 SSR 法进行多重比较得表 5-60。由表 5-60 看出：与未对照相比，各剂量的激光效应都表现抑制作用，其中剂量 2 与未照射的差异达到 5%的显著水平，剂量 1 与未照射相比差异达 1%的极显著水平。

（3）激光诱变对洋葱须根鲜重的生物学效应

激光辐照后的大部分处理的洋葱须根鲜重都比对照降低，表现为抑制作用，但经品种、激光、剂量 3 因素的方差分析和 F 测验表明：品种、激光、剂量及它们间的交互作用引起须根鲜重变异的 F 值都未达到 5%的显著水平。

（4）激光诱变对洋葱须根活力的生物学效应

从表 5-61 与洋葱根系活力有关的指标可以看出：对 A 品种而言，激光辐照后多数处理的极系活力增加，对 B 品种而言，所有处理根系活力比未照射都增加，激光辐照对洋葱根系活力表现为刺激效应；就 He-Ne 激光和 CO_2 激光来看，He-Ne 激光对洋葱根系的刺激效应大于 CO_2 激光；就激光的照射剂量来看，普遍表现为随辐照时间增加，先表现为刺激效应增加，然后又开始减弱，剂量效应明显。表现出品种、激光、剂量不同引起洋葱须根活力的生物学

效应差异明显。

3. 讨 论

用 He-Ne 激光和 CO_2 激光分别辐照洋葱两个品种的生物效应分析表明：

（1）激光对洋葱须根长、须根数、须根重多表现为抑制作用，对须根活力则表现为刺激作用，且 He-Ne 激光的刺激效应大于 CO_2 激光；激光不同引起须根长的变异达到 5% 的显著水平。

（2）品种不同，引起须根的变异明显，但其差异都未达到 5% 的显著水平。

（3）激光辐照时间不同，引起须根数的差异达到 5% 的显著水平；对洋葱根系活力的影响，激光剂量效应明显。

（4）激光、剂量、品种 3 因素间的所有一二级交互作用引起洋葱须根变异的 F 值都不显著。

（1）洋葱常规育种的方式有哪几种？各有何特点？
（2）洋葱常规育种采种鳞茎的选择标准是什么？
（3）影响采种用鳞茎定植的因素是什么？在生产上如何提高洋葱种子的产量？
（4）影响洋葱引种的因素是什么？不同地区间引种推广要注意什么问题？
（5）影响洋葱杂交育种的因素有哪些？
（6）洋葱激光诱变育种常采用的激光种类是什么？激光辐照时间和辐照剂量是多少？

（1）做洋葱种子水分测定实验、发芽试验、种子活力测定实验和洋葱种子纯度盐溶蛋白电泳鉴定，总结撰写洋葱引种和种子收获、贮藏技术要点。

（2）根据调查研究和生产实际，撰写一份洋葱育种方案。

第六章
洋葱贮藏与加工利用

洋葱的鳞茎在收获以后，其呼吸作用急剧减退，减退的速度因鳞茎的成熟度而异。根据呼吸强度的测试，充分成熟的鳞茎在收获10 d后的呼吸强度，比收获当天降低约3/4；而提前13 d和23 d所收获的鳞茎，在10 d以后分别降低约3/4和2/3，此后即进入生理休眠（自发休眠）阶段。在休眠期内，呼吸作用低，在25 ℃恒温下每千克鳞茎每小时释放的二氧化碳量为5 mg左右。生理休眠阶段的长短因品种而异，黄皮品种将近60 d，而紫皮或红皮品种的生理休眠时间要比黄皮品种短1/3~1/2。另外，早熟品种一般要比中、晚熟品种短些。生理休眠完成以后，即转入休眠解除期，生理活动逐渐启动，这时可以采取一些措施迫使休眠期延长，即所谓的强迫休眠。休眠解除期的长短受环境条件的影响，伸缩性较大。休眠结束后进入萌发期，鳞茎又开始抽出顶芽，生理活动重新恢复。贮存洋葱，就是采取人为的技术措施以抑制呼吸作用，延长休眠期以保持洋葱的鲜度，方法适当可以做到季产年销，常年供应。洋葱种子贮藏期间如含水量高，发芽率就会急剧下降。在常温下不加任何处理的种子，一般到第2年播种时，发芽率会明显降低而失去留种价值。一般认为，洋葱种子在贮藏过程中，安全湿度因温度条件而异。

第一节　洋葱鳞茎贮藏

采用青鲜素（MH）处理，可以延长洋葱鳞茎的贮藏期。青鲜素的化学成分为顺丁烯二酸联氨，其商品为含有效成分25%的乳油。青鲜素的主要作用是破坏洋葱的生长点，对芽的生长和顶端优势都有抑制作用，还能抑制生理活动。使用的浓度为2 500 μg/mL，即将25%的青鲜素乳油稀释100倍，每升稀释液加2 g洗衣粉作为展着剂，在收获前10~14 d，即田间刚开始出现倒伏时向植株喷洒，使叶面全部被喷湿为止，一般每公顷的洋葱田使用稀释后的药液750~1 125 L。青鲜素使用过早或浓度过高，会发生机能性病害而造成腐烂。喷洒青鲜素后24 h内若遇雨，应重喷1次。喷洒青鲜素前后，切忌过多浇水。因为青鲜素有破坏鳞茎内部生长点的作用，所以采种用的植株不能用此药进行处理。倘若洋葱和其他作物间作，应注意防止喷药对间作作物的影响，尤其是若与棉花间作，喷药时要避开棉苗，以免发生药害。据北京市的经验，黄皮品种应用青鲜素处理后，从 7 月开始可以贮存到翌年 5 月初。上海市应用青鲜素处理洋葱后，可以做到季产年销。洋葱在贮藏时必须使管状叶和鳞茎外皮处于干燥状态，所以在收获后须充分晾晒，这是进入贮藏前的一项关键措施。洋葱鳞茎的贮藏方法有辫藏、垛藏、堆藏、挂藏、冷库贮藏、气调贮藏、剥皮贮藏、泥沙贮藏和辐射贮藏等。

一、辫藏

降低鳞茎的含水量是其贮藏的重要措施。在干燥向阳的地方将采收后的洋葱植株茎叶朝上，葱头向下斜向密集排列在一起，使每 1 排茎叶正好盖在前 1 排的葱头部分，而不使烈日直射葱头。1~2 d 翻动 1 次。在天晴和气候干燥的情况下，晾晒 2~3 d 至叶片发黄、绵软能编辫时即可。如晾晒时间过长，则叶片枯黄发脆易断，编辫有一定的困难，而且一旦被雨淋湿，也容易引起腐烂。

洋葱晾至近干时，为避免降雨淋湿，或由于人手不足不能及时编辫时，可先选择干燥的地方，在距地面 20 cm 左右处用竹秸等搭成架子，然后将葱头朝外逐层堆放，使中间高于四周，再在堆上覆盖 2~3 层芦席为佳。经过晾晒的葱头再进行挑选，剔除发黄、绵软的叶子，相互编成约 80 cm 左右的长辫。

两条辫结在一起成为 1 挂。一般每挂有 60 个葱头，重 5 kg 左右。如晾晒后的葱头叶子少而短，编不起时，可添加些湿稻草等共同编辫。

晾晒的标准：葱叶绿色完全褪去，葱头充分干燥，茎部完全变成肉质，鳞茎外皮有发脆的响声时为宜。在晾晒期间最怕雨淋，因为一旦被雨浇湿，即使再晒也不易干透，而且受潮的洋葱在贮藏中很容易腐烂。因此，在晾晒时要注意气候的变化和防雨工作。中午阳光强烈时，最好用芦席稍盖一段时间后再揭开晾晒。

将晒辫后的洋葱长期贮藏时，应选择地势高、排水良好的地方，铺一层稻草或麦秆垫底隔潮。然后将葱头 1 挂接 1 挂地堆至高 1.5 m 左右。堆完后，在顶部盖 3~4 层芦席，四周用两层芦席围好，再用绳子横竖扎紧。这样既可避免阳光的直接照射，又能防止雨水渗入。在室内堆藏时不需覆盖，但应通风良好。如将其挂在屋檐下，处在较干燥、通风、淋不着雨的环境，贮藏效果更好。

除以上的鲜藏方法外，鲜葱头还可采用不留"辫"装箱贮藏法。即将经过挑选的葱头，直接装在木箱内或堆放在货架上，并保持库房内通风凉爽。这样做也可收到良好的效果。

二、垛藏

洋葱在收获后先就地码放，使后 1 排的叶片正好盖上前 1 排鳞茎，不使鳞茎直接受到暴晒。经过 2~3 d，叶片已经蔫软，将叶片编成辫子（垛藏）或扎成小捆（堆藏等）；在编辫或扎捆时，将机械损伤、害虫咬伤、发生病害、裂球和早期抽薹的洋葱剔出。编辫时每辫 25~30 头，每两辫合在一起成一挂，以便于搬运和码放。若叶部受损时，可用稻草接续，防止编后鳞茎脱落（掉头）。

编辫以后使鳞茎朝下,叶辫朝上,一辫一辫地单独摆平继续晾晒。经过 6~7 d,当辫子由绿变黄,鳞茎外皮已干后,即可堆放起来。为了充分晒干,应堆成小垛(覆盖苇席或旧塑料薄膜),经过 10 d 左右,选一晴天摊开再晒,这样反复晾晒 3 次以后,才能正式上垛堆藏。为了防止上垛后散发的水分积存,应先上小垛。小垛是临时性的,一般高 1 m、长 2 m 左右,宽度即辫子的长度。小垛下面用木檩垫起,上面铺 1 层干秫秸(高粱秆)或芦苇,然后把编辫的洋葱一层一层地放好,使辫子的末梢朝外,用苇席等物盖好,以免淋雨或沾上露水。

正式上垛(上大垛)贮藏时,垛宽 1.2~1.5 m(约与两条洋葱辫的长度相当),高约 1.5 m,长约 8 m,这样 1 垛可贮洋葱约 5 000 kg。要选地势高、排水好的地方,先在地面做起高约 1 m 的土埂,土埂间距 0.6~0.7 m。为了减少日晒,土埂应为东西方向,洋葱垛为南北方向。在土埂上铺木檩,木檩上再垫 20 cm 厚的干秫秸或芦苇,把垛底做好以后,便可码垛。为了降低垛内温度,最好选晴天的夜半时或黎明前码垛。如果白天码垛,日晒后温度高,易腐烂。码垛时洋葱辫的梢部(末端)要互相搭接,一层层码放整齐,轻拿轻放,尽量避免磕碰,这样便于封垛。垛码好以后,四周用两层苇席围好,垛顶要覆盖 5~6 层苇席,也可在席下铺 1 层塑料薄膜或沥青油毡,以防淋雨,然后用绳捆扎封垛。也有的在垛顶上先铺干燥的稻草,然后压土、抹泥,这样比用苇席更节约。封垛以后,只要不是严重淋雨,最好不要倒垛,因倒垛容易促使洋葱萌芽。在连续降雨或阴雨连绵的天气过去以后,当天气转晴时,可将四周的席子去掉 1 层,进行晾垛,而后再封好。这种方法,在天津郊区可贮存到元旦以后。

三、堆 藏

先把经过晾晒 5~6 d 的洋葱扎成小把而不编辫,然后选地势高的场所,在地面垫厚约 20 cm 的干麦秆作为垛底,把扎把的洋葱在上面堆成圆堆,圆堆的直径 1.5~2 m,堆高约 1.5 m,每堆可贮藏洋葱 800~1 000 kg。用麦秆围住圆堆四周,堆顶也用麦秆做成屋顶状,以防雨淋。贮存期间不宜翻动,一般可以贮藏到 10 月上旬。

堆藏还可采取栅栏堆藏。一般选室内通风干燥的地方,以较粗的木杆做立柱,四周用粗壮的玉米秸秆围成栅栏,宽度为 1~1.3 m,高 1.5~2 m,长度可根据贮量确定。栅栏底部依照垛藏做好土埂,或垫棱木,然后铺上干玉米秸,使洋葱和地面隔离,以免受潮。随后即可将经过晾晒、剁去叶部的洋葱鳞茎装入,装满栅栏之后,使栅栏内中间部分高于四周,然后再在上面铺玉米秸或苇席,降雨前再在顶部覆盖塑料薄膜或苫布防雨。用这种方法一般可以贮存到 9 月。

堆藏一般可分为室内堆藏和室外堆藏。

1. 室内堆藏

室内堆藏又称为囤藏,是先将晾晒后的洋葱从鳞茎部将干叶去掉,然后把符合贮藏条件(不裂球、无损伤等)的鳞茎堆放在通风、干燥的空房中,堆的高度不宜超过 1 m,每隔 10~15 d 翻倒 1 次,以防堆内发热,同时剔出个别腐烂的鳞茎。通常在 10 月初,在室内做囤。囤的构造和粮食囤相似,即用苇席围成圆筒形,囤底垫上木檩或棱木,上面再铺扎成把子的高粱秸作为囤底。然后把洋葱鳞茎倒入囤中,每倒入厚约 30 cm 时,上面再平铺 1 层高粱秸隔离,以便散热、散湿,这样一层层地码放,以装满囤为止。入囤以后,每隔 15~20 d 倒囤 1 次,经过 2~3 次倒囤后，天气已冷，要用稻草覆盖囤顶，封囤防寒。采用这种方法，在北京郊区可贮藏到春节前后。这种方法的贮藏量大、贮藏期长，但比较费工，成本也较高。

2. 室外堆藏

室外堆藏宜选择地势高燥、排水良好、避光避风的地方，用竹木搁垫好底部，铺上秸秆稻草，然后把晾晒好的洋葱叶片部分编成辫，将洋葱辫堆上去，堆放时葱头朝下，葱头辫盖在葱头上，辫尾相齐，一层层地堆上去，堆高 150~170 cm，长度根据堆放数量不限，宽度以辫的长度而定。四周及堆顶用草席围封，防止日晒雨淋。初堆时外界气温高、湿度大，葱头含水量多，容易发热，最好先堆成高 1 m 左右、长 3 m 左右、宽 1 m 以内的小堆，隔 10 d 后再堆成大堆。堆成大堆后，再每隔 15~20 d 翻堆 1 次，翻堆 2~3 次后，堆内即不易发热。具体翻堆次数和相隔日期，可根据当地气候条件来决定，雨水多、空气湿度大，翻堆次数要多，相隔日期要短；相反，气候干燥、雨水少，翻堆次数可以减少，相隔日期可以适当延长。

四、挂 藏

可以在通风透气的室（棚）内搭架，洋葱编辫后挂藏。

洋葱收获后经晾晒，当重量减少约 20% 时，按每把重约 4 kg 扎把，少量可挂在屋檐下面，量多时在挂藏库挂藏。一般高 2.6 m、宽 2.8 m、长 7 m 的挂藏库，可贮 3 500 kg。在室内搭架进行挂藏时，挂藏的主要管理工作是通风。据徐州市的经验，当有西北风和西南风时，开窗通风，降温散湿；当有东南风和东北风时，要关闭门窗。另外，必须随时防止淋雨和剔除个别腐烂的洋葱鳞茎。用这种方法一般可贮藏到 9~10 月份。东北的辽宁等省，通常不使用挂藏的方法而使用装筐贮存，其具体方法：将充分干燥、已经扎把的洋葱装筐贮存，或散堆在通风库房、防雨棚内。平常要注意通风管理和防止堆积过厚，到 11 月份天气已冷时再集中到比较严密的室内，注意防冻，继续进行贮藏。

五、冷库贮藏

为了促进收获后的鳞茎休眠和防止腐烂，一些工业发达国家将鳞茎进行热风干燥处理，尤其在收获期内多雨的年份，这项措施的效果更为突出。热风干燥即以 40~45 ℃、12~16 h 连续送风进行干燥处理，使洋葱鳞茎的水分大约减少 10%。在进行热风干燥处理时，要密切注意温度的变化，如果经受 45 ℃ 以上的高温时间过长，会对洋葱鳞茎的品质产生不良影响。热风干燥处理后，再进入冷库贮藏。进入冷库的时间可在生理休眠的后期，这样更为经济。若入库时间偏晚，则影响贮藏效果。入库时可装在木箱或网袋中。库内贮藏适温为 0~2 ℃。以入库前贮藏环境的温度作为入库后变温的起点，一般按每天下降 0.5 ℃ 的程度逐步进行降温。例如，入库前贮藏温度为 20 ℃，则在 40 d 后降到 0 ℃。每吨洋葱鳞茎的冷却热为 1884.1 kJ，而呼吸热因温度条件而异。洋葱冷库贮藏的参数见表 6-1。

表 6-1　洋葱冷库贮藏的参数

适温		0 ℃
相对湿度		70%~75%
结冰		−1 ℃
最长贮藏期		189 d
呼吸热	0 ℃	1 004.8~1 674.7（kJ/T·24h）
呼吸热	2.2 ℃	1 088.6~1 674.7（kJ/T·24h）
呼吸热	5.0 ℃	1 339.8~2 177.1（kJ/T·24h）
呼吸热	10.0 ℃	1 967.8~2 972.6（kJ/T·24h）
呼吸热	15.0 ℃	2 721.4~4 019.3（kJ/T·24h）
呼吸热	20.0 ℃	4 019.3~5 066.0（kJ/T·24h）

通风时间一般每天为 16 h，洋葱的实用通风量为 0.7~1 m³/（T·min）。总之，热风干燥处理和入库后的日常通风管理，是洋葱冷库贮藏的关键。

2000~2001 年，西昌学院洋葱研究课题组进行了红皮洋葱新品种"西葱 1 号"的贮藏保鲜技术研究，试验以 100 个洋葱（地膜覆盖栽培）为 1 个处理，在 2000 年 5 月 20 日分别在低湿（65%~70%）条件下的室温、−5 ℃、0 ℃、5 ℃、10 ℃五个处理进行贮藏，重复三次。于 2001 年 5 月 20 日调查腐烂、发芽的平均数量，折算成每处理平均腐烂、发芽数，进行方差分析，具体结果见表 6-2 和表 6-3。

表 6-2　不同贮藏条件下红皮洋葱"西葱 1 号"鳞茎腐烂、发芽数比较/个

重复	室温低湿条件不腐烂发芽数	恒温、低湿条件不腐烂发芽数			
		−5 ℃	0 ℃	5 ℃	10 ℃
1	52	28	6	13	8
2	63	28	6	16	18
3	68	29	2	14	32
平均	61.0	28.3	5.0	14.3	19.3

注：低湿是指空气相对湿度为 65%~70%。

试验结果表明，在不同处理条件下，红皮洋葱"西葱 1 号"鳞茎腐烂、发芽数的高低依次为：61.0、28.3、19.3、14.3、5.0。其中常温低温条件下红皮洋葱"西葱 1 号"鳞茎腐烂、发芽数量最多，鳞茎平均腐烂、发芽数达 61 个；0 ℃恒温、低湿条件下的红皮洋葱"西葱 1 号"鳞茎腐烂、发芽数量最少，鳞茎平均腐烂、发芽数只有 5.0 个。

表 6-3　不同贮藏条件下鳞茎腐烂、发芽数的 SSR 多重比较测验

处理	鳞茎腐烂、发芽平均数/个	差异显著性	
		0.05	0.01
常温条件	61.0	a	A
−5 ℃	28.3	b	B
10 ℃	19.3	c	C
5 ℃	14.3	d	D
0 ℃	5.0	e	E

不同处理条件下红皮洋葱"西葱1号"鳞茎腐烂、发芽数之间有明显的显著性差异。从表 6-3 不同处理条件下红皮洋葱"西葱1号"鳞茎腐烂、发芽数的 SSR 多重比较测验结果分析认为：本试验范围内，可以把 0 ℃ 恒温、低湿的贮藏条件作为洋葱新品种"西葱1号"鳞茎的最适贮藏保鲜条件。

综上所述，在 0 ℃、恒温、低湿（65%~70%）的条件下，红皮洋葱"西葱1号"鳞茎腐烂、发芽数量最少，平均每小区鳞茎腐烂、发芽数只有 5.0 个，因此 0 ℃、恒温、低温可作为红皮洋葱新品种"西葱1号"鳞茎的贮藏保鲜条件。常温条件下红皮洋葱"西葱1号"鳞茎腐烂、发芽数量最高，平均每小区鳞茎腐烂、发芽数达到 61.0 个，这可能是因为常温条件下鳞茎的呼吸速率较恒温时高，代谢旺盛促进发芽，同时常温下有利于病菌滋生。

六、气调贮藏

气调贮藏是在密闭的条件下，通过人为的措施来减少贮藏环境内的氧气，并进一步调节氧气和二氧化碳的含量比例，把洋葱鳞茎的呼吸强度降到最低的代谢水平，从而延长贮藏期和防止抽芽。根据试验和示范生产试验证明：采用气调法贮藏洋葱，将氧气含量控制在 1%~3%、二氧化碳含量控制在 5%~10%，对抑制洋葱鳞茎抽芽效果良好。

气调贮藏须在贮藏室（窖）内进行，每 1 个单元的净面积约为 3.5 m×1.5 m，为便于操作管理，各个单元之间的走道不宜小于 1 m。具体操作方法：先在地面平铺一块面积为 4.5 m × 2.5 m、厚度为 0.25 mm 的聚乙烯薄膜作为垛底，将贮藏的洋葱鳞茎装筐（箱）后根据预计的规格码放，码好后即用事先热合粘接好的聚乙烯塑料薄膜罩套（一般长、宽、高分别为 3.5 m、1.5 m、1.65 m）罩好，再将罩套四周底边与垛底所铺聚乙烯塑料薄膜的四边紧紧地卷在一起，用土埋压，使罩套内成为密闭状态。刚封闭时罩内的氧气较多，通过洋葱鳞茎的呼吸作用会使罩内的氧气逐渐减少，二氧化碳含量相应增高，从而使呼吸作用受到抑制，借此可延长贮藏期。为了防止洋葱腐烂，可每隔 1 天按每 50 kg 洋葱鳞茎充入 100 mL 氮气。另外，为了防止形成极度缺氧的不利环境，在贮藏期间应每隔 2~4 d 打开 1 次罩套进行换气。

如果条件许可，在罩套的侧面热合几个带有袖筒的调气孔，借以通风换气、充气和采气。在罩内还可按每 500 kg 洋葱置放 3.5 kg 碱石灰，用它来吸收二氧化碳和水分。这样可以通过采取罩套内的气体样品，经过分析后以充进氮气的方法进行调节，使罩套内氧气和二氧化碳的含量分别准确地控制在 1%~3% 和 5%~10%，则贮藏效果更为理想。

七、剥皮贮藏

将已晾晒后的鳞茎剥掉外皮（保护叶），再把底盘部割（挖）除，即可起到抑制发芽和防止腐烂的作用。但这种方法仅可用于自食和少量贮藏。

八、泥沙贮藏

将完整无伤的洋葱裹在泥球内，阴干，码放或装筐，置于干燥处贮藏。或者用木板做 1 个长 0.36 m、宽 0.21 m、高 0.06 m 的坯模子，然后用沙土和泥混合，再把洋葱剪去茎叶，与泥沙混合脱成土坯。具体方法：先在模底铺 1 层泥沙，泥沙上摆 1 层洋葱，洋葱上再盖 1 层泥沙，即为 1 块土坯。如此脱成 1 块块土坯，经充分晾晒后，搬进空屋内码成垛，用时碎坯取用，非常方便。

九、辐射贮藏

利用放射性同位素 Co^{60} 的 射线处理洋葱后，可以破坏洋葱的生长点，使呼吸作用减弱，抑制发芽，延长贮藏期。

洋葱用 CO^{60} 同位素处理时，宜在洋葱采收后 2~3 周内进行，适宜处理的剂量为 4 000~10 000 C/kg，处理后可在常温下进行贮藏，能有效地抑制洋葱的抽芽。

第二节　洋葱种子贮藏

如果洋葱种子的含水量高，会使发芽率急剧下降。一般在入库贮藏前种子的含水量不宜超过 6%。在贮藏过程中的安全湿度，因温度条件而异，如在 0 ℃条件下贮藏，其相对湿度的安全值为 70%；若贮藏温度为 20 ℃，则必须把相对湿度降到 30%。因此，洋葱种子多采取低温贮藏。另外，商品种子装罐时，还可在罐内放少量硅胶吸湿。如果采用袋装，不同材质的种子包装袋对洋葱种子的发芽率和种子含水量的影响见表 6-4。

表 6-4　不同材质包装袋贮藏对洋葱种子发芽率和含水量的影响　　　单位：%

不同包装材料	贮藏9个月		贮藏17个月		贮藏22个月	
	发芽率	种子含水量	发芽率	种子含水量	发芽率	种子含水量
纸袋	83	11.3	65	—	0	—
聚乙烯（0.1 mm）+玻璃纸	96	10.1	94	10.5	46	9.7
合成树脂（0.04 mm）	95	9.7	97	10.2	79	11.2
高密度聚乙烯（0.09 mm）	94	8.9	96	5.8	93	10.4
聚乙烯+铝箔+纸	96	5.7	96	5.8	95	5.7
聚乙烯+铝箔+玻璃纸	96	5.7	96	5.7	96	5.7

注：装袋前种子发芽率为95%，种子含水量为5.7%。

从表 6-4 中可以看出，铝箔加聚乙烯薄膜加纸（或玻璃纸）的绝湿效果好。因此，洋葱的商品种子在包装上要考虑应用绝湿效果好的材质，才能延长种子寿命。

另外，把充分干燥后的种子装入铁桶，将铁桶口焊封严密后放入冷库中进行长期贮存，效果也很好。但是一旦出库后，必须当年用完，否则发芽率就会下降得很快。

第三节　洋葱加工利用

一、保鲜洋葱

（一）工艺流程

收购→粗挑→带叶挂晒→剪茎→剪根→分级装箱→称重→入冷库→运输。

1. 收购

收购品种主要是黄皮圆球和白皮圆球洋葱，要求鳞茎大，质地脆嫩，组织致密，品质优良，葱头良好，无病变霉斑，无畸形，无双心，无机械损伤，无干瘪或发软，表面干净，保留 1 层老皮。注意不能在雨天收购，贮存时不能让雨水淋泡，否则易造成洋葱"烂心"，同时应严防碰撞及阳光暴晒，以免破坏内部组织而腐烂变质。

2. 粗挑

将霉变、畸形、双心、带机械损伤等洋葱挑出。

3. 带叶挂晒

将洋葱 3~5 个捆绑在一起，置于阴凉透风处挂晒，切忌暴晒。

4. 剪茎

晾晒 4~5 d 后，待外层表皮有亮光时剪茎，即剪掉过长的假茎，一般以留假茎 1~1.5 cm 为宜。

5. 剪根

将竹片削制成小刀形，称之为"竹刀"，用竹刀将根部泥土根毛刮净。

6. 分级装箱、称重

将经过挑选的洋葱分级别装入包装箱或网袋中。以洋葱直径大小为分级标准：

M 级：Φ7~8 cm；L 级：Φ8~9 cm；

2 L 级：Φ9~10 cm；3 L 级：Φ10 cm 以上。

包装用纸箱内层要涂防水涂料，顶部留 5 cm 空隙，包装箱侧面要打孔，一般每侧各打 2 个孔。包装完毕，箱体分别以"M""L""2 L""3 L"的字样标注。

包装后，各箱称重。

7. 入库

包装称重完毕，入恒温库预冷、贮存，温度设定为 1 ℃。

8. 运输

常用的运输方式有半开门普通集装箱运输和恒温箱运输。半开门集装箱运输要求洋葱含水分低，箱体底部用木托盘支撑，顶部留有 30~40 cm 通风道以利通风。普通集装箱最好用 20 尺小集装箱，运输时间最好于每年的 6 月 20 日之前，6 月 20 日后须用恒温箱运输，恒温箱温度设定为 1~3 ℃。

（二）保鲜洋葱的检验检疫

除按常规程序检验检疫外，还要注意以下几点：

1. 有无霉心

通常用"手捏"的办法检查，即用手握住洋葱，使假茎向上，用大拇指试探性地轻压假茎根部，若有松软、稀腐的感觉，就有"霉心"，要挑出。出口保鲜洋葱，这一项检查很重要，也是较难掌握的挑选技术。

2. 是否变质

主要检查是否有因碰撞、阳光暴晒等造成的内部组织腐烂变质，变质的最初表现是表皮变褐、软，并伴随一股异味。

二、脱水洋葱片

脱水洋葱片是洋葱的主要加工产品。

工艺流程：选料→整理→切分→清洗→护色→离心→脱水→成品挑选→密封→包装。

1. 选料

加工脱水洋葱片的原料应选用中等或大型的健康鳞茎，要求葱头成熟，结构紧密，颈部细小，肉质呈白色或淡黄色，辛辣味强，无青皮或少青皮，干物质不低于 14%。

2. 整理

切去茎和根，剥去不可食的鳞茎外层。

3. 切分

将整理好的洋葱切分为 4 块，即上 1 刀，下 1 刀，作十字形切，但不要切断。再用切片机横切成厚度为 2~3 mm 的薄片。

4. 清洗

将切分好的葱片在清水中充分洗涤，以洗尽白沫为度。

5. 护色

清洗干净的洋葱片用 0.2% 的碳酸钠溶液浸渍约 2~3 min，然后捞出沥干。

6. 离心

沥干的洋葱片用离心机除去表面水。

7. 脱水

将洋葱片均匀摊入烘筛中在烘房内进行脱水，装载量 4 kg/m^2，烘房温度 55~60 ℃，烘至含水量在 4.5%左右即迅速出烘，拣出潮片回烘。

8. 成品挑选

除去焦褐、老皮、含杂质和变色的次品（可磨粉出口）。

9. 密封

待产品冷却后立即堆于密闭的容器内，使水分趋于平衡。

10. 包装

将洋葱片装入内衬塑料薄膜袋的纸板箱内，每箱 20 kg。

三、调味蔬菜罐头

调味蔬菜罐头主要由洋葱、甘蓝、黄瓜、青番茄和干红辣椒等蔬菜制备而成。

1. 原料及处理

（1）洋葱

切除根部，剥去老皮，洗净后切成 0.4~0.6 cm 厚的丝备用。

（2）甘蓝

剥去外部青叶，切除根部及中心柱，洗净切成 3 cm 见方的小片，沸水热烫 1~2 min 后，于冷水中冷透，取出沥干备用。

（3）黄瓜

冷水浸泡后刷洗干净，并切去两端，再以切菜机切成 0.3~0.4 cm 厚的片，用 1%的食盐腌 5 min 备用。

（4）青番茄

洗净、除去蒂，切成 0.3~0.5 cm 厚的片。

（5）干红辣椒

摘去果梗，去籽，洗净后斩成碎块。

2. 混合、装罐

（1）混合和拌料

黄瓜、洋葱、青番茄、干红辣椒、甘蓝混合拌料。

（2）装罐

按洋葱、甘蓝、黄瓜、青番茄、干红辣椒以 10：3：3：2：0.2 的配比，装入抗酸涂料罐中。我国规定的固形物不低于净重的 70%。

（3）加汤汁

装后及时加入热的汤汁，汤汁配比为：砂糖 2 kg，水重 50 kg，味精 0.1 kg。

3. 排气、密封

常采用抽气密封，也可加热至 75 ℃以上排气。

4. 杀菌、冷却

采用一般的常压杀菌即可。

四、油炒洋葱

工艺流程：收购→清理→清洗→切割→漂烫→脱水→油炒→混合→包装→速冻

1. 收 购

收购的洋葱原料要求鳞茎大，质地细嫩，组织致密，无霉斑，无病变，无烂心。

2. 清 理

将洋葱的根与芽去掉。

3. 清 洗

用洁净水清洗 2 遍。

4. 切 割

用切割机将洋葱切成均匀细条状。

5. 漂 烫

将洋葱条于 83 ℃水中漂烫 5~6 min。

6. 脱 水

用脱水器将洋葱条表面水分甩净。

7. 油 炒

将脱水后的洋葱条加油倒入炒锅中炒，一般每 600 kg 洋葱加油 5~6 kg 或遵客户要求。

8. 混 合

一般每 10 锅油炒洋葱倒入搅拌器中混合 1 次，以使质量稳定。

9. 包 装

将炒好的洋葱装入包装袋中，封口时，注意蘸一下酒精或用蒸汽蒸 3 min 以达消毒之目的。

10. 速 冻

一般于速冻间冻结。

五、洋葱酸葱头

1. 配料

小葱头（洋葱）10 kg，洋醋（醋精）750 g，白胡椒 25 g，白砂糖 750 g，盐 150 g，小鲜红辣椒 5~6 个。

2. 加工方法

将葱头的根部和顶端用刀切去，剥除外层老皮，洗净后放在冷水中，加盐少许，泡两天左右，两天中换水 1 次。待葱头本身的辣味泡出后，即可捞出用冷水冲洗，放入坛内，加入小鲜红辣椒，倒入料汤浸没，浸泡 10 d 后即可食用。

料汤是将洋醋、白胡椒、白砂糖、盐等佐料放入开水中，旺火煎熬两小时左右，汤的量以可将葱头全部浸没为宜。熬好料汤后待其凉后即可应用。

酸葱头的质量以色白、质脆，酸、甜、辣味浓，稍有葱头味为佳。如葱头味浓，色泽不正者，则不符合质量要求。

酸葱头不耐保存，泡制好后夏季最多可保存 1 周，冬季 15 d 左右。如保存时间过长，料汤和葱头均会变色、变质，不能食用。

六、洋葱的保健食疗功效及常用食疗验方、菜谱

（一）保健食疗功效

洋葱性温，味辛甘，有祛痰、利尿、健胃润肠、解毒杀虫等功能。可用于食欲不振、大便不畅、痢疾、肠炎、虫积腹痛、创伤溃疡等病症的辅助治疗。实验表明：洋葱含有前列腺素 A，具有明显降压作用；洋葱所含的甲磺丁脲类似物有一定降血糖功效；洋葱能抑制高脂肪饮食引起的血脂升高；洋葱可防止和治疗动脉硬化症。洋葱提取物还具有杀菌作用，从中分离所得结晶物质，在 1：10 000 的浓度下也可抑制金黄色葡萄球菌、白喉杆菌。洋葱有提高胃肠道张力、增强消化道的消化液分泌作用。对我国胃癌发病率低的地区的流行学调查也表明，吃洋葱较多的人胃癌形成率要比不吃或少吃洋葱的人低得多。洋葱富含维生素 C、叶酸、膳食纤维矿物质等，有助于机体补充营养元素，其挥发成分亦有较强的刺激食欲、帮助消化、促进吸收等功能。洋葱所含二烯丙基二硫化物及蒜氨酸等，可降低血中胆固醇和甘油三酯含量，从而可起防止血管硬化作用。

（二）食疗验方

1. 食欲不振方

洋葱 50 g，辣椒 5 g，豆腐 50 g，加调味煮炒，时时服食。

2. 慢性肠炎方

洋葱 100 g 切丝，精猪肉 50 g 切丝，同炒，每日 1~2 次，做菜食，连食 2~3 周。

3. 高脂血症方

洋葱 60 g，煮熟，时时服食。

4. 失眠方

洋葱适量，捣烂装瓶中，临睡前放鼻子边，吸其气味。

5. 创伤溃疡方

洋葱捣烂成泥外敷患处，每日换药 1~2 次，连用 3~7 d。

6. 便秘方

洋葱 50 g，花生油 50 g，炒熟服食，每日 1 次，连服 5~7 d。

7. 糖尿病方

洋葱 100 g，洗净开水泡，加适量酱油调味，每日两次，经常食用。

8. 痢疾方

洋葱 50 g 切细，粳米 50~100 g，煮粥服食，每日 1 剂，连食 5~7 d。

（三）常用菜谱

洋葱适于炒食，也可煮食，或作为调味品，小型品种常用于腌渍。

1. 洋葱炒牛肉丝

洋葱头 200 g，牛肉 200 g，素油 50 g，生姜 10 g，精盐、酱油、白糖、黄酒、味精、湿淀粉等适量。洋葱头切丝，牛肉切丝，生姜切片；热锅加入素油，烧至 6 成热时，放入姜片，随即加入牛肉。煸炒后，加黄酒焖一下，加入洋葱、酱油、盐，并加适量水，待肉熟，再加白糖、味精、湿淀粉调稀勾芡。

2. 洋葱炒鳝丝

洋葱 150 g，鳝丝 250 g，黄酒 15 g，素油 50 g，生姜 10 g，精盐、白糖、味精、香葱、湿淀粉适量，辣椒丝少许。洋葱切丝，生姜切片，鳝丝切段；炒锅加油烧至 6 成热时，放生姜片、鳝丝，煸炒泛白后，加黄酒焖一下，即加洋葱，略加翻炒，加适量水及盐，将熟时，再加入白糖、香葱、辣椒丝，续炒几分钟，加入味精，并将湿淀粉调稀勾芡。

3. 洋葱烧排骨

洋葱 150 g，大排骨段 250 g，素油 500 g，精盐、酱油、白糖、味精、湿淀粉、黄酒适量。洋葱切丝，大排骨段用刀背拍打数下，使肉质松软。锅烧热后，加入素油烧至 7 成热时，投入大排骨，炸至整块色白，捞出，倒出油，剩少量余油，加入洋葱煸炒一下，再入排骨及少量清汤、黄酒，同煮约 10 min，加酱油、精盐、白糖；再烧 10 min，加少量味精，用湿淀粉调稀勾芡。

4. 洋葱炒蛋

洋葱 100 g，鸡蛋 3 个，熟猪油 50 g，姜汁少量，葱末、精盐、味精、高粱酒适量。洋葱切丝，鸡蛋打碎搅匀。蛋内加入高粱酒、姜汁、葱末、味精、精盐调匀。熟猪油放锅中加温至 6 成热，倒入洋葱丝。煸炒一下后，加少量水，旺火翻炒至葱熟。倒入蛋糊，快炒约 5 min，即可装盘。

5. 家常西菜汤

洋葱、番茄酱、卷心菜、土豆、牛肉，量可根据食用需求配。先将牛肉煮至熟透，取牛肉清汤，随后分别加入土豆块、卷心菜和洋葱丝、番茄酱，并加鲜辣粉、盐、糖、味精等调料，将汤内菜料煮烂即成。

七、洋葱的外贸出口

我国出口洋葱以鲜洋葱出口和脱水洋葱片出口两种形式为主。出口生产应注意下列问题：

1. 品 种

国内市场畅销的洋葱品种与出口品种不一定相同。为保证出口需要，出口生产一定要选用合格的白皮品种，最好由出口单位指定或提供种子。

2. 订立收购合同

供出口用的洋葱品种许多时候国内销路不畅，且不耐贮藏，如果一旦出口无望，往往造成损失浪费，所以决不可盲目发展生产。各地在决定生产时，必须有出口部门的认可，有一定出口把握，订立合同后方可生产。

3. 加工质量

我国加工洋葱出口量近年来急剧减少，除去政治因素和新冠疫情等的影响原因外，出口洋葱质量不佳，加工、销售、出口部门管理不善等也是其中几个原因。为此，利用先进设备，加强各级部门的责任心和考核措施，提高洋葱质量，方有希望增加出口量。

4. 广辟市场

洋葱市场广阔，除欧美外，亚洲的日本、新加坡、韩国等也是洋葱传统的进口国。近年来中国台湾等地也从出口地区变为进口地区，俄罗斯也一跃而成进口大国。在这种形势下，泰国、印度等国，随着经济的发展，正迅速增加洋葱的出口量，抢占国际市场。

我国具有得天独厚的自然条件。因此应加大优质、高产洋葱新品种的选育、应用、推广，提高洋葱育种水平、栽培技术、贮藏加工能力和标准化品控关键技术；拓展洋葱种植面积较大、育种水平较低的巴基斯坦、伊朗等国家的市场，为国内外洋葱种业和洋葱现代生产的发展提供支撑。

(1)洋葱鳞茎贮藏常见的方法有几种?各有何优缺点?

(2)影响洋葱种子贮藏的因素有哪些?在生产上采用何措施进行洋葱种子的贮藏?

(3)洋葱的加工利用在生产上常见的有几种?洋葱其他的利用方法还有哪些?

根据本地洋葱品种、气候等实际情况,制定一份洋葱鳞茎和种子贮藏方案。

附 录

附录1 西葱1号地方标准

四川省地方标准

洋葱品种（常规种）　　西葱1号

1. 类型与来源

1.1 类型

短日照型红皮洋葱品种

1.2 来源

西昌学院承担四川省教育厅重点科研项目，于2004年育成高产、抗病、优质的洋葱新品种。

2. 主要特征特性

2.1 植株形态

株高为85~95 cm、全株叶片8~11片、叶片深绿色、叶面有蜡粉、株形紧凑、早期抽薹率低。

2.2 鳞茎

鳞茎厚圆形、外皮紫红色、颈粗2~3.5 cm、横径10~12 cm、纵径6~7 cm、鳞茎鲜重300~550 g、辛辣味强、耐贮。

2.3 花

每个花球平均有700~800朵小花；小花花梗长2.5 cm左右，花瓣6片、白色、披针形；雄蕊6枚，每3个为1轮；雌蕊1枚，为异花授粉。

2.4 种子

盾形、有棱角、表面黑色，长3.1~3.4 mm，宽2.3~2.6 mm，厚1.5~1.6 mm。

2.5 品质

蛋白质含量为1.61%，总糖含量为6.93%，脂肪含量为0.16%，干物质含量为9.75%，粗纤维含量为0.49%。

2.6 抗逆性

生长势强、抗病性强。

2.7 生育期

中晚熟，生育期235 d左右。

3. 栽培要点

3.1 播种期

8月下旬至9月上旬播种。

3.2 定植
10月中下旬，葱苗3叶1心定植为宜，黑膜覆盖。
3.3 密度
每公顷定植300 000~450 000株。
3.4 施肥
底肥重施磷钾肥，每公顷施磷肥600~900 kg、钾肥375~450 kg，氮肥采用底肥轻施，多次追肥，鳞茎膨大初期重施的方法。
3.5 病虫害防治
注意防治葱蓟马。

4. 产量
每公顷产量90 000~120 000 kg。

5. 制种要点
5.1 鳞茎的选择
鳞茎大小以中等偏大为标准，一般选用300 g以上外形周正，具备本品种特性的鳞茎。
5.2 隔离
种株单收、单藏；洋葱是异花授粉作物，繁种田注意隔离，防止杂交。在洋葱采种田2 000 m范围内，不应再安排其他品种的洋葱或其他葱类作物的采种田。
5.3 采种方法
秋播3年采种法。
5.4 采种技术
9月上中旬定植为宜，可采用穴栽或沟栽，掘穴或开沟的深度约10 cm，以盖土后不使母球裸露为准，行距40~45 cm，株距30 cm左右。栽后加强肥水管理，采种时因种株之间开花期不整齐，须多次、分批采收。

附录2 西葱2号地方标准

四川省地方标准

洋葱品种（常规种） 西葱2号

1. 类型与来源

1.1 类型
短日照型红皮洋葱品种
1.2 来源
西昌学院承担四川省教育厅重点科研项目，于2004年育成早熟、抗病、优质的洋葱新品种。

2. 主要特征特性

2.1 植株形态
株高为80~91 cm、全株叶片8~11片、叶片深绿色、叶面有蜡粉、株形紧凑、早期抽薹率低。
2.2 鳞茎
鳞茎略似锥形、外皮紫红色、颈粗2~3.1 cm、横径8~11 cm、纵径5~8 cm、鳞茎鲜重200~400 g、辛辣味强、耐贮。
2.3 花
每个花球平均有600~650朵小花；小花花梗长2.4 cm左右，花瓣6片、白色、披针形；雄蕊6枚，每3个为1轮；雌蕊1枚，为异花授粉。
2.4 种子
盾形、有棱角、表面黑色，长3.1~3.3 mm，宽2.2~2.5 mm，厚1.4~1.5 mm。
2.5 品质
蛋白质含量为1.16%，总糖含量为7.57%，脂肪含量为0.10%，干物质含量为9.54%，粗纤维含量为0.32%。
2.6 抗逆性
生长势强、抗病性强。
2.7 生育期
极早熟，生育期215 d左右。

3. 栽培要点

3.1 播种期
8月下旬至9月上旬播种。
3.2 定植
10月上中旬，葱苗3叶1心定植为宜，黑膜覆盖。
3.3 密度
每公顷定植300 000~450 000株。

3.4 施肥

底肥重施磷钾肥,每公顷施磷肥 600~900 kg、钾肥 375~450 kg,氮肥采用底肥轻施,多次追肥,鳞茎膨大初期重施的方法。

3.5 病虫害防治

注意防治葱蓟马。

4. 产量

每公顷产量 75 000~90 000 kg。

5. 制种要点

5.1 鳞茎的选择

鳞茎大小以中等偏大为标准,一般选用 220 g 以上外形周正,具备本品种特性的鳞茎。

5.2 隔离

种株单收、单藏;洋葱是异花授粉作物,采种田注意隔离,防止杂交。在洋葱采种田 2 000 m 范围内,不应再安排其他品种的洋葱或其他葱类作物的采种田。

5.3 采种方法

秋播 3 年采种法。

5.4 采种技术

9 月上中旬定植为宜,可采用穴栽或沟栽,掘穴或开沟的深度约 10 cm,以盖土后不使母球裸露为准,行距 40~45 cm,株距 30 cm 左右。栽后加强肥水管理,采种时因种株之间开花期不整齐,须多次、分批采收。

附录3 科威红10号地方标准

四川省地方标准

洋葱品种（常规种） 科威红10号

1. 类型与来源

1.1 类型
短日照型红皮洋葱品种

1.2 来源
西昌学院、西昌科威洋葱种业有限责任公司和西昌科威洋葱研究所承担的四川省教育厅、四川省科技厅重点科研项目，于2022年育成的早熟、辛辣味强、耐贮性好、抗病、优质的红皮洋葱新品种。

2. 主要特征特性

2.1 植株形态
株高为80~95 cm、全株叶片8~12片、叶片深绿色、叶面有蜡粉、株形紧凑、早期抽薹率低。

2.2 鳞茎
鳞茎略似锥形、外皮红色、颈粗2~3.5 cm、横径8~11 cm、纵径4~9 cm、鳞茎鲜重200-450g、辛辣味强、耐贮。

2.3 花
每个花球平均有600~750朵小花；小花花梗长2.6 cm左右，花瓣6片、白色、披针形；雄蕊6枚，每3个为1轮；雌蕊1枚，为异花授粉。

2.4 种子
盾形、有棱角、表面黑色，长3.0~3.5 mm，宽2.2~2.6 mm，厚1.3~1.6 mm。

2.5 抗逆性
生长势强、抗病性强。

2.6 生育期
极早熟，生育期从定植到收获鳞茎175 d左右。

3. 栽培要点

3.1 播种期
9月8日—20日播种。

3.2 定植
11月上旬，葱苗真叶在4~4.5片定植，密度以株距13~15 cm，行距14~17 cm，因品种、土壤肥力等变化有差异；按葱苗大小分级栽植，按株、行距先打孔，再按孔定植幼苗，深度约1厘米。黑膜覆盖。

3.3 密度
每公顷定植300 000~450 000株。

3.4 施肥

磷肥每亩施用过磷酸钙 55~80 kg，作底肥施用，钾肥每亩宜用硫酸钾 30 kg，底肥施用 12~17 kg，其他追肥施用；氮肥重施有机肥作底肥，追肥用速效肥，在鳞茎开始膨大时重施，施肥量因葱苗长势和葱田肥力而异。

3.5 病虫害防治

预防为主，综合防治，采用黄板、杀虫灯、诱杀害虫，不施用高残留、高毒农药，施用金雷多米尔、多菌灵防治疫病、霜霉病，施用宁南霉素、农用链霉素防治软腐病，使用乐斯本防治葱蓟马。

4. 产量

每公顷产量 82 500 kg 左右。

5. 制种要点

5.1 鳞茎的选择

鳞茎大小以中等偏大为标准，一般选用 300 g 以上外形周正，具备本品种特性的鳞茎。

5.2 隔离

种株单收、单藏；洋葱是异花授粉作物，采种田注意隔离，防止杂交。在洋葱采种田 2 000 m 范围内，不应再安排其他品种的洋葱或其他葱类作物的采种田。

5.3 采种方法

秋播 3 年采种法。

5.4 采种技术

安宁河流域 9 月~10 月定植为宜，可采用穴栽或沟栽，掘穴或开沟的深度约 10 cm，以盖土后不使母球裸露为准，行距 40~50 cm，株距 30 cm 左右。栽后加强肥水管理，采种时因种株之间开花期不整齐，须多次、分批采收。

附录4 科威黄14地方标准

四川省地方标准

洋葱品种（常规种）　科威黄14

1. 类型与来源

1.1 类型

中日照型黄皮洋葱品种

1.2 来源

西昌学院、西昌科威洋葱种业有限责任公司和西昌科威洋葱研究所承担的四川省教育厅、四川省科技厅重点科研项目，于2022年育成的早熟、耐贮性好、株形紧凑、早期抽薹率低、产量高的黄皮洋葱新品种。

2. 主要特征特性

2.1 植株形态

株高为80~90 cm、全株叶片9~11片、颈粗3.2~3.7 cm、株形紧凑、叶片深绿色、叶面有蜡粉。

2.2 鳞茎

鳞茎圆球形、外皮黄色、横径10.5~11.9 cm、纵径10.5~11.7 cm、鳞茎鲜重462~566 g，耐贮性好、早期抽薹率低。

2.3 花

每个花球平均有600~680朵小花；小花花梗长2.6 cm左右，花瓣6片、白色、针形；雄蕊6枚，每3个为1轮；雌蕊1枚，为异花授粉。

2.4 种子

盾形、有棱角、表面黑色，长3.0~3.6 mm，宽2.1~2.6 mm，厚1.3~1.6 mm。

2.5 抗逆性

生长势强、抗病性强。

2.6 生育期

早熟，生育期从定植到收获鳞茎180 d左右。

3. 栽培要点

3.1 播种期

9月上中旬播种为宜，苗床每亩播种量4.5~5.5 kg为宜。

3.2 定植

10月下旬~11月上旬，葱苗真叶在4~4.5片定植，密度以株距13~15 cm，行距14~17 cm，因品种、土壤肥力等变化有差异；按葱苗大小分级栽植，按株、行距先打孔，再按孔定植幼苗，深度约1 cm。黑膜覆盖。

3.3 密度

每公顷定植300 000~450 000株。

3.4 施肥

磷肥每亩施用过磷酸钙 55~80 kg，作底肥施用，钾肥每亩宜用硫酸钾 30 kg，底肥施用 12~17 kg，其他追肥施用；氮肥重施有机肥作底肥，追肥用速效肥，在鳞茎开始膨大时重施，施肥量因葱苗长势和葱田肥力而异。

3.5 病虫害防治

预防为主，综合防治，采用黄板、杀虫灯、诱杀害虫，不施用高残留、高毒农药，施用金雷多米尔、多菌灵防治疫病、霜霉病，施用宁南霉素、农用链霉素防治软腐病，使用乐斯本防治葱蓟马。

4. 产量

每公顷产量 144 000 kg 左右。

5. 制种要点

5.1 鳞茎的选择

鳞茎大小以中等偏大为标准，一般选用 350 g 以上外形周正，具备本品种特性的鳞茎。

5.2 隔离

种株单收、单藏；洋葱是异花授粉作物，采种田注意隔离，防止杂交。在洋葱采种田 2 000 m 范围内，不应再安排其他品种的洋葱或其他葱类作物的采种田。

5.3 采种方法

秋播 3 年采种法。

5.4 采种技术

攀西地区 9 月-10 月定植为宜，可采用穴栽或沟栽，掘穴或开沟的深度约 10 cm，以盖土后不使母球裸露为准，行距 40~50 cm，株距 30 cm 左右。栽后加强肥水管理，采种时因种株之间开花期不整齐，须多次、分批采收。

附录 5 中国无公害食品洋葱标准（NY 5223-2004）

附录 6 中国无公害食品洋葱生产技术规程（NY/T 5224-2004）

附录 7 四川省凉山州无公害农产品洋葱标准（DB 5134/T04-2003）

附录 8 四川省凉山州无公害洋葱生产技术规程（DB 5134/T16-2003）

以上标准或规章可查阅中国农业农村网站等相关网站。

参考文献

[1] 李成佐，夏明忠. 洋葱栽培与育种[M]. 成都：电子科技大学出版社，2005.

[2] 安志信. 洋葱栽培技术[M]. 北京：金盾出版社，1997.

[3] 单成海. 洋葱薹葱抑制剂的生物学效应探讨[J]. 西昌农业高等专科学校学报.2001，15（4）：24-26.

[4] 单成海. 红皮洋葱新品种"昌激99-3"的栽培技术要点及应用推广[J]. 西昌农业高等专科学校学报，2002，16（4）：40-42.

[5] 单成海. 红皮洋葱新品种"昌激99-3"的贮藏保鲜技术[J]. 西昌农业高等专科学校学报，2003，17（4）：23-24.

[6] 单成海. 洋葱"昌激99-3"的激光诱变选育[J]. 西昌学院学报，2004，11（3）：129-131.

[7] 单成海，李成佐. 红皮洋葱新品种西葱1号的激光诱变选育[J]. 作物杂志，2004，11（3）：129-131.

[8] 单成海. 洋葱抽薹形成原因及防治措施研究[J]. 长江蔬菜，2008，220（7）：35-36.

[9] 单成海. 西昌市洋葱霜霉病的调查与防治技术[J]. 长江蔬菜，2009，247（17）：34-35.

[10] 单成海. 西昌市洋葱灰霉病的调查与防治技术研究[J]. 长江蔬菜，2010，277（23）：36-37.

[11] 单成海. 洋葱品种"西葱1号"地膜覆盖高产栽培技术研究[J]. 现代农业，2010（10）：8-9.

[12] 单成海. 红皮洋葱新品种'西葱1号'的"一道清"高效栽培技术研究[J]. 中国园艺文摘，2010，26（9）：22-25.

[13] 单成海. 西昌市洋葱紫斑病的调查与防治技术[J]. 长江蔬菜，2011，19（10）：47-48.

[14] 单成海. 西昌市洋葱葱蓟马的为害特点与防治技术[J]. 长江蔬菜，2011，20（10）：66-67.

[15] 单成海. 西昌市洋葱葱地种蝇的为害特点与防治[J]. 长江蔬菜，2011，29（21）：48-49.

[16] 单成海. 西昌市软腐病的调查与防治[J]. 长江蔬菜，2011，301（23）：39-40.

[17] 单成海，潘天春，李成佐，等. 西昌黄皮洋葱春播秋收品种栽培试验研究[J]. 西昌学院学报（自然科学版），2012，95（2）：4-5.

[18] 单成海，潘天春，李成佐，等. 西昌红皮洋葱春播秋收高产栽培技术[J]. 蔬菜，2012，（10）：16-17.

[19] 单成海. 不同贮藏温度下白皮洋葱鳞茎生化指标的比较[J]. 北方园艺，2012，24（4）：159-161.

[20] 单成海. 西昌白皮洋葱品种春播秋收栽培试验[J]. 长江蔬菜，2012，320（18）：40-41.

[21] 单成海. 不同贮藏温度下黄皮洋葱鳞茎生化指标的比较[J]. 西南农业学报，2013，26（1）：111-114.

[22] 单成海. 洋葱品种农艺性状相关性及灰色关联度分析[J]. 北方园艺，2013，281（1）：25-27.

[23] 单成海. 镉、铅胁迫对洋葱种子萌发的影响[J]. 江苏农业科学，2013，41（4）：160-161.

[24] 单成海. 盐碱胁迫对洋葱部分理化特性的影响[J]. 江苏农业科学，2013，41（11）：193-194.

[25] 单成海. 不同贮藏温度对黄皮洋葱鳞茎品质的影响[J]. 江苏农业科学, 2013, 41（11）: 193-194.

[26] 单成海. 不同贮藏温度对红皮洋葱鳞茎品质的影响[J]. 种子, 2013, 32（4）: 93-96.

[27] 单成海. 不同贮藏温度对白皮洋葱鳞茎品质的影响[J]. 安徽农业科学, 2012, 40（31）: 15405-15407.

[28] 单成海. 不同贮藏温度对红皮洋葱鳞茎生化指标的影响[J]. 湖北农业科学, 2013, 52（16）: 3912-3915.

[29] 潘天春. 激光辐照洋葱 L_1 代的生理效应研究[J]. 激光生物学报, 2000, 9（3）: 194-196.

[30] 潘天春. 激光诱变对洋葱须根的生物学效应研究[J]. 西昌农业高等专科学校学报, 2000, 14（2）: 12-15.

[31] 李成佐, 潘天春, 赵丽华, 等. 洋葱新品种"昌激 07-9"的激光诱变选育[J]. 安徽农业科学, 2009, 25: 11943-11944.

[32] 李成佐. 洋葱性状的回归分析[J]. 西昌农业高等专科学校学报, 1999, 13（3）: 5-7.

[33] 李成佐. 红皮洋葱新品种"西葱 1 号"与生产技术[J]. 西昌学院学报, 2005, 18（1）: 23-26.

[34] 李成佐. 洋葱新品种西葱 2 号的激光诱变选育[J]. 西昌农业高等专科学校学报, 2004, 17（4）: 76-79.

[35] 李成佐. 激光诱变洋葱 L_2 代主要性状的回归分析初探[J]. 激光生物学报, 2003, 12（2）: 86-89.

[36] 李成佐. A Laser Induced New Red Onion Variety "Chang Ji 99-3" Regression Multiple[J]. 激光生物学报, 2004, 13（4）: 258-261.

[37] 赵丽华, 何莲. 洋葱病虫害防治技术[J]. 四川农业科技, 2011, 11: 38-39.

[38] 赵丽华. 白皮洋葱组培苗驯化移栽[J]. 现代园艺, 2013, 4.

[39] 赵丽华. 洋葱组培外植体消毒灭菌研究[J]. 江苏农业科学, 2013, 9.

[40] 赵丽华. 洋葱（*Allium cepa*. L）组培快繁技术研究[J]. 北方园艺. 2013, 17.

[41] 孙俊秀. 农业试验统计[M]. 成都: 四川科学技术出版社, 1998.

[42] 朱九明. 激光辐射在细胞学遗传学领域的应用[J]. 激光杂志, 1988, 9（1）: 8-12.

[43] 叶建攀. 激光育种在农业和生物上的应用[J]. 激光杂志, 1986, 79（4）, 223-226.

[44] 胡能书. 激光生物学效应的研究[J]. 激光生物学, 1992（1）: 15-18.

[45] 朱校奇. 中国激光诱导作物品种介绍[J]. 激光生物学, 1992, 1（4）: 188-190.

[46] 李艺花. 激光在作物遗传育种上应用[J]. 激光生物学, 1992, 1（1）: 86-88.

[47] 朱校奇. 我国激光育成的农作物新品种[J]. 激光生物学, 1992（4）: 88-192.

[48] 陈震古. 现代农业中的激光技术和激光育种[J]. 激光生物学, 1992（3）: 99-105.

[49] 陈彩廷. （前）苏联激光发展概论[J]. 国外激光, 1990（12）: 17-21.

[50] 王焕灯. 美国激光三十年[J]. 国外激光, 1990（12）: 21-29.

[51] 陈秀娥. 西欧激光发展概论[J]. 国外激光, 1990（12）: 36-42.

[52] 倭印春. 日本的激光发展[J]. 国外激光, 1990（12）: 42-47.

[53] 聂宝成. 激光发展年表[J]. 国外激光, 1990（12）: 11-12.

[54] 王琳清. 突变育种对作物品种改良的贡献[J]. 核农学通报, 1990, 11（6）: 283-286.

[55] 吴关庭. 诱变技术在优质品种选育和优质资源创造中的作用[J]. 核农学通报, 1993, 14（4）: 189-194.

[56] 应用激光联刊编辑部. 全国激光遗传育种与激光生物学学术论文摘要汇编[J]. 应用激光联刊, 1987, 6（6）: 1-64.

[57] 潘天春. 极早熟红皮洋葱新品种（系）"昌激 09-2"的激光诱变选育"[J]. 西南农业学报, 2013, 3.

[58] 潘天春. 洋葱育种的探索与实践[J], 江苏农业科学, 2013,（41）5: 119-121.

[59] 潘天春. 激光诱变对黄皮洋葱须根的生物学效应研究[J]. 安徽农业科学, 2012, 25(12): 12374-12375.

[60] PAN TIANCHUN. A study on the Biological Effects of Laser-induced Muta-tion on Fibrous Roots of Yellow Skin Onion[J]. Agricultural Biotechnology, 2012, 1（4）: 15-16.

[61] 潘天春. 激光诱变洋葱的生物学效应及品种选育研究进展[J]. 西昌学院学报, 2012, 95（1）: 8-11。

[62] 潘天春. 西昌黄皮洋葱无公害栽培技术[J]. 现代农业科技, 2012, 9（18）: 65-67.

[63] BRADEEN J, MATHEW B. Review of Allium Section Allium[J]. Systematic Botany. 2000; (22): 593.

[64] BREWSTER JL. environmental physiology of the onion: towards quantitative models for the effects of photoperiod, temperature and irradiance on bulbing, flowering and growth[J]. 433 ed: International Society for Horticultural Science (ISHS), Leuven, Belgium; 1997, 347-374.

[65] BREWSTER J. Onions and Other Vegetable Alliums. Onions and Other Vegetable Alliums[M]: 2nd Edition. 1994, 2.

[66] LERCARI B. Role of phytochrome in photoperiodic regulation of bulbing and growth in the long day plant Allium cepa[J]. Physiologia Plantarum. 1984, (60): 433-436.

[67] TAYLOR A. Functional genomics of photoperiodic bulb initiation in onion (Allium cepa) [D]. university of warwick. 2009.

[68] CHO L-H, YOON J, AN G. The control of flowering time by environmental factors[J]. The Plant Journal. 2017, (90): 708-719.

[69] LEE J, LEE I. Regulation and function of SOC1, a flowering pathway integrator[J]. Journal of Experimental Botany. 2010, (61): 2247-2254.

[70] LIFSCHITZ E AND ESHED Y. Universal florigenic signals triggered by FT homologues regulate growth and flowering cycles in perennial day-neutral tomato[J]. Journal of Experimental Botany. 2006, (57): 3405-3414.

[71] NAVARRO C ET AL. Control of flowering and storage organ formation in potato by FLOWERING LOCUS T[J]. Nature. 2011, (478): 119-122.

[72] BALDWIN S ET AL. Genetic analyses of bolting in bulb onion (Allium cepa L.) [J]. Theoretical and applied genetics. 201, (127): 535-547.

[73] 胡巍. 洋葱春化及其生理化特性的研究[D]. 南京：南京农业大学.2004.

[74] 盛洁. 洋葱 AcCOP10、AcCDF2 基因的克隆与功能分析[D]. 哈尔滨：东北农业大学.2019.

[75] 李成佐，潘天春，单成海. 加工型白皮洋葱新品种"科威白 3 号"的选育与栽培[J]. 西昌学院学报（自然科学版），2020，34（2）：23-25.

[76] 潘天春,李成佐. 洋葱新品种"科威红 12 号"的选育及生产技术要点[J]. 南方农业，2020，14（16）：43-49.

后 记

洋葱在世界广泛种植，就全球产量而言，洋葱是世界第二大园艺作物。我国因品种、栽培技术等原因，单位面积产量在全世界排名20位以后，洋葱种子过去主要自美国、日本等国外进口。我国洋葱育种水平和栽培水平较低的原因主要有三：一是洋葱属2年生作物，从种子到种子需3个年头，生长周期长，因此育种投入时间长、生产成本高；二是洋葱属国外引进作物，缺乏育种的种质资源；三是洋葱在全国种植分散，重视程度不够。尽快育成洋葱高产良种，并研究配套洋葱的高产栽培技术是当务之急。西昌学院洋葱研究课题组育成的洋葱新品种增加了国内洋葱在四川、云南等短日、中日照种植区，以及江苏、山东等中日照种植区的种植，降低了国外洋葱种子价格，提升了国内洋葱种子的竞争力。提升我国洋葱育种和栽培水平，既可改变国外对洋葱种子"卡脖子"局面，做到洋葱种业科技自立自强、种源自主可控，紧控中国"菜篮子"，还可拓展育种水平较低、洋葱种植面积较大的巴基斯坦、伊朗等国家的销售市场。

西昌学院洋葱研究课题组在四川省教育厅、四川省科技厅的支持和资助下，经过多年的研究，于1997年成立了由李成佐教授主持，潘天春、单成海等人组成的洋葱育种课题组，承担了四川省教育厅重点课题——"洋葱新品种的选育与高产栽培技术研究"和四川省科技厅重点课题——"洋葱良种育繁技术研究"，课题组采用CO_2和He-Ne两种激光的3种剂量，分别辐照洋葱品种的湿种子，主要从洋葱的品种选育，高产栽培技术研究，洋葱良种的示范、推广，激光辐射洋葱在个体、细胞、生化等水平上的诱变效应和遗传变异等多个方面进行研究，以期培育出产量高、品质好、抗病、耐贮、符合生产要求、适合市场需要的洋葱新品种，并研究其配套高产栽培技术。

一、新品种选育

经过30多年的实践和探索，西昌学院洋葱研究课题组培育出西葱1号、西葱2号、科威白1号、科威红7号、科威红12、科威红10号、科威黄14等10个洋葱新品种，并在生产上推广。

西葱1号株高为85~95 cm，全株叶片8~11片、叶片深绿色、叶面有蜡粉，株形紧凑、鳞茎厚圆形、外皮紫红色，颈粗2~3.5 cm、横径10~12 cm、纵径6~7 cm、鳞茎鲜重300~550 g，生育期235 d、中晚熟、辛辣味强、耐贮性好、早期抽薹率低、耐寒、耐热、品质好，产量105 000 kg/ha。四川省农业科学院分析测试中心测试报告显示：该品种蛋白质含量为1.61%，总糖含量为6.93%，脂肪含量为0.16%，干物质含量为9.75%，粗纤维含量为0.49%。大田生产高产试验于2000年5月13日通过了由凉山州科委、凉山州农业局、凉山州农科所、西昌市农业局、西昌学院（原西昌农专）等专家组成的验收组实地验收，实地验收面积867.1 m^2，产量达137 800.5 kg/ha，比对照组增产65.3%。

西葱2号株高为80~91 cm，全株叶片8~11片、叶片深绿色、叶面有蜡粉、鳞茎略似锥形、外皮紫红色、颈粗 2~3.1 cm、横径 8~11 cm、纵径 5~8 cm、鳞茎鲜重 200~400 g，生育期 215 d 左右、早熟、辛辣味强、耐贮性好、株形紧凑、早期抽薹率低、耐寒、耐热、品质好、产量 82 500 kg/ha。四川省农业科学院分析测试中心测试报告显示：该品种蛋白质含量为 1.16%，总糖含量为 7.57%，脂肪含量为 0.10%，干物质含量为 9.54%，粗纤维含量为 0.32%。

西葱 2 号与原品种主要差异：① 生育期提前，原品种的生育期约为 230 d，新品种生育期约为 215 d，生育期提前 15 d 左右；② 原品种的早期抽薹率约 40%，新品种的早期抽薹率约 10%，降低了 30% 左右。经多年品种对比试验、同田对比试验、高产试验示范和推广，产量与对照组相当，但生育期比对照组提前 15 d，表现早熟，抽薹率低，品质好，产值高。

科威红 7 号（原代号"昌激 09-2"）株高为 85~90 cm，全株叶片 8~10 片，叶片深绿色，叶面有蜡粉，鳞茎略似锥形，外皮紫红色，颈粗 3~3.1 cm，横径 9~10.8 cm，纵径 6~7.8 cm，鳞茎鲜重 200~340 g；极早熟，从播种到收获鳞茎 202 d 左右；株形紧凑；早期抽薹率低；辛辣味强；耐贮性好，耐寒；品质好，产量较高，每 667 m² 产量 5 500 kg 左右。

科威白 1 号株高 80 cm，叶 11 片，外叶深绿色；鳞茎近圆球形，横径 10 cm、纵径 9 cm，白色，肉质脆嫩，单球质量 320 g；抽薹率低，不易分球；耐贮运；短日照类型，中熟，从定植到采收 200 d 左右，田间表现整齐一致，生长势强，株型紧凑。每 667 m² 产量 6 186.2~6 893.5 kg。科威白 1 号总糖含量 8.34%、粗纤维 0.49%、蛋白质 1.68%、脂肪 0.12%、干物质 9.31%。科威白 1 号与亲本 2303 的主要差异：早期抽薹率（7.8%）下降了 54.2 个百分点；贮藏时间 162 d 比原品种延长了 32 d；单个鳞茎质量 320 g，比原品种增加了 20 g。经多年区域试验和生产示范，该品种适宜在四川安宁河流域及云南等类似短日照洋葱生产地区推广。

科威红 12 的株高 67~80 cm，全株叶片 9~12 片，叶面有腊粉，叶色深绿；鳞茎圆球形，颈粗 1.3~1.6 cm、横径 8.5~11.0 cm、纵径 8.0~10.5 cm，紫色，鳞片肉质脆嫩，单球鳞茎重 350~550 g；不易分球，早期抽薹率较低；定植至收获需 215 d 左右，晚熟；株型紧凑，生长势较强，田间表现整齐；每 667 m² 产量 8 000 kg 以上；耐贮性好，中日照类型，辛辣味浓。适宜在河南、山东、江苏和四川的中日照和短日照区秋播种植。

科威红 10 号的鳞茎外皮紫红色，颈粗 2.2~2.9 cm、横径 8~10 cm、纵径 7~9 cm，鳞茎鲜重 260~370 g；从定植至收获需 175 d 左右，早熟；辛辣味强；耐贮性好；株形紧凑；早期抽薹率低；耐寒、耐热，产量较高，亩产量 5 500 kg 左右。

科威黄 14 的株高为 80~90 cm，全株叶片 9~11 片，叶片深绿色，叶面有蜡粉；鳞茎圆球形，外皮黄色，颈粗 3.2~3.7 cm、横径 10.5~11.9 cm、纵径 10.5~11.7 cm，鳞茎鲜重 462~566 g；从定植至收获需 180 d 左右，早熟；耐贮性好；株形紧凑；早期抽薹率低；产量高，亩产 9 600 kg 左右。

西昌学院洋葱研究课题组先后从美国、以色列、日本及国内河南省等地引进黄皮、白皮洋葱品种 31 个，筛选出适宜攀西地区种植的白皮品种 2 个、黄皮品种 3 个，共选育出经四川省非主要农作物品种审（认）定委员会审（认）定的洋葱新品种 10 个，并在生产上应用推广，取得了良好的社会效益和经济效益。

二、高产栽培技术研究

西昌学院洋葱研究课题组采用校内农场科研基地与各乡农户示范点相结合的方法对洋葱

高产栽培技术措施进行了深入研究。其中1997年以校内基地为主，1998年及以后以各乡示范点为主，1999年及以后采用课题组选育的新品种（系）。在高产栽培试验中，经专家组实地验收，黄皮洋葱每公顷产量达176 257.5 kg；红皮洋葱每公顷产量达137 814 kg，比对照组增产65.3%，经科技查新，该产量为当时经专家正式验收的全国红皮洋葱的最高产量。该课题组多年研究得出的高产栽培技术措施是：

（1）选用良种：采用课题组选育的新品种"西葱1号"，比地方品种每公顷产量增加27 000 kg左右，采用新品种"西葱2号"，比地方品种提前收获15 d左右，早期抽薹率降低30%左右。

（2）在立秋后20 d左右播种，播种过早薹葱多，过晚洋葱产量偏低。

（3）黑膜覆盖，葱苗3叶1心左右移栽，合理密植，每公顷栽375 000~450 000株。

（4）施用"洋葱微精肥"。课题组研制的"洋葱微精肥"，对洋葱作底肥施用增产效果显著，尤其是洋葱连作效果更突出。

（5）施用洋葱薹葱抑制剂。课题组针对洋葱生产上早期抽薹严重，影响洋葱的产量和品质，反复试验配制的洋葱薹葱抑制剂在生产上使用后，早期抽薹率降低20%左右。

（6）底肥重施磷、钾肥，每公顷施磷肥900 kg、钾肥375 kg，氮肥采用多次施用，并逐步增加。

（7）加强水分管理。在定植后要浇定根水，后期灌水应结合施肥进行，特别是鳞茎进入膨大期后需水量较大，不能缺水。

（8）加强病虫害防治。洋葱大田生产初种一般病虫害不严重，但成规模、连作后要加强对霜霉病、灰霉病和葱蓟马的防治。

1999~2023年采用上述组配套技术进行同田对比试验、品种比较试验和高产试验示范，一般每公顷产量75 000~127 500 kg，最高每公顷产量137 800.5 kg，证明了该配套技术的正确性。

三、洋葱研究成果推广

课题组采用将各乡镇农技员集中培训、利用乡农技校集中培训农户和分发种植技术资料相结合的办法，给农户传授洋葱高产栽培技术，先后举办培训班10余次，分发资料3 110份，培训农户1 025户，采用边研究、边示范、边推广的方法，迅速将科研成果转化为生产力。2000年开始推广洋葱新品种"西葱1号"（原名"昌激99-3"）和"西葱2号"（原名"昌激99-2"）及高产栽培技术，2000年仅在西昌市就推广708.4公顷，2001年推广1 324.7公顷，2002年推广1 576.7公顷，2003年推广1 732公顷，2004年推广1 949.9公顷，5年累计推广面积7 291.7公顷，总产量74 375×10^4 kg，约平均102 000 kg/ha，与1999年产量（基期）76 500 kg/ha比较，平均增产25 500 kg/ha，按0.8的缩值系数计算，平均增产20 400 kg/ha，取得了良好的经济效益和社会效益，达到课题组的预期目标。

四、洋葱基础理论研究

西昌学院洋葱研究课题组还从生理生化、生物统计、数量遗传等方面对激光诱变洋葱的遗传变异进行了研究，编著出版《洋葱栽培与育种》1本，分别在《西南农业大学学报》《西南农业学报》《江苏农业科学》《北方园艺》等国家级、省级刊物上发表洋葱科研论文68篇，对洋葱现代生产具有较高的理论水平和实际应用价值。其部分论文简述如下：

1. 单成海的《不同贮藏温度对黄皮洋葱鳞茎生化指标的影响》，发表在《西南农业学报》2013年第26卷第1期。该文阐述了：黄皮洋葱鳞茎在室温、5 ℃、15 ℃条件下进行贮藏，在7 d、30 d、60 d、90 d时比较不同温度条件对洋葱鳞茎生化指标的影响。实验结果表明，黄皮洋葱鳞茎的可溶性蛋白含量（SPC）、可溶性糖含量（SSC）、过氧化物酶（POD）活性、超氧化物歧化酶（SOD）活性、过氧化氢酶（CAT）活性发生了改变，可作为洋葱鳞茎贮藏性检测的指标；鳞茎腐烂数在5 ℃、15 ℃和室温的贮藏条件达到0.01和0.05水平差异显著，酶的活性稳定，5 ℃的贮藏温度最有利于黄皮洋葱鳞茎的贮藏。

2. 单成海的《洋葱品种农艺性状相关性及灰色关联度分析》，发表在《北方园艺》2013年第281卷第1期。该文阐述了对27份四川省安宁河流域洋葱品种的10个农艺性状与单个鳞茎鲜重等进行相关性及灰色关联度分析。相关性分析结果表明：鳞茎鲜重与横径、纵径、开放鳞片鲜重、闭合鳞片鲜重、干物质含量、开放鳞片数、闭合鳞片数、鳞茎膨大期呈极显著正相关，相关系数分别为：0.851、0.808、0.985、0.752、0.814、0.635、0.581、0.731。鳞茎鲜重与生育期、叶片数呈显著性正相关，相关系数分别为：0.334、0.309。灰色关联度分析结果表明，各性状与洋葱鳞茎鲜重的关联程度依次为：开放鳞片鲜重＞横径＞干物质含量＞纵径＞闭合鳞片鲜重＞鳞茎膨大期＞开放鳞片数＞闭合鳞片数＞生育期＞叶片数。在四川省安宁河流域，开放鳞片鲜重、横径和干物质含量是影响洋葱鳞茎鲜重的主要因素，可作为洋葱丰产育种的主要选择性状，同时也要考虑其他性状的选择。

3. 单成海的《红皮洋葱新品种"昌激99-3"的栽培技术要点及应用推广》，发表在2002年《西昌农业高等专科学校学报》第16卷第4期。该文阐述了用激光诱变选育出的红皮洋葱新品种"昌激99-3"的品种对比试验，研究其高产栽培技术要点，从而为生产上该新品种的应用推广提供技术上的支持。

4. 单成海的《红皮洋葱新品种"昌激99-3"的贮藏保鲜技术》，发表在2003年《西昌农业高等专科学校学报》第17卷第4期。文中介绍了通过对该新品种在不同条件下的贮藏保鲜比较试验后认为：冷藏法，即利用冷库机械制冷提供所需低温条件0 ℃，辅之以低湿、无菌措施，贮藏保鲜效果最好。

5. 单成海的《镉、铅胁迫对洋葱种子萌发的影响》，发表在《江苏农业科学》2013年第41卷第4期。本文阐述了在溶液培养试验条件下研究不同浓度的镉（Cd^{2+}）和铅（Pb^{2+}）对洋葱种子萌发的影响。试验结果表明：在Cd^{2+}、Pb^{2+}各浓度胁迫下，洋葱种子发芽率、发芽势和发芽指数与对照（蒸馏水）相比存在显著差异（$P<0.05$），其中100 mg/L Cd^{2+}、100 mg/L Pb^{2+}对洋葱种子发芽率有极显著抑制作用（$P<0.01$），同一浓度下Pb^{2+}比Cd^{2+}对洋葱种子萌发、根、茎伸长有更明显的抑制作用。

6. 单成海的《盐碱胁迫对洋葱部分理化特性的影响》，发表在《江苏农业科学》2013年第41卷第11期。该文基本内容：试验以红皮洋葱品种西葱2号为材料，用不同浓度梯度的盐碱溶液对洋葱进行胁迫处理，测定洋葱叶片丙二醛（MDA）含量、脯氨酸（Pro）含量以及过氧化物酶（POD）、细胞膜透性、过氧化氢酶（CAT）、超氧化物歧化酶（SOD）活性变化。结果表明：随着盐碱胁迫加重，洋葱叶片MDA含量逐渐增加，Pro含量、POD活性先升后降，SOD、CAT 活性逐渐降低，细胞膜透性增强。

7. 潘天春的《激光诱变对黄皮洋葱须根的生物学效应研究》，发表在《安徽农业科学》2012 年第 25 卷第 12 期。该文利用生物统计学和生理生化的方法，从个体及生化水平上考查激光诱变白皮洋葱 L_1 代须根的生物学效应，结果表明：在须根长、须根数、须根重、须根活力等方面，表现为不同处理引起的生物学效应差异，激光种类不同，须根长的变异达到 5% 的显著差异，激光剂量不同引起须根数变异达 5% 的显著水平，激光辐射对洋葱根系活力表现刺激效应，可作为激光诱变白皮洋葱育种参考。

8. 单成海的《西昌白皮洋葱品种春播秋收栽培试验》，发表在《长江蔬菜》2012 第 320 卷第 18 期。文章用长日照、中日照和短日照型的白皮洋葱品种 10 个，在不同的 3 个播期进行栽培对比试验，试验结果表明：中日照白皮洋葱品种 12C1 适宜西昌春播秋收。

9. 单成海的《西昌市洋葱紫斑病的调查与防治技术》，发表在《长江蔬菜》2011 年第 19 卷第 10 期。作者调查了西昌市通过对不同品种、不同土壤类型、不同地力、不同重茬年数的洋葱田里洋葱紫斑病发生情况，并结合当地气象资料分析其与气候条件的关系。该文系统地研究了对洋葱紫斑病的防治措施。

10. 单成海的《西昌市洋葱葱蓟马的为害特点与防治技术》，发表在《长江蔬菜》2011 年第 20 卷第 10 期。本文通过对葱蓟马为害特点和习性的研究，调查了西昌市影响洋葱葱蓟马发生的因素，结合当地气象资料分析其与气候条件的关系。文中提出了对洋葱葱蓟马防治的具体措施。

11. 单成海的《西昌市洋葱葱地种蝇的为害特点与防治》，发表在《长江蔬菜》2011 年 299 卷第 21 期。本文通过对葱地种蝇为害特点和习性的研究，调查了西昌市影响洋葱葱蓟马发生的因素，提出葱地种蝇应以农业防治为基础，药剂防治为重点，药剂防治应以成虫为主等的防治措施。

12. 单成海的《西昌市洋葱软腐病的调查与防治》，发表在《长江蔬菜》2011 年第 301 卷第 23 期。本文通过对不同土壤类型、不同地力、不同重茬年数的洋葱田内软腐病的发病指数高低的研究，提出对洋葱软腐病应采取预防为主、防治为辅的策略。并着重指出，由于洋葱软腐病病原菌为细菌，发病后要对症下药，采取药剂防治的措施。

13. 单成海的《西昌市洋葱灰霉病的调查与防治技术研究》，发表在《长江蔬菜》2010 年第 277 卷第 23 期。作者调查了西昌市不同品种、不同土壤类型、不同地力、不同重茬年数的洋葱田里洋葱灰霉病发生情况，提出该病具有流行速度快、发病后防治难等特点，应采取预防为主、防治为辅的防治方法。

14. 单成海的《西昌市洋葱霜霉病的调查与防治技术》，发表在《长江蔬菜》2009 年第 247 卷第 17 期。作者调查了西昌市不同土壤类型、不同地力、不同重茬年数的洋葱田里洋葱霜霉病的发病情况，提出要实行轮作倒茬、定植前苗床喷药保护、田间发病前施药和发病期药剂防治等措施来防治洋葱霜霉病。

15. 单成海的《洋葱抽薹形成原因及防治措施研究》，发表在《长江蔬菜》2008 年第 220 卷第 7 期。作者通过 4a 的洋葱品比试验和 10a 的高效栽培技术研究，发现洋葱的抽薹率与品种、播期、光照和温度等密切相关。文中提出，应结合生产实际，选用西葱 1 号和西葱 2 号等优良品种，9 月中下旬播种、适时定植、喷施薹葱抑制剂，定植后适时适量追肥，发现抽薹葱后采取人工摘薹等措施。

16. 单成海的《洋葱"昌激 99-3"的激光诱变选育》，发表在《西昌学院学报》2004 年第 11 卷第 3 期。本文阐述了采用 CO_2 和 He-Ne 两种激光的 3 种剂量，分别辐照两个洋葱品种的湿种子，从 He-Ne 和 CO_2 激光辐照元谋洋葱和西昌红皮洋葱的变异后代中选育出高产、优质、多抗、适应性较强的红皮洋葱新品种（系）"昌激 99-3"的过程。

17. 单成海的《洋葱薹葱抑制剂的生物学效应探讨》，发表在《西昌农业高等专科学校学报》2001 年第 15 卷第 4 期。本文阐述了采用不同剂量薹葱抑制剂处理不同洋葱品种的种苗，采用随机区组设计，重复 3 次，利用生物统计学方法，探讨了不同薹葱抑制剂剂量在不同洋葱品种的生物学表现。

18. Pan tianchu.《A study on the Biological Effects of Laser-induced Mutation on Fibrous Roots of Yellow Skin Onion》，发表在 Agricultural Biotechnology 2012 年第 1 卷 4 期。本文阐述了分别用三个剂量水平的 He-Ne 激光和 CO_2 激光照射两个黄皮洋葱品种的湿种子，采用三个重复的完全随机区组设计，采用生物统计学和生理生化方法对其生物学效应进行分析，观察不同处理对不定根的长度、数量、鲜重和活性的影响。不同剂量间不定根数量变异的差异显著性达 5%，不同 He-Ne 激光和 CO_2 激光处理间不定根长变异的差异明显性达 5%。

19. 潘天春的《激光诱变洋葱的生物学效应及品种选育研究进展》，发表在《西昌学院学报》2012 第 1 期。该文从激光诱变洋葱种子的生物学研究、激光诱变洋葱种子的品种选育和激光诱变洋葱新品种的栽培技术研究与推广等这三个方面综述了激光诱变洋葱的品种选育和相关理论研究进展，旨在为我国洋葱育种，尤其是激光诱变洋葱育种提供参考。

20. 潘天春的《西昌黄皮洋葱无公害栽培技术》，发表在《现代农业科技》2012 年第 9 卷第 18 期。本文介绍西昌黄皮洋葱无公害栽培技术，包括选地、播种育苗、定植、田间管理、病虫害防治及收获、贮藏等方面内容，以供参考。

21. 潘天春的《激光辐照洋葱 L_1 代的生理效应研究》，发表在《激光生物学报》2000 年第 9 卷第 3 期。本文试验采用生理生化的方法，从过氧化氢酶、叶绿素、总糖总量等 3 个方面考查研究洋葱 L_1 各处理的生物学效应。结果表明：He-Ne 激光辐照洋葱 L_1 代的过氧化氢酶、叶绿素、总糖含量的变异大于 CO_2 激光辐照，可作为激光诱变洋葱育种参考。

22. 潘天春的《激光诱变对洋葱须根的生物学效应研究》，发表在《西昌农业高等专科学校学报》2000 年第 14 卷第 2 期。本文介绍了从个体及生化水平上考查激光诱变洋葱 L_1 代须根的生物学效应试验，结果表明：在须根长、须根数、须根重、须根活力等方面，表现为不同处理引起的生物学效应差异，激光种类不同，须根长的变异达到 5%的显著差异，激光剂量不同引起须根数变异达 5%的显著水平，激光辐射对洋葱根系活力表现刺激效应。该试验结果可作为激光诱变洋葱育种参考。

23. 李成佐的《洋葱性状的回归分析》，发表在《西昌农业高等专科学校学报》1999 年第 13 卷第 3 期。该文对洋葱鳞茎的颈粗、横径、纵径、生物产量、叶数与鳞茎鲜重的关系进行了回归分析，结果表明：洋葱鳞茎的横径、纵径、单株生物产量与洋葱鲜重之间的回归关系显著，横径的作用大于纵径。

24. 李成佐的《红皮洋葱新品种西葱 1 号与生产技术》，发表在《西昌学院学报》2005 年第 18 卷第 1 期。本文介绍了红皮洋葱新品种西葱 1 号的选育过程、品种主要特征特性、高产配套栽培技术和种子生产的技术要点。

25. 李成佐的《洋葱新品种西葱 2 号的激光诱变选育》，发表在 2004 年《西昌农业高等

专科学校学报》第 17 卷第 4 期。本文阐述了采用 CO_2 和 He-Ne 两种激光的 3 种剂量，分别辐照两个洋葱品种的湿种子，从变异后代中选育出优质、早熟、早期抽薹率低的红皮洋葱新品种西葱 2 号的选育过程。

26. 李成佐的《激光诱变洋葱 L_2 代主要性状的回归分析初探》，发表在 2003 年《激光生物学报》第 12 卷第 2 期。本文阐述了利用生物统计学的方法，从个体水平上考查激光诱变洋葱 L_2 代的鳞茎鲜重、横径等主要性状的回归关系和遗传变异。结果表明：洋葱鳞茎的横径、纵径、单株生物产量与鳞茎鲜重间的回归关系显著，横径的作用大于纵径，育种中应重视鳞茎横径的选择。

27. 李成佐的《A Laser Induced New Red Onion Variety "Chang Ji 99-3" Regression Multiple》，本文发表在 2004 年《激光生物学报》第 13 卷第 4 期。本文阐述了用 He-Ne 激光和 CO_2 激光分别对洋葱品种的湿种子进行三个剂量水平的照射，采用三个重复的随机区组设计，采用统计学、生理学和生物学方法对洋葱的遗传变异进行了分析，以 He-Ne 激光辐照洋葱的变异后代为材料，获得洋葱新品种"昌激 99-3"。它具有高产和优质的特性。2000 年测产，产量达 9 186.7kg / 亩以上，是我国红皮洋葱产量最高的品种。

28. 李成佐、潘天春、单成海的《加工型白皮洋葱新品种"科威白 3 号"的选育与栽培》，发表在 2020 年《西昌学院学报（自然科学版）》第 34 卷第 2 期。本文阐述了使用 4 种剂量的 He-Ne 激光照射加工型白皮洋葱亲本"K6"种子，以早期抽薹率低及干物质含量高作为育种目标，经激光照射、优良变异选育、品比试验、生产试验等，经 10 年时间选育出产量较高、抽薹率低、干物质含量高的洋葱新品种"科威白 3 号"的选育过程及栽培要点等。

29. 单成海、李成佐等的《红皮洋葱新品种西葱 1 号的激光诱变选育》，发表在 2007 年《作物杂志》第 83 卷第 3 期。本文阐述了红皮洋葱新品种西葱 1 号的激光诱变选育过程、特征特性、试验推广和效益等。

30. 单成海的《不同贮藏温度对红皮洋葱鳞茎品质的影响》，发表在 2013 年《种子》第 32 卷第 4 期。本文阐述了不同贮藏温度对红皮洋葱鳞茎品质的影响，在室温、5 ℃、15 ℃ 条件下对红皮洋葱鳞茎进行贮藏，7、30、60、90 d 时比较不同温度条件对洋葱鳞茎可溶性蛋白含量(SPC)、可溶性糖含量(SSC)、过氧化物酶(POD)活性、超氧化物歧化酶(SOD)活性、过氧化氢酶(CAT)活性等指标的影响。结果表明：红皮洋葱鳞茎，在不同温度的贮藏条件下，其内部的生化指标发生了改变，可作为洋葱鳞茎贮藏品质检测的指标；红皮洋葱鳞茎腐烂数在 5 ℃、15 ℃和室温的贮藏条件达到 0.01 和 0.05 水平差异显著，酶的活性稳定，5 ℃最有利于红皮洋葱鳞茎的贮藏。

31. 单成海、苏晓芳、穰菁等的《红皮洋葱新品种"西葱 2 号"的"一道清"高效栽培技术研究》，发表在 2007 年《西昌学院学报》（自然科学版）第 21 卷第 2 期。本文阐述了用"一道清"的高产长效施肥技术，在激光诱变选育出的红皮洋葱新品种"西葱 2 号"上施用，通过与常规施肥试验的对比，得出使用这种施肥技术可显著提高肥料利用率25%左右，能满足洋葱生长全过程的需要；还能降低洋葱早期抽苔率30%左右，改善洋葱品质，产量提高 3%以上，施肥上用工减少 3/4 以上。在生产应用上有极好的前景。

西昌学院洋葱研究课题组对洋葱的研究还待更加深入，有些观点或结论可能不一定正确。在洋葱的分子标记鉴定突变后代与亲本间的差异、栽培生理、栽培技术、新品种选育、组织培养、贮藏、加工和应用等方面还有许多问题等待着课题组去探索。课题组将以科学的态度和求实的精神继续在洋葱研究这块土地上耕耘,坚持"把论文写在大地上,把成果留在农家",为农民增产、增收,助力乡村振兴,实现洋葱种源科技的自主可控,实现蔬菜安全,促进洋葱现代生产,促进我国洋葱产业持续健康发展。